21世纪高职高专规划教材

网络专业系列

网络管理与安全

原峰山　陈立德　编著

清华大学出版社

北京

内 容 简 介

本书介绍了作为一名网络管理员应该掌握的基本网络管理和网络安全管理的知识和技术,主要内容包括:网络管理与网络安全的概述、常见的网络设备介绍、基于 Windows Server 2003 的网络管理与服务、交换机和路由器的管理、网络数据存储管理、网络安全管理。

网络管理和网络安全是实践性很强的技术,本书除了介绍一定的网络基础知识之外,还将重点放在实际能力的培养上,较详尽地介绍了网络管理和网络安全的基本技术,并侧重于重要的服务和配置实例介绍,并配有实训练习。

本书主要面向高职高专网络技术专业或相近专业的学生,也可用作网络管理员日常工作的参考书。

图书在版编目(CIP)数据

网络管理与安全/原峰山,陈立德编著.—北京:清华大学出版社,2009.1
21 世纪高职高专规划教材.网络专业系列
ISBN 978-7-302-18735-6

Ⅰ.网… Ⅱ.①原… ②陈… Ⅲ.①计算机网络—管理—高等学校:技术学校—教材
②计算机网络—安全技术—高等学校:技术学校—教材 Ⅳ.TP393.0

中国版本图书馆 CIP 数据核字(2008)第 161825 号

责任编辑:束传政
责任校对:刘 静
责任印制:杨 艳

出版发行:清华大学出版社   地   址:北京清华大学学研大厦 A 座
          http://www.tup.com.cn   邮   编:100084
          社 总 机:010-62770175   邮   购:010-62786544
          投稿与读者服务:010-62776969,c-service@tup.tsinghua.edu.cn
          质 量 反 馈:010-62772015,zhiliang@tup.tsinghua.edu.cn
印 装 者:北京市昌平环球印刷厂
经   销:全国新华书店
开   本:185×260   印 张:17   字 数:387 千字
版   次:2009 年 1 月第 1 版   印 次:2009 年 1 月第 1 次印刷
印   数:1~4000
定   价:28.00 元

出版说明

　　高职高专教育是我国高等教育的重要组成部分,担负着为国家培养并输送生产、建设、管理、服务第一线高素质技术应用型人才的重任。

　　进入 21 世纪后,高职高专教育的改革和发展呈现出前所未有的发展势头,学生规模已占我国高等教育的半壁江山,成为我国高等教育的一支重要的生力军;办学理念上,"以就业为导向"成为高等职业教育改革与发展的主旋律。近两年来,教育部召开了三次产学研交流会,并启动四个专业的"国家技能型紧缺人才培养项目",同时成立了 35 所示范性软件职业技术学院,进行两年制教学改革试点。这些举措都表明国家正在推动高职高专教育进行深层次的重大改革,向培养生产、服务第一线真正需要的应用型人才的方向发展。

　　为了顺应当前我国高职高专教育的发展形势,配合高职高专院校的教学改革和教材建设,进一步提高我国高职高专教育教材质量,在教育部的指导下,清华大学出版社组织出版了"21 世纪高职高专规划教材"。

　　为推动规划教材的建设,清华大学出版社组织并成立了"高职高专教育教材编审委员会",旨在对清华版的全国性高职高专教材及教材选题进行评审,并向清华大学出版社推荐各院校办学特色鲜明、内容质量优秀的教材选题。教材选题由个人或各院校推荐,经编审委员会认真评审,最后由清华大学出版社出版。编审委员会的成员皆来源于教改成效大、办学特色鲜明、师资实力强的高职高专院校、普通高校以及著名企业,教材的编写者和审定者都是从事高职高专教育第一线的骨干教师和专家。

　　编审委员会根据教育部最新文件和政策,规划教材体系,比如部分专业的两年制教材;"以就业为导向",以"专业技能体系"为主,突出人才培养的实践性、应用性的原则,重新组织系列课程的教材结构,整合课程体系;按照教育部制定的"高职高专教育基础课程教学基本要求",教材的基础理论以"必要、够用"为度,突出基础理论的应用和实践技能的培养。

　　本套规划教材的编写原则如下:

　　(1) 根据岗位群设置教材系列,并成立系列教材编审委员会;

　　(2) 由编审委员会规划教材、评审教材;

　　(3) 重点课程进行立体化建设,突出案例式教学体系,加强实训教材的出版,完善教学服务体系;

　　(4) 教材编写者由具有丰富教学经验和多年实践经历的教师共同组成,建立"双师型"编者体系。

本套规划教材涵盖了公共基础课、计算机、电子信息、机械、经济管理以及服务等大类的主要课程，包括专业基础课和专业主干课。目前已经规划的教材系列名称如下：

· 公共基础课

公共基础课系列

· 计算机类

计算机基础教育系列

计算机专业基础系列

计算机应用系列

网络专业系列

软件专业系列

电子商务专业系列

· 电子信息类

电子信息基础系列

微电子技术系列

通信技术系列

电气、自动化、应用电子技术系列

· 机械类

机械基础系列

机械设计与制造专业系列

数控技术系列

模具设计与制造系列

· 经济管理类

经济管理基础系列

市场营销系列

财务会计系列

企业管理系列

物流管理系列

财政金融系列

国际商务系列

· 服务类

艺术设计系列

本套规划教材的系列名称根据学科基础和岗位群方向设置，为各高职高专院校提供"自助餐"形式的教材。各院校在选择课程需要的教材时，专业课程可以根据岗位群选择系列；专业基础课程可以根据学科方向选择各类的基础课系列。例如，数控技术方向的专业课程可以在"数控技术系列"选择；数控技术专业需要的基础课程，属于计算机类课程的可以在"计算机基础教育系列"和"计算机应用系列"选择，属于机械类课程的可以在"机械基础系列"选择，属于电子信息类课程的可以在"电子信息基础系列"选择。依此类推。

为方便教师授课和学生学习，清华大学出版社正在建设本套教材的教学服务体系。本套教材先期选择重点课程和专业主干课程，进行立体化教材建设：加强多媒体教学课件或电子教案、素材库、学习盘、学习指导书等形式的制作和出版，开发网络课程。学校在选用教材时，可通过邮件或电话与我们联系获取相关服务，并通过与各院校的密切交流，使其日臻完善。

高职高专教育正处于新一轮改革时期，从专业设置、课程体系建设到教材编写，依然是新课题。希望各高职高专院校在教学实践中积极提出意见和建议，并向我们推荐优秀选题。反馈意见请发送到 E-mail：gzgz@tup.tsinghua.edu.cn。清华大学出版社将对已出版的教材不断地修订、完善，提高教材质量，完善教材服务体系，为我国的高职高专教育出版优秀的高质量的教材。

高职高专教育教材编审委员会

前 言

　　网络的应用已经成为当今社会日常生活中不可或缺的一项重要内容，而服务于网络应用的网络系统的管理作为一项重要的技术，是计算机网络专业的一门重要课程。对于高职高专网络专业的同学来说，不仅应该学好计算机网络的理论知识，还应该把网络管理实际操作能力的培养作为学习的重要内容，这样才能够胜任网络管理员的工作。

　　本书适用于那些对计算机网络基础知识有一定的了解，并且对网络管理和网络安全管理缺乏实际经验的读者。本书主要内容包括：网络管理与网络安全的概述、常见的网络设备介绍、基于 Windows Server 2003 的网络管理与服务、交换机和路由器的管理、网络数据存储管理、网络安全管理。由于作者长期在广州航海高等专科学校从事计算机网络的教学，并且在计算机网络管理的第一线积累了丰富的经验，所以在编写本书的过程中本着以基础知识为先导，实际能力培养为重点的原则。我们在本书中没有过分强调理论知识的系统性，而是以网络管理和网络安全方面实用和实践能力的掌握为主要目标，在书中尽量融入作者积累的实际经验，主要章节都有一定的操作实例，还增加了实训练习的内容，因而操作性较强。所以本书不仅可以作为高职高专学生的教材，也可以作为网络管理员日常工作的参考用书。

　　特别指出，本书中一些网址地址涉及企事业单位秘密，故图中作了涂抹处理。

　　本书的第 1、4、5、6 章由原峰山编写，第 2、3、7 章由陈立德编写。在本书编写过程中，广州航海高等专科学校的柳青教授给予了深切的关怀和支持，本书编辑认真负责的工作也给了我们极大的帮助，我们表示深切的感谢。在本书的使用过程中如果有什么问题、意见和建议，欢迎读者通过电子邮件 yuanfs@gzhmt.edu.cn 与我们交流。

作　者

2008 年 7 月

目　录

第 1 章

网络管理与安全概述

当今社会,网络已经成为人们日常生活中一个很重要的组成部分。大家不仅可以上网冲浪、获取信息、增长知识,还可以网上聊天、网上娱乐、网上购物、网上看电影等,网络给人们提供了大量的丰富多彩的信息,并带来了无穷的乐趣。但是,从另一个方面来说,正是由于网络环境的高度方便、高度开放和高度普及,也给广泛使用的互联网带来了负面影响。比如,网络病毒的泛滥、黑客人数的不断增长、黑客软件的肆意传播、网络经济犯罪和网上不良信息的传播等为互联网带来了不少麻烦,同时也为网络管理人员带来了更大的挑战。因为现在的网络结构越来越复杂,规模越来越大,使用的人也越来越多,所以互联网使网络设计人员、网络产品制造者和管理人员处于两难的境地。一方面,网络必须尽可能多地为用户提供更多更好的网络服务产品和服务内容,这就要求面对更多的用户需要,必须有更多的开放性。另一方面,开放度越高,服务越多,带来的安全隐患就越高,给网络管理人员提出的要求和挑战就越高。因此,既要使网络运行通畅可靠,并为用户提供更多高质量的服务,又要使其安全稳定,这是每个网络管理人员面临的重要任务。

1.1 网络管理的范围与任务

1.1.1 网络管理的范围

网络管理涉及的内容较多,一个提供网络服务的系统包括各种软件、硬件的管理和维护,各种网络服务的管理及系统运行状态的管理。简单地概括一下,可按如下方式划分管理范围。

1. 从网络系统管理范围划分

一个较为完善的网络系统,有大量的软硬件在其中运行,从被管理的软硬件来划分是一种方法。常规的硬件包括网络线路系统、交换机、集线器、路由器、防火墙、服务器、UPS、入侵检测系统、海量存储设备、网络测试设备等,还有配套的管理 PC 机、打印机、扫描仪等。硬件设备的完好是网络运行的基础,所有设备首先要求性能指标能够满足所构造的网络的工作需求,如果达不到就有可能使网络通信不畅,性能下降,导致用户不满。另外,硬件必须具有良好的维护性,一方面网管人员良好的日常维护可提高系统性能,另一方面还必须具备非正常情况下系统尽快恢复正常的能力。

软件管理包括的内容非常多,主要包括以下几类:

① 一般包括系统软件的管理和使用,如 Windows 2003 Server、UNIX、Linux 等网络操作系统对网络的管理是否正常,是否发挥到最佳状态。

② 应用软件的管理和使用,如计费系统、网管系统、入侵检测系统等。

③ 配置软件,包括交换机、路由器、服务器等为网络运行而做的配置文件。

④ 服务软件,如邮件系统、Web 服务器等各种为用户提供网络服务的软件。

2. 从网络资源的管理划分

对于网管人员来说,在网络系统中涉及的资源很多,前面提到的软硬件都属于资源。一般较大型的网络以交换机为主要间隔进行层次划分的话,包括核心层、汇聚层、接入层三个层次,这也是管理范围所划定的三个主要大节点。接入层以下,直接面对终端用户的是最小的节点。监控管理到最终节点是网管人员希望做到的,但是一般情况下很难实现。所以,从最高层的核心层到第二层的汇聚层,要求网管中心能够实现管理和监控。如果网络能够在各个层次上(直至接入层)都安装有支持网管的交换机(一般以支持 SNMP 协议,即简单网络管理协议为基本要求),就可以实现网络全方位的各种软硬件资源的管理和监控。当然还要有相应的管理软件的支持。

3. 从网络维护的角度划分

网络的管理从严格意义上讲是在网络规划、网络建设、网络运行维护和网络服务的全过程都要考虑到的。因为一个网络从规划开始就必须全盘考虑,比如采用什么拓扑结构、购置什么级别的网络设备、规划网络提供什么服务等都不能忽视。当网络建好后,以哪种方式对系统管理的内容和对象进行管理,如何保证系统的维护状态处于最佳,都是网管人员必须考虑的问题。

但是,无论怎样划分网络管理,从具体的任务和功能上看都大致相同。

1.1.2 网络管理的任务

网络管理是保证网络安全、可靠、高效和稳定运行的必要手段,是网络系统中不可缺少的重要组成部分,它涉及网络资源的规划组织、监控和计费等各个方面。在网络管理技术的研究、发展和标准化方面,Internet 体系结构委员会(IAB)和国际标准化组织(ISO)等都做了大量卓有成效的工作。早在 20 世纪 70 年代末 ISO 在提出 OSI(开放系统互联)模型的同时,就提出了网络管理标准的框架,即开放互联管理框架(ISO 7498-4),并制定了相应的协议标准,即公共管理信息服务和公共管理信息协议 CMIS/CMIP。由于 OSI 的网络管理框架及其协议的结构和功能非常复杂,目前还没有根据它而生产的标准商品化网管系统的支持,不过它确实定义了网络管理较为完美的模型,而目前商品化的大多数网管软件都参考了这个模型。本书对网络管理功能模型的描述主要以 OSI 模型为主。在 OSI 网络管理框架模型中,基本的网络管理功能被分为 5 个功能域,分别完成不同的网络管理功能。OSI 网络管理的功能域,或者说网络管理的功能包括下面的 5 个方面。

1. 配置管理(Configuration Management)

主要指网络配置,将网络中各设备的功能、设备之间的连接关系和工作参数进行有效配置。这是网络管理最基本的功能,也是保证网络运行的基本条件,可以说没有对网络系统有效的配置,就没有网络正常的运行环境。它包括定义网络、初始化网络、配置网络、控制和检测网络中被管对象的功能集合,有对象管理、状态管理和关系管理三个标准,其目的是使网络性能达到最优。网络管理应具有随着网络变化而对网络进行再配置的功能。

配置管理的主要内容有以下几项:

① 设置被管理系统或管理对象的参数。

② 更改系统配置,初始化或开启/关闭某些资源。

③ 收集能够反映被管理系统状态的数据,判断系统的工作状态及其变化,并根据这些变化采取相应的对策。

④ 改变被管理系统或管理对象的配置。

2. 故障管理(Fault Management)

网络系统再完善,也有发生故障的可能,因此网络管理的另一个功能就是使管理中心能够实时监测网络中的故障,并能对故障原因做出快速诊断和定位,从而能够对故障进行排除或能够对网络故障进行快速隔离,以保证网络能够连续可靠地运行。故障管理主要包括故障的检测、定位及恢复等功能。

故障管理的主要内容有以下几项:

① 实时监测网络,提供网络实时状态报告。

② 出现故障时能及时报警。

③ 尽快找出故障点,也称故障定位,迅速确定故障部位。

④ 判断故障原因。

⑤ 制定故障排除方案。

⑥ 实施故障排除作业,尽快恢复网络正常运行。

3. 计费管理(Accounting Management)

计费管理主要是记录用户使用网络的情况和统计不同线路、不同资源的利用情况。一方面它可以估算出用户使用网络资源的状况及可能需要的费用和代价,另一方面可以对这些数据进行分析,估计其对整个网络的影响,这对一些公共商用网络尤为重要。网络管理员还可以规定用户可使用的最大费用、最大流量、最大速率等参数,从而限制用户过多地占用网络资源,这从另一个方面可以提高网络的效率。

计费管理的主要内容有以下几项:

① 设置不同用户的缴费费用、缴费方式和策略。

② 收集、汇总、分析计费信息。

③ 交费用户的分类管理。

④ 提取费用计算所需的数据,根据资源使用情况调整收费标准。

⑤ 通知用户缴费,并为用户提供计费查询服务。

4. 性能管理(Performance Management)

这是以提高网络性能为准则的管理,其目的是保证在使用最少的网络资源和具有最小网络时延的前提下,网络提供可靠、连续的通信能力。它具有监视和分析被管理网络及其所提供服务的性能机制的能力,分析的结果可能会触发某个诊断测试过程或重新配置网络以维持网络的性能。

性能管理的主要内容有以下几项：

① 对网络中的管理对象进行监测，收集与网络性能相关的数据。

② 记录、统计、分析收集到的网络性能数据，维护网络关键数据。

③ 对超出正常范围的网络性能数据能发出性能报警、报告事件性质等。

④ 将当前收集到的数据与历史数据比较，以此来分析并预测网络性能变化趋势。

⑤ 根据数据分析结果，评估网络性能状态和监测模型，优化网络结构、配置和性能。

⑥ 用网络监视工具监测网络性能，以获取网络信息，主要包括事务日志、资源使用统计、性能统计等。

5. 安全管理（Security Management）

一是为了使网络用户和网络资源不被非法使用或破坏，二是确保网络管理系统本身不被非法访问，包括安全告警报告功能、安全审计跟踪功能以及访问控制的客体和属性三个标准。

安全管理的主要内容有以下几项：

① 身份识别和身份认证，规定身份识别的过程。

② 访问控制方式和策略的确定。

③ 加密方法和密钥管理。

④ 安全日志的维护和检查。

⑤ 各种攻击的防范。

⑥ 病毒的防范、检查和清除。

通常一个具体的网络管理系统并不一定都包含网络管理的五大功能，不同的系统可能会选取其中不同的几个功能组合加以实现，但几乎每个网络管理系统都会包括故障管理的功能。

在建立网络管理系统时，应首先确定自身的网管需求，其次根据需求确定网管的管理方式，选择合适的网络设备和网管软件，最终构成性能价格比比较合适的网络管理平台。

1.2 网络管理员的素质与职责

1.2.1 网络管理员的素质

一个好的网络管理员必须真正爱好计算机网络技术，并有工作责任心和良好的服务意识，这是做好网络管理工作的基本条件。除此之外，还要有扎实稳固的计算机网络知识，较强的实际动手能力，细致入微的观察能力和分析判断能力，并且要有一定的应变能力。因为网络运行环境面对的网络设备众多，也比较复杂，在管理过程中遇到的问题也很多，有的问题需要足够的经验才能解决，有的问题则需要网管员具有较高的应变能力。

网络管理人员的基本素质包括以下几项：

① 工作责任心。没有责任心就干不好网络管理工作。

② 足够的知识结构。要求网络管理员应该熟练掌握服务器的安装、配置和各种服务的实现方式；掌握各种网络设备的性能和基本配置方法；了解数据库的基本操作；对常用

的网络操作系统和应用软件熟练使用;掌握系统集成知识;了解网络规划技术;能通过对网络设备的配置实现对整个网络的全面管理。

③ 足够的管理能力。除了对设备充分的了解以外,网管员还应具备较好的面对实际问题的分析判断能力,能够通过观察网络运行的现状找出问题、解决问题。

④ 具备一定的英语基础,因为许多网络设备的管理和配置要求必须掌握一定的计算机英语。

1.2.2　网络管理员的职责

网络管理员的职责包括完成网络管理任务所规定的管理内容,实现对系统的日常监控、故障诊断和排除、数据的有效存储(备份)和恢复等。由于网络管理涉及的内容太多,一般不可能要求每个网络管理员胜任所有的工作,大多是有所分工,比如有的负责计费管理,有的负责网络安全,有的负责配置管理等。但是不管怎样,所有的管理内容都包括在网络管理的五大功能范围之内,因此,网络管理的职责就是五大功能所规定的内容的细化和延伸。

1.3　思考和练习

1. 请简述网络管理的任务。
2. 网络安全管理的主要内容有哪些?
3. 网络管理员的基本素质有哪些?

1.4　实训练习

1. 根据网络管理的内容参观网络中心机房,了解网络管理员的职责和任务。
2. 参观网络中心机房,了解本单位网络拓扑结构,学习网络管理的各项规章制度。

第 2 章

网络系统常用设备

2.1　接入 Internet 的网络拓扑结构

如图 2-1 所示是一所典型的高校网络拓扑图。下面从网络部署及配置方面对其进行详细分析,从而了解常用的网络设备和它们的功能。

该高校对外有两个出口,一个出口通过 20Mbps 光纤连接中国教育与科研计算机网(简称中国教育科研网),对于广东省高校而言,通常先通过光纤连接广东省高教厅,然后再连接中国教育科研网华南节点(该节点在华南理工大学);另一个出口通过 100Mbps 的光纤连接 Internet,可通过当地的线路租用运营商接入,比如通过中国电信或中国联通的光纤接入。

很多高校在把校园网接入 Internet 初期,可能会采用 64Kbps DDN 专线、128Kbps 微波和、10Mbps 光纤等接入方式,这些接入方式比较而言,采用光纤接入性能最为高速和稳定。

在该高校的内部,主干网主要采用基于 1000Mbps 和万兆的光纤链路组建的高速局域网,由于用户数量大,为降低广播风暴造成的线路质量下降,局域网通过划分多个 VLAN 来提高线路质量。为了把校园网和中国教育科研网与 Internet 互联,在校园网的出口部署了一台 CISCO 2691 路由器。该路由器对外有两个电口分别连接中国教育科研网和 Internet,对内则由一个电口连接防火墙,这里使用的是易尚防火墙。其中,在路由器上主要设置静态路由策略和访问策略。比如对于高校而言,如果用户要访问教育网内的站点,则直接从教育网的出口路由出去,因为通过教育网访问系统内的教育资源是免费的;而访问其他的收费站点则通过采用包月的电信接口出去,这样既提高了访问速度,也节省了用户每个月为数据流量要支付的费用。如果用户要访问教育网内的站点,通过教育网的线路直接访问速度快,通过电信的线路访问则速度比较慢一些;同样,要访问电信的站点,路由器会引导用户从电信的出口出去,而不通过教育网的出口,因为直接通过电信的线路访问 Internet 速度比较快,而如果绕过教育网再访问 Internet 则速度会慢很多。所以为了教学、科研和高校之间交流的需要,高校一般均有 2 个出口。比如在广州市的高校,多数采用一个出口通过连接广东省高教厅接入中国教育科研网,另一个出口通过电信链路连接Internet,有些高校由于性质的不同还会接入其他的网络,比如某些军事院校还

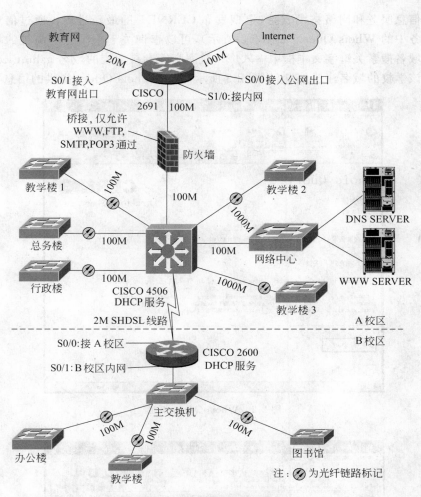

图 2-1　某高校网络架构拓扑图

会接入军事网。高校校园网首先接入省教育厅,便于教育网的视频会议和电子公文交换系统的实施,不仅方便了高校之间的科研交流,也可以利用高教厅提供的基于教育网的各种资源提高教学和科研质量,使高校在信息化设施之上开展更多的工作,方便了沟通,提高了工作效率。

对于高校用户而言,在接入中国教育科研网之前,要向中国教育科研网的管理机构申请对应的域名和 IP 地址。比如广州航海高等专科学校在中国教育科研网申请的域名是gzhmt. edu. cn,位于该顶级域名之下的域名则由广州航海高等学校管理和维护。为方便教学服务的开展和信息化的发展,该院校在中国教育科研网申请了 8 个 C 类的 IP 地址,为学校日后信息化工作的开展提供了支持。有关高校域名的注册情况,可以在中国教育科研网查询。

打开中国教育科研网的主页,通过点击"网络服务"区域中的"NIC 服务"超链接,即可打开中国教育科研网的网络信息中心主页。中国教育科研网的网络信息中心 CERNIC是一个全国范围的 Internet 资源注册管理部门,负责全网的 IP 地址分配、域名注册,提供

网络资源信息服务和网络技术支持,定期发布 CERNET 的最新进展。通过信息中心主
页目录服务中的 Whois Query(如图 2-2 所示),可以查询关于中国各个高校的域名注册
情况。在域名搜索关键字文本框中输入广州航海高等专科学校的域名 gzhmt. edu. cn,就
可以查到该学校的域名注册信息(如图 2-3 所示)。在 Whois Query 提供的信息中可以看

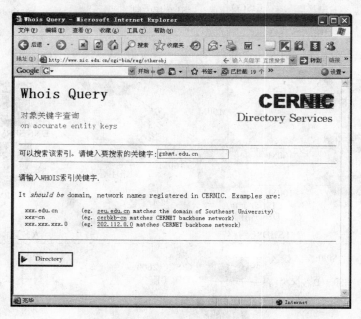

图 2-2　Whois Query 页面

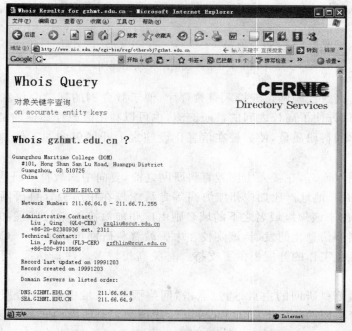

图 2-3　通过 Whois Query 查询域名注册信息

到该学校的详细地址和当初注册该域名服务的管理人员的联系方式,以及该学校应该建立的域名服务器的 IP 地址。同样,在搜索关键字文本栏中输入该学校的一个 IP 地址,则可以看到该院校申请的 IP 地址的范围(如图 2-4 所示)。可以看到,该学校申请了 8 个 C 类的 IP 地址,IP 地址范围从 211.66.64.0 到 211.66.71.255,这些 IP 地址都由广州航海高等专科学校使用,作为用户应该每月向中国教育科研网交纳相应的 IP 地址管理费。

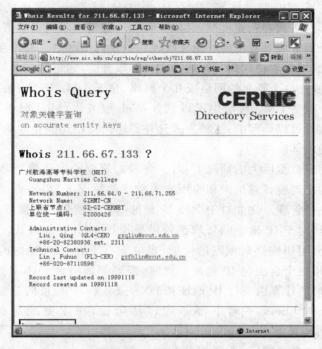

图 2-4 通过 IP 查询域名注册信息

在网络的出口,为提高整个校园网的安全性,该院校部署了一台高性能的防火墙,以对内部网进行保护。该防火墙允许外部用户以允许的方式访问学校提供的对外公开的服务,而禁止外部用户访问没有授权的服务。通常,在防火墙上,管理员会制定如下的规则,比如允许外部用户访问学校的 Web、FTP、Mail 服务,而对于只为学校内部用户提供使用的 OA 服务、教务管理系统、教师上课评测系统等,外部用户就无法访问。

在校园网核心位置部署的核心交换机 CISCO 4506,是整个校园网的中心枢纽。该核心交换机提供了 1000Mbps 的以太网接口(即通常所说的电口)和光纤接口(即通常所说的光口)。学校的其他各栋办公楼、教学楼、学生宿舍楼等通过 1000Mbps 单模和多模光纤接入核心交换机,而位于近距离的服务器群则通过 1000Mbps 光纤和 1000Mbps 双绞线由一台交换机汇聚之后接入核心交换机。由于整个学校的用户数量庞大,在交换机上需要划分 VLAN,从而降低每个子网的广播风暴范围,提高了网络性能。

任何一台计算机要访问 Internet,必须具有公有的 IP 地址,很多单位为了实现每台用户计算机不经过任何 IP 地址转换而直接访问 Internet,需要申请大量的 IP 地址。然而在信息化日益发展的今天,再多的 IP 地址也无法满足日益增多的用户计算机的接入需求,为了解决用户计算机数量激增而公有 IP 地址不足的情况,现在很多用户都通过 NAT 的模式来实现。网络地址翻译(NAT)的作用是将内网的私有 IP 转换为外网的公有 IP。关于 NAT 的内容会在后面的章节详细介绍。

防火墙的部署模式通常可采用透明模式、NAT 模式和混合模式。采用透明的部署模式,不用修改用户原有的设备配置参数,部署比较简单。采用 NAT 的部署模式,通常把网络分为三个区域:内网、外网和 DMZ(Demilitarized Zone:停火区)区域。内部区域通常是指企业内部网络或者企业内部网络的一部分,它是互联网络的信任区域,即受到了防火墙的保护。外部区域通常指 Internet 或者非企业内部网络。它是互联网络中不被信任的区域,当外部区域想要访问内部区域的主机和服务时,通过防火墙就可以实现有限制的访问。DMZ 区域是一个隔离的网络或几个网络,位于 DMZ 区域中的主机或服务器被称为堡垒主机。一般在 DMZ 区域内可以放置 Web 服务器、Mail 服务器等。DMZ 区域对于外部用户通常是可以访问的,这种方式让外部用户可以访问企业的公开信息,但不允许他们访问企业的内部网络。

在学校主机用户数量巨大的情况下,对于终端的管理给网络管理者提出了很多比较困难的问题。在网络规模日益扩大和应用愈来愈多的情况下,需要更加完备和成熟的方式来对整个网络进行管理。比如对于学校 IP 地址的管理就是一个需要慎重考虑的问题。

在很多大学里,对于 IP 地址的管理都曾经采用过 DHCP 的方式。在核心的交换机上做 VLAN 的划分可以提高局域网的性能,当位于不同的 VLAN 内的计算机要连接到网络上时,需要获得一个合法的 IP 地址。此时,需要部署一台 DHCP 服务器,该服务器对所有请求 IP 地址的计算机进行 IP 地址和 DNS 服务器 IP 地址的分配。DHCP 服务器在 Windows 平台和 Linux 平台下都非常容易架设,在本书的后面将详细介绍在 Windows 平台下的部署方式。

很多高校都存在多个校区,为了把分布在不同地方的多个校区连接起来,可以采用 VPN 方式来实现。这种方式比租用专线要实惠得多,是目前非常流行的一种连接方式。

2.2　路由器简介

2.2.1　IP 路由技术介绍

TCP/IP 协议(Transmission Control Protocol/Internet Protocol,传输控制协议/网际协议)是 Internet 国际互联网的基础,它是一个协议集,包括上百个各种功能的协议,如远程登录 Telnet、文件传输 FTP 和电子邮件 SMTP、POP3 协议等。TCP 协议和 IP 协议是保证数据完整传输的两个最基本、最重要的协议,所以通常用 TCP/IP 协议来表示整个协议集。两台计算机之间要建立连接,必须在每台计算机上都安装同一个协议,否则不可通信。在 TCP/IP 协议集中,很多协议安装后需要配置才可以使用。比如 TCP/IP 协议在安装之后,必须为计算机配置相应的 IP 地址、子网掩码和网关等信息。也有些协议不需要配置即可使用,比如 NetBEUI 协议,该协议是局域网内的一个高效协议,只要在同一个子网内互连的两台计算机上都安装了该协议,即可实现计算机之间的通信,无需作更多配置。

目前,基于 TCP/IP 协议的 Internet 已逐步发展成为当今世界上规模最大、拥有用户和资源最多的一个超大型计算机网络,TCP/IP 协议也因此成为事实上的工业标准,IP 网络正逐步成为当代乃至未来计算机网络的主流。

Internet 是全世界范围内的计算机连为一体而构成的通信网络的总称。某个网络上的两台计算机之间在相互通信时,在它们所传送的数据包里都会含有某些附加信息,这些附加信息就是发送数据的计算机的地址和接收数据的计算机的地址。当网络中存在以 IP 协议为基础的通信时,这些发送和接收数据的地址就是 IP 地址。

IP 地址是 IP 网络中数据传输的依据,它标识了 IP 网络中的一个连接,一台主机可以有多个 IP 地址。IP 分组中的 IP 地址在网络传输中是保持不变的。根据 TCP/IP 协议规定,IP 地址是由 32 位二进制数组成,该 IP 地址在 Internet 范围内是唯一的。例如,某台连在 Internet 上的计算机的 IP 地址用 32 位二进制数表示为：11010011 01000010 01000111 00001000,但该种方式很难记住。为了方便记忆,通常采用点分十进制的方式来表示,那么前面用二进制表示的 IP 地址就可以表示为 211.66.71.8。

若通信的两台计算机的 IP 地址位于同一个子网之内,则计算机之间的通信在 TCP/IP 协议的二层之下就可以完成。主动进行通信的计算机 A 会首先发送一个包含要与之通信的计算机 B 的 IP 地址信息的 ARP 类型的广播包,当计算机 B 得到这个 ARP 包并发现计算机 A 要与自己建立通信连接时,计算机 B 会向计算机 A 发送一个响应的 ARP 包,这个包内包含了计算机 B 的 MAC 地址。然后,计算机 A 和 B 之间就可以通过 MAC 地址在数据链路层之下进行数据的通信。而当计算机 A 和 B 位于不同的子网时,此时两台计算机之间的通信要经过路由方可进行。目前,通常采用路由器或具备三层功能的交换机来实现不同子网之间的路由功能。在一个企业的大型局域网之内一般采用三层交换机来实现,而在不同企业之间互联时则采用路由器来实现,因为路由器具备更丰富的路由协议。

所谓路由是指通过相互连接的网络把信息从源地点移动到目标地点的活动。一般来说,在路由过程中,信息至少会经过一个或多个中间节点,而且作用于不同的网段之间。

路由器之所以在互联网络中处于关键地位,是因为它处于网络层,一方面它屏蔽了下层网络的技术细节,能够跨越不同的物理网络类型(DDN、FDDI 和以太网等),使各类网络都统一为 IP 网络,这种一致性使全球范围用户之间的通信成为可能;另一方面将整个互联网络分割成逻辑上独立的网络单位,使网络具有一定的逻辑结构。同时路由器还负责对 IP 包进行灵活的路由选择,把数据逐段向目的地转发,使全球范围用户之间的通信成为现实。

路由器是用来连接不同网段或网络的。在企业中使用路由器主要是实现局域网与互联网(Internet)的连接,除了实现不同网络的连接外,路由器还拥有地址转换功能(NAT),借助单一 IP 地址(公网)实现整个企业网络的 Internet 连接共享,并将网络内的计算机隐藏起来,从而提高网络的安全性,避免受到外部用户的恶意攻击。目前路由器已经广泛应用于各行各业,各种不同档次的产品已经成为实现各种骨干网内部连接、骨干网间互联和骨干网与互联网互联互通业务的主力军。

路由和交换都实现数据转发的功能。二者的主要区别在于交换发生在 OSI 参考模型的第二层,即数据链路层,而路由发生在第三层,即网络层。这一区别决定了路由和交换在移动信息的过程中需要使用不同的控制信息,所以两者实现各自功能的方式是不同的。

当IP子网中的一台主机发送IP分组给同一IP子网的另一台主机时,它直接把IP分组送到网络上,对方就能收到。而要送给不同IP子网上的主机时,它选择一个能够到达目的子网的路由器,把IP分组送给该路由器,由路由器负责把IP分组送到目的地。如果没有找到这样的路由器,主机就把IP分组送给一个称为"默认网关(Default Gateway)"的路由器上。这样一级级地传送,IP分组最终将送到目的地,送不到目的地的IP分组则被网络丢弃。默认网关是每台主机上的一个配置参数,它是接在同一个网络上的某个路由器端口的IP地址。

路由动作包括两项基本内容:寻径和转发。寻径即判定到达目的地的最佳路径,由路由选择算法来实现。为了判定最佳路径,路由选择算法必须启动并维护包含路由信息的路由表,其中的路由信息依赖于所用的路由选择算法而不尽相同。路由器将收集到的不同信息填入路由表中,根据路由表可将目的网络与下一站或称为"下一跳(Next Hop)"的关系告诉路由器。路由器间互通信息进行路由更新,更新维护路由表使之正确反映网络的拓扑变化,并由路由器根据量度来决定最佳路径,这就是路由选择协议(Routing Protocol),常见的路由选择协议有路由信息协议(RIP)、开放式最短路径优先协议(OSPF)和边界网关协议(BGP)等。

转发即沿寻径好的最佳路径传送信息分组。路由器首先在路由表中查找,判明是否知道如何将分组发送到下一个站点(路由器或主机),如果路由器不知道如何发送分组,通常将该分组丢弃,否则就根据路由表的相应表项将分组发送到下一个站点。如果目的网络直接与路由器相连,路由器就把分组直接发送到相应的端口上,这就是路由转发协议(Routed Protocol)。

2.2.2　路由器的结构

路由器的基本组件包括处理器、接口和存储器等。

1. 处理器

处理器即CPU,如同在计算机中的重要性一样,CPU也是路由器的核心部件。路由器的处理器随着路由器型号的不同而各异,一般越高端的路由器,其处理器的处理能力越强。在中低端路由器中,CPU负责交换路由信息、路由表查找以及转发数据包。此时,CPU的能力直接影响路由器的吞吐量(路由表查找时间)和路由计算能力(影响网络路由收敛时间)。在高端路由器中,通常包的转发和查表由ASIC芯片完成,CPU只实现路由协议、计算路由以及分发路由表。由于技术的发展,现在路由器中的许多工作都可以由硬件实现(专用芯片)。CPU性能并不完全反映路由器的性能,路由器的性能将通过路由器吞吐量、时延和路由计算能力等指标综合体现。

2. 接口

(1)通信接口

在路由器上,有着丰富的接口类型,如以太网、快速以太网、千兆以太网、串行、异步/

同步、ATM、ISDN 等接口。

对于不同的路由器系列,接口的编号通常有三种。

固定配置或最低端的路由器,其接口的编号是用单个数字,例如 CISCO 2500 路由器上的接口编号可以是 ethernet 0(以太网接口 0)、serial 1（串行接口 1）、bri 0(ISDNBRI 接口 0)等。

中、低端的模块化路由器,其接口的编号为两个数字,中间用"/"隔开,斜杠前面是模块号,后面是模块上的接口编号。例如 CISCO 2600 路由器上的接口编号可以是 ethernet 0/1, serial 1/1, bri 0/0 等。

高端的模块化路由器,其接口的编号除两个数字的情况外,有时为三个数字,中间用"/"隔开,第 1 个数字是模块号,第 2 个数字是该模块上的子卡号,第 3 个数字是该子卡上的接口编号。例如 CISCO 7500 路由器上的接口编号可以是 fastethernet 1/0/0, vg－anylan 1/0/2 等。

（2）控制台端口

几乎所有的路由器都在路由器背后安装了一个控制台端口。控制台端口提供了一个 EIA/TIA-232(以前也叫 RS-232)异步串行接口。一般较小的路由器采用 RJ-45 控制台连接器,而较大的路由器采用 DB-25 控制台连接器。通过控制台端口,用控制线把一台计算机和路由器连接起来,打开计算机上的超级终端,就可以对路由器进行初始化配置。

（3）辅助端口

大多数 CISCO 路由器都配备了一个辅助端口（Auxiliary Port）。它和控制台端口类似,提供了一个 EIA/TIA-232 异步串行连接,使管理员能与路由器通信。辅助端口通常用来连接 Modem,以实现对路由器的远程管理。远程通信链路通常并不用来传输平时的路由数据包,它的主要作用是在网络路径或回路失效后借助该方式对一个路由器进行访问。

3. 存储器

在路由器中,内存通常用来存储配置、路由器操作系统、路由协议软件等内容。在中低端路由器中,路由表可能存储在内存中。一般而言,路由器内存越大越好,但是与考察路由器中的 CPU 相似,内存同样不直接反映路由器的性能与能力,因为高效的算法与优秀的软件可能大大节约内存。

在路由器中通常包含 4 种主要的存储器,它们分别是 ROM、RAM、Flash 和 NVRAM。

ROM 是只读存储器,其中存储 IOS(网际操作系统)软件,用于在加电时引导路由器启动。

RAM 是随机存取存储器,它是 IOS 软件活动的场所。路由器的运行配置（Running-config）也存放在 RAM 中。RAM 中的所有内容包括运行配置在路由器断电后都将被清除。它与处理器配合完成各种路由器的操作处理。

Flash 亦称为 Flash Memory,像 Flash 卡一样,可以存放文件,并且在断电后仍可以保存。在路由器中,Flash 主要用于存储 IOS 映像文件。

NVRAM 是非易失随机存储器,用于存储启动配置（Startup-config）文件。

2.2.3 路由器的分类

1. 从性能上划分

从性能上可分为线速路由器和非线速路由器。

所谓线速路由器就是完全可以按传输介质带宽进行通畅传输,基本上没有间断和延时。通常高端路由器是线速路由器,具有非常高的端口带宽和数据转发能力,能以媒体速率转发数据包;中低端路由器是非线速路由器。但是一些新的宽带接入路由器也有线速转发能力。

另外根据性能的分类标准,也可把路由器分为高、中、低档路由器。

通常将路由器吞吐量大于 40Gbps 的路由器称为高档路由器,吞吐量在 25Gbps～40Gbps 之间的路由器称为中档路由器,而将低于 25Gbps 的路由器看作低档路由器。当然这只是一种宏观上的划分标准,各个厂家的划分标准并不完全一致。以市场占有率最大的 CISCO 公司为例,12000 系列为高端路由器,7500 以下系列路由器为中低端路由器。

2. 从结构上划分

从结构上可分为模块化路由器和非模块化路由器。

模块化结构可以灵活地配置路由器,以适应企业不断增加的业务需求,非模块化的路由器只能提供固定的端口。通常中高端路由器为模块化结构,低端路由器为非模块化结构。

3. 从功能上划分

从功能上划分,可将路由器分为太比特路由器、骨干级路由器、企业级路由器和接入级路由器。

(1) 太比特路由器

光纤和 DWDM(Dense Wavelength Division Multiplexing,高密度多工分波器)是未来核心互联网将要使用的新技术。为了使用新技术,就需要高性能的骨干交换/路由器(太比特路由器),太比特路由器技术现在还主要处于开发实验阶段。

(2) 骨干级路由器

企业级网络的互联一般采用骨干级路由器实现。由于地位的重要性,要求骨干级路由器要具备高速度和高可靠性,而价格则处于次要地位。为了提高可靠性,可采用热备份、双电源、双数据通路等传统冗余技术。骨干 IP 路由器的主要性能瓶颈是在转发表中查找某个路由所耗费的时间。当收到一个数据包时,输入端口在转发表中查找该数据包的目的地址以确定其目的端口,当数据包越短或者要发往许多目的端口时,势必增加路由查找的代价。因此,将一些常访问的目的端口存放到缓存中能够提高路由查找的效率。不管是输入缓冲还是输出缓冲路由器,通常都存在路由查找的瓶颈问题。

(3) 企业级路由器

企业级路由器连接许多终端系统,连接对象较多,但系统相对简单,且数据流量较小。对这类路由器的要求是以尽量简单的方法实现尽可能多的端点互连,同时还要求能够支持不同的服务质量。

（4）接入级路由器

接入级路由器主要用于连接家庭或 ISP 内的小型企业客户群体。接入路由器不只是提供 SLIP 或 PPP 连接，还支持诸如 PPTP 和 IPSec 等虚拟私有网络协议，这些协议能在每个端口上运行。诸如 ADSL 等技术将很快提高各家庭的可用带宽，这将进一步增加接入路由器的负担。基于这种趋势，接入路由器将来会支持许多异构和高速端口，并在各个端口上能够运行多种协议，同时还要避开电话交换网。

4. 按所处网络位置划分

按所处网络位置划分，通常把路由器划为边界路由器和中间节点路由器。

边界路由器处于网络边缘，用于连接不同的网络。中间节点路由器则处于网络的中间，通常用于连接不同的网络，起到数据转发的桥梁作用。由于各自所处的网络位置有所不同，其主要性能也就有相应的侧重。中间节点路由器要面对各种各样的网络，需要记忆网络中各节点路由器的 MAC 地址，所以中间节点路由器就需要选择具备较大的缓存、MAC 地址记忆能力较强的路由器。而边界路由器由于它可能要同时接收来自许多不同网络路由器发来的数据，所以边界路由器的背板带宽要足够宽。

2.2.4　路由器在网络中的主要作用

路由器是互联网的主要节点设备，它通过路由决定数据的转发。作为不同网络之间互相连接的枢纽，路由器系统构成了基于 TCP/IP 的 Internet 的主体脉络，也可以说，路由器构成了 Internet 的骨架，它的处理速度是网络通信的主要瓶颈之一，它的可靠性则直接影响着网络互联的质量。因此，在园区网、地区网乃至整个 Internet 研究领域中，路由器技术始终处于核心地位。

路由器是工作在 OSI 参考模型的第三层（网络层）的数据包转发设备，并通过转发数据包来实现网络互联。它通常用于节点众多的大型企业网络环境，与交换机和网桥相比，在实现骨干网的互联方面，路由器（特别是高端路由器）有着明显的优势。路由器高度的智能化，对各种路由协议、网络协议和网络接口的广泛支持，还有其独具的安全性和访问控制等功能和特点，是网桥和交换机等其他互连设备所不具备的。

路由器实际上就是一台计算机，因为它的硬件和计算机类似。路由器通常包括处理器、不同种类的内存（主要用于存储信息）、各种端口（主要用于连接外围设备或允许它和其他计算机通信）和操作系统（主要提供各种功能）。

路由器软件是复杂的软件之一。有些路由器软件运行在嵌入式操作系统上，有些运行在 UNIX 操作系统上，甚至有些软件为提高效率，本身就是操作系统。路由器软件一般实现路由协议功能、查表转发功能和管理维护等其他功能。由于互联网规模庞大，运行在互联网上路由器中的路由表非常巨大，可能包含几十万条路由，查表转发工作非常繁重。在高端企业路由器中，这些功能通常由 ASIC 芯片硬件实现。

路由软件的高复杂性另一方面体现在高可靠性、高可用性以及鲁棒性。实现路由软件的功能并不复杂，在免费共享软件中甚至可以得到路由协议和数据转发的实现源码。但是，难点在于需要该软件高效、可靠地运行在每年 365 天、每天 24 小时中。

目前,常用的企业路由器一般具有三层交换功能,提供千/万兆端口的速率、服务质量(QoS)、多点广播、强大的 VPN、流量控制、支持 IPv6、组播以及 MPLS 等特性的支持能力,满足企业用户对安全性、稳定性、可靠性等要求。

路由器用于连接多个逻辑上分开的网络,所谓的逻辑网络就是代表一个单独的网络或者一个子网。当数据从一个子网传输到另一个子网时,可通过路由器来完成。事实上,企业路由器主要连接企业局域网与广域网。一般来说,企业异种网络互联、多个子网互联都应当采用企业级路由器来完成。

路由器的一个作用是连通不同的网络,另一个作用是选择信息传送的线路。选择通畅快捷的线路,能大大提高通信速度,减轻企业网络系统的通信负荷,节约网络系统资源,提高网络系统的畅通率,从而让企业网络系统发挥出更大的效益。因此它的优点就是适用于大规模的企业网络连接,可以采用复杂的网络拓扑结构,负载共享和最优路径,能更好地处理多媒体,安全性高;节省局域网的频宽,隔离不需要的通信量,减少主机负担。企业级路由器的缺点也是很明显的,比如不支持非路由协议、安装复杂以及价格比较高等。

总的来讲,路由器主要有以下几种功能:

① 网络互联,路由器支持各种局域网和广域网接口,主要用于互联局域网和广域网,实现不同网络之间互相通信。

② 数据处理,提供包括分组过滤、分组转发、优先级、复用、加密、压缩和防火墙等功能。

③ 网络管理,路由器提供包括配置管理、性能管理、容错管理和流量控制等功能。

路由器通过路由表(Routing Table)实现路径选择功能。路由表中保存着子网的标志信息、网络中路由器的个数和下一个路由器的名字等内容。路由表可以是由系统管理员固定设置好的,也可以由系统动态修改;可以由路由器自动调整,也可以由主机控制。路由表有静态路由表和动态路由表之分,由系统管理员事先设置好的固定的路由表称为静态(Static)路由表,一般是在系统安装时根据网络的配置情况预先设定的,它不会随未来网络结构的改变而改变,而动态(Dynamic)路由表是路由器根据网络系统的运行情况而自动调整的路由表。路由器根据路由选择协议(Routing Protocol)提供的功能,自动学习和记忆网络运行情况,在选择路由时自动计算数据传输的最佳路径。

下面通过一个例子来介绍在网络环境下路由器是如何发挥其路由、数据转发作用的,如图 2-5 所示。

在图 2-5 中,A、B、C、D 4 个网络通过路由器连接在一起,现假设网络 A 中的一个用户 A1 要向 C 网络中的 C3 用户发送一个请求信号,信号传递的步骤如下:

第 1 步:用户 A1 将目的用户 C3 的 IP 地址和其他的数据信息组合成一个数据帧,并以广播的形式发送给同一网络中的所有节点,当路由器 A5 端口侦听到这个地址后,分析得知所发送的目的节点不是本网段的,需要路由转发,就把数据帧接收下来。

第 2 步:路由器 A5 端口接收到用户 A1 的数据帧后,先从报头中取出目的用户 C3 的 IP 地址,并根据路由表计算出发往用户 C3 的最佳路径。因为从分析得知 C3 的网络 ID 号与路由器的 C5 网络 ID 号相同,所以由路由器的 A5 端口直接发向路由器的 C5 端口应是信号传递的最佳途径。

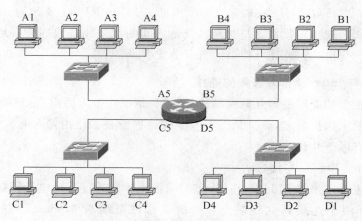

图 2-5 通过路由器互联的一个网络

第 3 步：路由器的 C5 端口再次取出目的用户 C3 的 IP 地址，找出 C3 的 IP 地址中的主机 ID 号。如果在网络中有交换机，则可先发给交换机，由交换机根据 MAC 地址表找出具体的网络节点位置；如果没有交换机设备，则根据其 IP 地址中的主机 ID 直接把数据帧发送给用户 C3，这样一个完整的数据通信转发过程就完成了。

可以看出，不管网络有多么复杂，路由器所做的工作其实就是这么几步，所以整个路由器的工作原理基本上都差不多。当然在实际的网络中还远比图 2-5 所示的情况要复杂许多，实际的步骤也不会像上述那么简单，但总的过程基本如此。

2.2.5 路由器在网络中的连接

路由器的硬件连接主要包括与局域网设备之间的连接、与广域网设备之间的连接以及与配置设备之间的连接。

1. 路由器与局域网接入设备之间的连接

局域网设备主要是指集线器与交换机，交换机通常使用的端口只有 RJ-45 和 SC，而集线器使用的端口则通常为 AUI、BNC 和 RJ-45。下面简单介绍一下路由器和集线设备的各种端口之间是如何进行连接的。

（1）RJ-45 to RJ-45

如果路由器和集线设备均提供 RJ-45 端口，就可以使用双绞线将集线设备和路由器的两个端口连接在一起。与集线设备之间的连接不同，路由器和集线设备之间的连接不使用交叉线，而是使用直通线。通常，集线器设备之间的级联是通过级联端口进行的，而路由器与集线器或交换机之间的互连是通过普通端口进行的。另外，路由器和集线设备端口的通信速率应当尽量匹配，否则，可使集线设备的端口速率高于路由器的速率。

（2）AUI to RJ-45

如果路由器拥有 AUI 端口，而集线设备提供的是 RJ-45 端口，那么就必须借助于 AUI to RJ-45 收发器才可实现两者之间的连接。当然，收发器与集线设备之间的双绞线跳线也必须使用直通线。

（3）SC to RJ-45 或 SC to AUI

这种情况一般是路由器与交换机之间的连接，如交换机只拥有光纤端口，而路由设备提供的是 RJ-45 端口或 AUI 端口,那么必须借助于 SC to RJ-45 或 SC to AUI 收发器才可实现两者之间的连接。收发器与交换机设备之间的双绞线跳线同样必须使用直通线。但是实际上出现交换机为纯光纤接口的情况非常少见。

2. 路由器与 Internet 接入设备的连接

路由器最主要的应用是与互联网的连接,这种情况在个人用户、事业单位局域网向互联网接入的情况下用得最多,而且是必不可少的一种设备。路由器与互联网接入设备的连接情况主要有以下几种。

(1) 通过异步串行口连接

异步串口主要用来与 Modem 连接,实现远程计算机通过公用电话网拨入局域网络。除此之外,也可用于连接其他终端。当路由器通过电缆与 Modem 连接时,必须使用 AYSNC to DB-25 或 AYSNC to DB-9 适配器来连接。

(2) 同步串行口

在路由器中所能支持的同步串行端口类型比较多,如 CISCO 系统就可以支持 5 种不同类型的接口,分别是 EIA/TIA-232 接口、EIA/TIA-449 接口、V.35 接口、X.21 串行电缆总线接口和 EIA-530 接口。需要注意的是,一般来说适配器连线的两端采用不同的外形(一般带插针的一端称之为“公头”,而带有孔的一端称之为“母头”),但也有例外,EIA-530 接口两端都是一样的接口类型,这主要是考虑到连接的紧密性。各类接口的“公头”为 DTE(Data Terminal Equipment,数据终端设备)连接适配器,“母头”为 DCE(Data Communications Equipment,数据通信设备)连接适配器。

(3) ISDN BRI 端口

路由器与 ISDN 设备互连时需要通过特殊的端口和模块。CISCO 路由器的 ISDN BRI 模块一般可分为两类,一类是 ISDN BRI S/T 模块,另一类是 ISDN BRI U 模块。前者必须与 ISDN 的 NT1 终端设备一起才能实现与 Internet 的连接,因为 S/T 端口只能接数字电话设备,不适合通过 NT1 连接现有的模拟电话设备。而后者由于内置有 NT1 模块(称之为 NT1+终端设备),它的 U 端口可以直接连接模拟电话外线,因此,无须再外接 ISDN NT1,可以直接连接至电话线墙板插座。

3. 配置端口

要配置路由器,可采用 Console 端口或 AUX 端口,前者主要用于本地配置,后者则用于远程配置。

(1) Console 端口的连接方式

要通过 Console 端口对路由器进行配置,需要使用特制的控制线将路由器的 Console 端口与计算机的串口/并口连接在一起,同时,根据计算机所使用的是串口还是并口,需要选择 RJ-45 to DB-9 或 RJ-45 to DB-25 适配器来进行转换。

(2) AUX 端口的连接方式

如果要通过远程访问的方式对路由器进行配置,则可以采用 AUX 端口。AUX 端口在外观上与 RJ-45 结构一样,只是里面所对应的电路不同,从而实现的功能也不同。根据

Modem 所使用的不同端口，需要选择对应的 RJ-45 to DB-9 或 RJ-45 to DB-25 收发器来实现 AUX 端口与 Modem 的连接。

4. 路由器的配置和管理

下面主要介绍采用控制端口对路由器进行初始配置，然后采用控制端口、虚拟终端和 Web 方式对路由器进行管理。

（1）采用控制端口配置路由器

对于一台没有 IP 地址的路由器，一般先通过路由器的控制端口进行配置。用一条控制电缆把 PC 的串口和路由器控制端口连接，然后打开 PC 的超级终端工具建立一个新连接（如图 2-6 所示），选择连接的 COM 接口（如图 2-7 所示）并设置基本的连接参数（如图 2-8 所示），通常采用默认参数连接即可。开启路由器电源，在超级终端中将看到如图 2-9 所示的信息，输入用户账号，通过身份验证后，将可以对路由器进行信息查看和配置（如图 2-10 所示）。

图 2-6　建立新连接

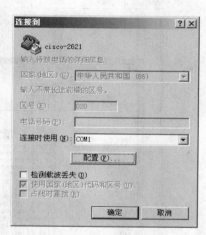

图 2-7　选择连接的方式

采用控制端口的方式来配置路由器要求管理者在近距离进行，具有很大的局限性。为了方便管理员在远程基于网络进行配置，可以在超级终端的模式下启用虚拟终端 VTY（Virtual Type Terminal，虚拟类型终端）的管理方式和 Web 管理方式，这样管理员通过网络就可以管理路由器，此时，一定要注意远程管理的安全性。

（2）采用虚拟终端配置路由器

一台 3 个端口的路由器提供 3 个真正的端口，同时，根据需要还可以在这台路由器上虚拟出一些端口，这些虚拟出来的端口称为虚拟终端或虚拟终端端口（VTY）。CISCO 的路

图 2-8　设置采用 COM 接口连接时的参数

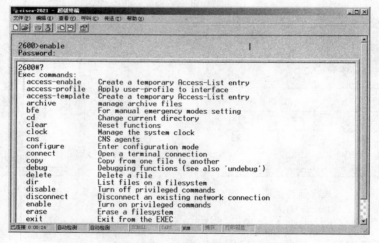

```
System Bootstrap, Version 12.2(8r)T2, RELEASE SOFTWARE (fc1)
TAC Support: http://www.cisco.com/tac
Copyright (c) 2002 by cisco Systems, Inc.
c2691 processor with 262144 Kbytes of main memory
Main memory is configured to 64 bit mode with parity disabled


Readonly ROMMON initialized
program load complete, entry point: 0x80008000, size: 0xb2a0
program load complete, entry point: 0x80008000, size: 0xb2a0

program load complete, entry point: 0x80008000, size: 0x7db914
Self decompressing the image : ################################################
############################## [OK]

Smart Init is enabled
smart init is sizing iomem
   ID        MEMORY_REQ              TYPE
000258      0X005F3C00 C2691 Mainboard
0000D7      0X00128810 FE Combo Port Module, 2 WAN
            0X000F3BB0 public buffer pools
            0X00211000 public particle pools
TOTAL:      0X00A20FC0

If any of the above Memory Requirements are
```

图 2-9　路由器的启动信息

```
2600>enable
Password:

2600#?
Exec commands:
  access-enable    Create a temporary Access-List entry
  access-profile   Apply user-profile to interface
  access-template  Create a temporary Access-List entry
  archive          manage archive files
  bfe              For manual emergency modes setting
  cd               Change current directory
  clear            Reset functions
  clock            Manage the system clock
  cns              CNS agents
  configure        Enter configuration mode
  connect          Open a terminal connection
  copy             Copy from one file to another
  debug            Debugging functions (see also 'undebug')
  delete           Delete a file
  dir              List files on a filesystem
  disable          Turn off privileged commands
  disconnect       Disconnect an existing network connection
  enable           Turn on privileged commands
  erase            Erase a filesystem
  exit             Exit from the EXEC
```

图 2-10　路由器的管理

由器和交换机一般支持 vty0～vty4 共 5 个虚拟终端。下面介绍在 CISCO 路由器下配置虚拟终端的方法：

```
2600(config)# line vty 0 4
2600(config)# login
2600(config)# password !@#$%
```

为了限制通过虚拟终端连接的主机以提高安全性,可以配置访问控制列表,这样只有符合条件的主机可以进行虚拟终端连接控制。比如仅允许 IP 地址为 211.66.64.166 的主机才可以通过虚拟终端的方式来访问,可以按下面的方法来配置访问控制列表。

```
2600(config)# access-list 1 permit host 211.66.64.166
```

```
2600(config)#line vty 0 4
2600(config-line)#access-class 1 line
```

启用了虚拟终端管理方式后,就可以通过虚拟终端方式来管理。在命令行方式下,输入"telnet＋路由器 IP 地址",对路由器进行连接。

在连接之前,一定要设置好本机的 IP 地址和子网掩码,否则连接不成功,本机的"本地连接"将显示不可连接的提示。

如图 2-11 所示为通过 telnet 方式连接路由器成功后的界面。

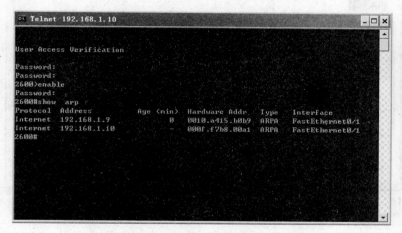

图 2-11　采用虚拟终端方式管理路由器

(3) 通过 Web 方式管理路由器

路由器也提供了 Web 方式的管理方法,在命令行状态下执行 ip http server 命令可以启用路由器的 Web 管理模式,同时指定认证方式。之后,打开浏览器,在地址栏中输入"http://路由器 IP 地址",将打开如图 2-12 所示的对话框,在"用户名"下拉列表框中输入

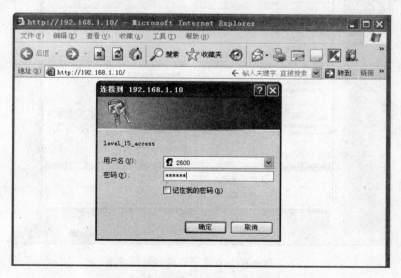

图 2-12　采用 Web 方式连接路由器

路由器的名字,在"密码"文本框中输入 enable 级别密码,即可登录到路由器的 Web 管理模式下,如图 2-13 所示。

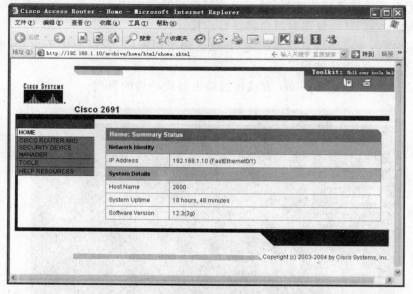

图 2-13　路由器的 Web 管理界面

在 Web 界面的左边提供了多个菜单,单击 CISCO ROUTER AND SECURITY DEVICE MANAGER 菜单项,打开如图 2-14 所示的界面,可对路由器进行安全管理。

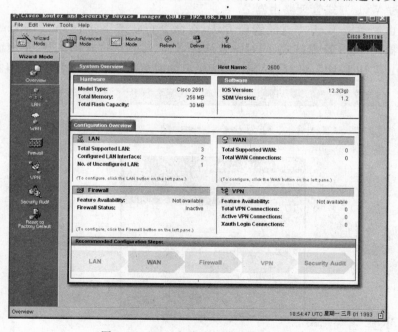

图 2-14　Web 方式下提供的管理功能

为了增强安全性,可以修改 Web 访问的默认端口。比如把路由器的 Web 访问端口由默认的端口 80 改为 8080,再次通过浏览器访问路由器时,需要指定对应的端口才可正常连接(如图 2-15)。同时,通过下面的语句设置访问控制列表,也可以限定通过 Web 方式管理路由器的主机的 IP 地址。

```
2600(config)#access-list 1 permit host 192.168.6.1
2600(config)#ip http access-class 1
```

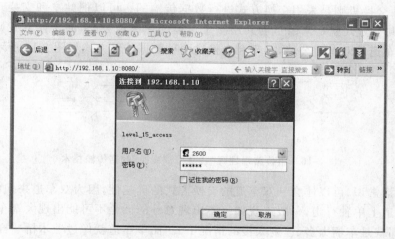

图 2-15　在 Web 方式下采用 8080 端口访问路由器

当用户通过 Web 方式登录时,交换机或路由器一般均提供 3 种基本认证方式:enable、local、tacacs。

如果采用 enable 认证方式,用户名需输入对应设备的名字,密码为 enable 密码。如果采用 local 登录,则需要建立对应的用户账号。而 tacacs 方式则主要采用加密协议 TACACS 通过认证服务器进行验证。

TACACS(Terminal Access Controller Access Control System,终端访问控制器访问系统)是 UNIX 下的一个比较老的用户认证、加密协议,它允许远程访问服务器传送用户登录密码给认证服务器,认证服务器决定该用户是否可以登录系统。TACACS 是一个加密协议,但是它的安全性不及之后的 TACACS＋和远程身份验证拨入用户服务协议。TACACS 之后推出的版本是 XTACACS,这两个协议均在 RFC(请求注解)有相关说明。

2.3　交换机简介

2.3.1　交换机的工作原理

在组建局域网时,经常采用的网络设备是交换机和集线器。二者在外形上非常相似,而且都遵循 IEEE 802.3 及其扩展标准,介质存取方式也均为 CSMA/CD,但是它们在工作原理上却有着根本的区别。简单地说,由交换机构建的网络称为交换式网络,每个端口都能独享带宽,所有端口都能够同时进行通信,并且能够在全双工模式下提供双倍的传输速率。而集线器构建的网络称为共享式网络,在同一时刻只能有两个端口(接收数据的端口和发送数据的端口)进行通信,所有的端口分享固有的带宽。下面简单地以图示方式进行介绍。

1."共享"与"交换"数据传输技术

要明白交换机的优点首先必须明白交换机的基本工作原理,而交换机的工作原理最根本的是理解共享(Share)和交换(Switch)这两个概念。集线器是采用共享方式进行数据传输的,而交换机则是采用交换方式进行数据传输的。可以把共享和交换理解成公路交通情况:共享方式就是来回车辆共用一个车道的单车道公路,而交换方式则是来回车辆各用一个车道的双车道公路,共享和交换这两种数据传输方式如图 2-16 所示。

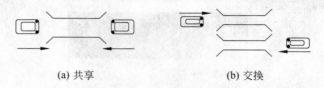

(a) 共享　　　　　　　　　(b) 交换

图 2-16　用公路来理解"共享"与"交换"数据传输技术

根据生活常识,可以体会到双车道的交换方式的优越性,因为双车道来回的车辆可以在不同的车道上单独行走,一般来说如果不出现意外的话是不可能出现大塞车现象(当然也有可能,那就是车辆太多、速度太慢的情况下)。而单车道就像过独木桥一样,来回的车辆每次只能允许一个方向的车辆经过这个桥,这样就很容易出现塞车现象。

交换机进行数据交换的原理就是在这样的背景下产生的,它解决了集线器那种共享单车道容易出现"塞车"的现象,在交换机技术上把这种独享道宽(网络上称之为"带宽")情况称为"交换",这种网络环境称为"交换式网络",交换式网络必须采用交换机(Switch)来实现。如图 2-16(b)所示可以知道交换式网络可以是全双工(Full Duplex)状态,即可以同时接收和发送数据,数据流是双向的。而采用集线器作为网络连接设备的网络称为"共享式网络",显然,共享网络的效率非常低,在任一时刻只能有一个方向的数据流,即处于半双工(Half Duplex)模式。

另一方面,由于单车道共享方式中来回车辆共用一个车道,也就是每次只能过一个方向的车,这样车辆一多,速度肯定会降下来,效率也就跟着下降。共享式网络的通信也与共享车道的情况类似,它的效率在数据流量大的时候肯定会降低,因为同一时刻只能进行单一数据传输任务,还可能造成数据碰撞现象,就像在单车道上经常看到的撞车现象一样,因为车流量一大,就很难保证每个车辆的司机都遵守交通规则,容易出现车辆碰撞、争抢车道的现象。而交换式的数据传输方式出现这种情况就少许多,因为各自都有自己的信道,各行其道基本上是不太可能发生争抢信道的现象。但也有例外,那就是数据流量增大,而网络速度和带宽没有得到保证时才会在同一信道上出现碰撞现象,就像在双车道或多车道也可能发生撞车现象一样。解决这一现象的方法有两种,一种是增加车道,另一种方法就是提高车速。很显然增加车道这一方法是最基本的,但它不是最终的解决方法,因为车道的数量有限,如果所有车辆的速度上不去,那效率还是会低的,对于一些心急的司机来说还是会撞车。第二种方法是一种比较好的方法,提速有助于车辆正常有序地快速流动,这就是为什么高速公路出现撞车的现象反而比普通公路上少许多的原因。计算机网络也一样,虽然交换机能提供全双工方式进行数据传输,但是如果网络带宽不宽,速度不快,每传输一个数据包都要花费大量的时间,那信道再多也无济于事,网络传输的效率还是很低,而且网络上的信道也是非常有限的,这取决于带宽。目前以太网交换机带宽可达 10Gbps。

2. 数据传输的方式

集线器的数据包传输方式是广播方式,如图 2-17 所示。由于集线器中只能同时存在一个广播,所以同一时刻只能有一个数据包在传输,信道的利用率较低。

交换机具有 MAC 地址学习功能,它会把连接到自己上的 MAC 地址记住,形成一个节点与 MAC 地址对应表。依据这样的一个 MAC 地址表,它就不必再进行广播。从一个端口发过来的数据,其中含有目的地的 MAC 地址,交换机在保存在自己缓存中的 MAC 地址表中寻找与这个数据包中包含的目的 MAC 地址对应的节点,找到以后,便在这两个节点间架起一条临时性的专用数据传输通道,这两个节点便可以不受干扰地进行通信。一般交换机档次越低,交换机的缓存就越小,也就是说为保存 MAC 地址所准备的空间也就越小,对应的它能记住的 MAC 地址数也就越少。通常一台交换机具有 1024 个 MAC 地址记忆空间,能满足实际需求。从前面的分析可以知道交换机所进行的数据传递是有明确的方向,而不是乱传递,不像集线器的广播方式,这种传递方式如图 2-18 所示。由于交换机可以进行全双工传输,所以交换机可以同时在多对节点之间建立临时专用通道,形成立体交叉的数据传输通道结构。

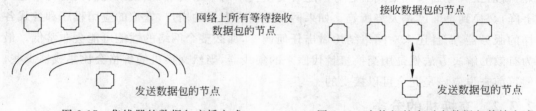

图 2-17　集线器的数据包广播方式　　　　图 2-18　交换机的点对点数据包传输方式

交换机的数据传输工作原理可以简单地这样来说明。

当交换机从某一节点接收到一个以太网帧后,将立即在其内存中的地址表(端口号—MAC 地址)中进行查找,以确认该目的 MAC 地址的网卡连接在哪一个节点上,然后将该帧转发至该节点。如果在地址表中没有找到该 MAC 地址,也就是说,该目的 MAC 地址是首次出现,交换机就将数据包广播到所有节点。拥有该 MAC 地址的网卡在接收到该广播帧后,将立即做出应答,从而使交换机将其节点的 MAC 地址添加到 MAC 地址表中。换言之,当交换机从某一节点收到一个帧时(广播帧除外),将对地址表执行两个动作,一是检查该帧的源 MAC 地址是否已在地址表中,如果没有,则将该 MAC 地址加到地址表中,这样以后就知道该 MAC 地址在哪一个节点。二是检查该帧的目的 MAC 地址是否已在地址表中,如果该 MAC 地址已在地址表中,则将该帧发送到对应的节点即可,而不必像集线器那样将该帧发送到所有节点,只需将该帧发送到对应的节点,使那些既非源节点又非目的节点的节点间仍然可以进行相互间的通信,从而提供比集线器更高的传输速率;如果该 MAC 地址不在地址表中,则将该帧发送到所有其他节点(源节点除外),该帧相当于一个广播帧。

这里要明确一个事实,那就是交换机在刚买回来时不可能知道所在网络中各节点的地址,也就是说在交换机刚刚打开电源时,其 MAC 地址表是一片空白。那么,交换机的地址表是怎样建立起来的呢?交换机根据以太网帧中的源 MAC 地址来更新地址表,然后自我学习、记忆。当一台计算机打开电源后,安装在该系统中的网卡会定期发出空闲包或信号,交换机据此得知它的存在以及其 MAC 地址,这就是所谓的自动地址学习。由于交换机能够自动根据收到的以太网帧中的源 MAC 地址更新地址表的内容,所以交换机使用的时间越长,存储的 MAC 地址就越多,未知的 MAC 地址就越少,因而广播的包就越少,速度就越快。

那么,交换机是否会永久性地记住所有的端口号—MAC 地址关系呢?不是的。由于交换机中的内存毕竟有限,因此能够记忆的 MAC 地址数量也是有限的。既然不能无休止地记忆所有 MAC 地址,那么就必须赋予其相应的忘却机制,从而吐故纳新。事实上,工程师为交换机设定了一个自动老化时间(Auto-aging),若某 MAC 地址在一定时间内(默认为 300s)不再出现,那么交换机将自动把该 MAC 地址从地址表中清除。当下一次该 MAC 地址重新出现时,将会被当作新地址处理。

综上所述,交换机作为当前局域网的主要连接设备,与集线器相比具有许多明显的优点,目前正有全面取代集线器之势。随着交换技术的不断发展,以太网交换机的价格急剧下降,交换到桌面已是大势所趋。如果网络上拥有大量的用户、繁忙的应用程序和各式各样的服务器,而且还未对网络结构做出任何调整,那么整个网络的性能可能会非常低。最为有效的解决方法就是用交换机替代原来的集线器,当然交换机的价格会比集线器贵些,但目前来说应该是完全可以接受的。

2.3.2　交换机的分类

1. 根据传输介质和传输速度划分

根据交换机使用的网络传输介质及传输速度的不同,一般可以将局域网交换机分为以太网交换机、快速以太网交换机、千兆(G 位)以太网交换机、10 千兆(10G 位)以太网交换机、FDDI 交换机、ATM 交换机和令牌环交换机等。

(1) 以太网交换机

以太网交换机是指带宽在 100Mbps 以下的以太网所用的交换机。

这种交换机应用最普遍,价格比较便宜,档次较齐全,应用领域非常广泛。以太网包括三种网络接口:RJ-45、BNC 和 AUI,所用的传输介质分别为双绞线、细同轴电缆和粗同轴电缆。不要认为只要涉及以太网的就都是 RJ-45 接口的,只不过双绞线类型的 RJ-45 接口在网络设备中非常普遍而已。当然现在的交换机通常不可能全是 BNC 或 AUI 接口的,因为目前采用同轴电缆作为传输介质的网络已经很少见了,一般是在 RJ-45 接口的基础上为了兼顾同轴电缆介质的网络连接,配上 BNC 或 AUI 接口。如图 2-19 所示为一款带有 RJ-45 和 AUI 接口的以太网交换机产品。

(2) 快速以太网交换机

这种交换机用于 100Mbps 快速以太网。快速以太网是一种在普通双绞线或者光纤上实现 100Mbps 传输带宽的网络技术。要注意的是,一涉及快速以太网就认为全都是 100Mbps 带宽的端口,事实上目前基本还是以 10/100Mbps 自适应型为主。同样这种快速以太网交换机通常所采用的介质也是双绞线,有的快速以太网交换机为了兼顾与其他光传输介质的网络互联,可能会留有少数的光纤接口 SC。如图 2-20 所示为一款快速以太网交换机产品。

图 2-19　带有 RJ-45 和 AUI 接口的以太网交换机　　　图 2-20　快速以太网交换机

(3) 千兆以太网交换机

因为使用千兆交换机的网络带宽可以达到 1000Mbps,所以这种网络被称为"吉位(G 位)以太网"。它一般用于一个大型网络的骨干网段,所采用的传输介质有光纤、双绞线两种,对应的接口为 SC 和 RJ-45 两种。如图 2-21 所示为一款千兆以太网交换机产品。

(4) 万兆以太网交换机

万兆以太网交换机主要是为了适应万兆以太网络的接入,一般用于骨干网段上,采用的传输介质为光纤,其接口方式也就相应为光纤接口。如图 2-22 所示为一款万兆以太网交换机产品,可以看出,它全部采用光纤接口。

图 2-21　千兆以太网交换机　　　　　图 2-22　万兆以太网交换机

(5) ATM 交换机

ATM 交换机是用于 ATM 网络的交换机产品。ATM 网络由于其独特的技术特性,现在还只广泛用于电信、邮政网的主干网段,因此其交换机产品在市场上很少看到。如果在 ADSL 宽带接入方式中采用 PPPoA 协议,在局端(NSP 端)就需要配置 ATM 交换机,有线电视的 Cable Modem 互联网接入法在局端也采用 ATM 交换机。它的传输介质一般采用光纤,接口类型一般有两种:以太网 RJ-45 接口和光纤接口,这两种接口适合与不同类型的网络互联。如图 2-23 所示为一款 ATM 交换机产品。相对于物美价廉的以太网交换机而言,ATM 交换机的价格很高,所以在普通局域网中很少见到。

（6）FDDI 交换机

FDDI 技术是在快速以太网技术还没有开发出来之前开发的,它主要是为了解决当时 10Mbps 以太网和 16Mbps 令牌网速度的局限,因为它的传输速度可达到 100Mbps,这比当时的另外两个网络速度要高出许多,所以在当时还是有一定的市场。但它当时采用光纤作为传输介质,比起以双绞线为传输介质的网络成本高许多,所以随着快速以太网技术的成功开发,FDDI 技术也就失去了它应有的市场。正因为如此,FDDI 设备如 FDDI 交换机也就比较少见了,FDDI 交换机用于老式中、小型企业的快速数据交换网络中,它的接口形式都为光纤接口。如图 2-24 所示的是一款 3COM 公司的 FDDI 交换机产品。

图 2-23 ATM 交换机

图 2-24 FDDI 交换机

2. 根据应用层次划分

根据交换机所应用的网络层次,可以将网络交换机分为企业级交换机、校园网交换机、部门级交换机、工作组交换机和桌面型交换机 5 种。

（1）企业级交换机

企业级交换机属于一类高端交换机,一般采用模块化的结构,可作为企业网络骨干构建高速局域网,所以它通常用于企业网络的最顶层。

企业级交换机可以提供用户化定制、优先级队列服务和网络安全控制,并能很快适应数据增长和改变的需要,从而满足用户的需求。对于有更多需求的网络,企业级交换机不仅能传送海量数据和控制信息,更具有硬件冗余和软件可伸缩性等特点,保证网络的可靠运行。由于所处的位置非常重要,企业级交换机在带宽、传输速率以及背板容量上要比一般的交换机高出许多,因此企业级交换机一般都是千兆以上的以太网交换机。企业级交换机所采用的端口一般都为光纤接口,这主要是为了保证交换机高的传输速率。如图 2-25 所示为友讯的一款模块化千兆以太网交换机,它属于企业级交换机范畴。

企业级交换机还可以接入一个大底盘,这个底盘产品通常支持许多不同类型的组件,比如快速以太网和以太网中继器、FDDI 集中器、令牌环 MAU 和路由器。企业级交换机在建设企业级别的网络时非常有用,尤其是对需要支持一些网络技术和以前的系统的网络。基于底盘设备通常有非常强大的管理特征,因此非常适合于企业网络的环境。不过,基于底盘设备的成本都非常高,很少有中、小型企业能承担得起。

图 2-25 模块化千兆以太网交换机

（2）校园网交换机

校园网交换机的应用相对较少，主要应用于较大型网络，且一般作为网络的骨干交换机。这种交换机具有快速数据交换能力和全双工能力，可提供容错等智能特性，还支持扩充选项及第三层交换中的虚拟局域网（VLAN）等多种功能。

这种交换机因通常用于分散的校园网而得名，其实它不一定要应用到校园网络中，这只表示它主要应用于物理距离分散的较大型网络中。因为校园网比较分散，传输距离比较长，所以在骨干网段上，这类交换机通常采用光纤或者同轴电缆作为传输介质，交换机需提供 SC 光纤接口和 BNC 或者 AUI 同轴电缆接口。

（3）部门级交换机

部门级交换机是面向部门级网络使用的交换机，它较前面两种交换机所能应用的网络规模要小许多。这类交换机可以是固定配置，也可以是模块配置，一般除了常用的 RJ-45 双绞线接口外，还带有光纤接口。部门级交换机一般具有较为突出的智能型特点，支持基于端口的 VLAN（虚拟局域网），可实现端口管理，可任意采用全双工或半双工传输模式，可对流量进行控制，有网络管理的功能，可通过 PC 的串口或经过网络对交换机进行配置、监控和测试。如果作为骨干交换机，则一般认为支持 300 个信息点以下的中型企业的交换机为部门级交换机。如图 2-26 所示为一款部门级交换机产品。

（4）工作组交换机

工作组交换机是传统集线器的理想替代产品，一般为固定配置，配有一定数目的 10Base-T 或 100Base-TX 以太网口。交换机按每一个包中的 MAC 地址相对简单地决策信息转发，这种转发决策一般不考虑包中隐藏的更深的其他信息。与集线器不同的是交换机的转发延迟很小，操作接近单个局域网性能，远远超过了普通桥接互联网络之间的转发性能。

工作组交换机一般没有网络管理的功能，如果作为骨干交换机则一般认为支持 100 个信息点以内的交换机为工作组交换机。如图 2-27 所示为一款快速以太网工作组交换机产品。

图 2-26　部门级交换机

图 2-27　快速以太网工作组交换机

（5）桌面型交换机

桌面型交换机是最常见的一种最低档的交换机，它区别于其他交换机的一个特点是支持的 MAC 地址很少，通常端口数也较少（一般在 12 口以内），只具备最基本的交换机特性，当然价格也是最便宜的。

这类交换机虽然在整个交换机中属最低档的，但是相比集线器来说，它还是具有交换机的通用优越性，况且有许多应用环境也只需这些基本的性能，所以它的应用还是相当广泛的。它主要应用于小型企业或中型以上企业办公桌面。在传输速度上，目前桌面型交换机大都提供多个具有 10/100Mbps 自适应能力的端口。如图 2-28 所示为一款不同品牌型号的桌面型交换机产品。

3. 根据交换机的结构划分

如果按交换机的端口结构来分,交换机大致可分为固定端口交换机和模块化交换机两种不同的结构。还有一种是两者兼顾的交换机,那就是在提供基本固定端口的基础之上再配备一定的扩展插槽或模块。

图 2-28　桌面型交换机

（1）固定端口交换机

固定端口顾名思义就是它所带有的端口是固定的,如果是 8 端口的,就只能有 8 个端口,不能再添加。16 个端口也就只能有 16 个端口,不能再扩展。目前这种固定端口的交换机比较常见,端口数量没有明确的规定,一般的端口标准是 8 端口、16 端口和 24 端口。非标准的端口数主要有 4 端口、5 端口、10 端口、12 端口、20 端口、22 端口和 32 端口等。

固定端口交换机按其安装架构又分为桌面式交换机和机架式交换机。与集线器相同,机架式交换机更易于管理,更适用于较大规模的网络,它的结构尺寸符合 19 英寸国际标准,它与其他交换设备或者路由器、服务器等集中安装在一个机柜中。而桌面式交换机由于只能提供少量端口且不能安于机柜内,故通常只用于小型网络。如图 2-29 所示为一款固定端口的交换机。

（2）模块化交换机

模块化交换机虽然在价格上要贵很多,但拥有更大的灵活性和可扩充性,用户可任意选择不同数量、不同速率和不同接口类型的模块,以适应千变万化的网络需求。另外,机箱式交换机大多都有很强的容错能力,支持交换模块的冗余备份,并且往往拥有可热插拔的双电源,以保证交换机的电力供应。在选择交换机时,应按照需要和经费综合考虑选择机箱式或固定式。一般来说,企业级交换机应考虑其扩充性、兼容性和排错性,因此,应当选用机箱式交换机;而骨干交换机和工作组交换机则由于任务较为单一,可采用简单明了的固定式交换机。如图 2-30 所示为一款模块化快速以太网交换机产品,它具有 4 个可插拔模块,可根据实际需要灵活配置。

图 2-29　固定端口交换机

图 2-30　模块化快速以太网交换机

4. 根据交换机工作的协议层划分

网络设备都对应工作在 OSI/RM 开放模型的一定层次上,工作的层次越高,说明其设备的技术性越高,性能也越好,档次也就越高。交换机也一样,随着交换技术的发展,交换机由原来工作在 OSI/RM 的第二层,发展到现在可以工作在第四层的交换机,所以根据工作的协议层,交换机可分为第二层交换机、第三层交换机和第四层交换机。

（1）第二层交换机

第二层交换机是对应于 OSI/RM 的第二协议层来定义的，因为它只能工作在 OSI/RM 开放体系模型的第二层（数据链路层）。第二层交换机依赖于链路层中的信息（如 MAC 地址）完成不同端口数据间的线速交换，主要功能包括物理编址、错误校验、帧序列以及数据流控制。这是最原始的交换技术产品，目前桌面型交换机一般都属于这种类型，因为桌面型交换机一般来说所承担的工作复杂性不是很强，又处于网络的最基层，所以只需要提供最基本的数据链接功能即可。目前第二层交换机应用最为普遍（主要是价格便宜，功能符合中、小企业的实际应用需求），一般应用于小型企业或中型以上企业网络的桌面层次。如图 2-31 所示为一款第二层交换机的产品。要说明的是，所有的交换机在协议层次上都是向下兼容的，也就是说所有的交换机都能够工作在第二层。

图 2-31 第二层交换机

（2）第三层交换机

第三层交换机是对应于 OSI/RM 开放体系模型的第三层（网络层）来定义的，也就是说这类交换机可以工作在网络层，它比第二层交换机更加高档，功能更强。第三层交换机因为工作在 OSI/RM 模型的网络层，所以它具有路由功能，将 IP 地址信息提供给网络路径选择，并实现不同网段间数据的线速交换。当网络规模较大时，可以根据特殊应用需求划分为小的独立的 VLAN 网段，以减小广播所造成的影响。通常这类交换机采用模块化结构，以适应灵活配置的需要。在大中型网络中，第三层交换机已经成为基本配置设备。如图 2-32 所示为 3COM 公司的一款第三层交换机产品。

（3）第四层交换机

第四层交换机是采用第四层交换技术而开发出来的交换机产品，它工作在 OSI/RM 模型的第四层，即传输层，直接面对具体应用。第四层交换机支持的协议是各种各样的，如 HTTP、FTP、Telnet、SSL 等。在第四层交换机中为每个供搜寻使用的服务器组设立虚拟 IP 地址（VIP），每组服务器支持某种应用。在域名服务器（DNS）中存储的每个应用服务器地址是 VIP，而不是真实的服务器地址。当某用户申请应用时，将一个带有目标服务器组的 VIP 连接请求（例如一个 TCP SYN 包）发给服务器交换机。服务器交换机在组中选择最好的服务器，将终端地址中的 VIP 用实际服务器的 IP 取代，并将连接请求传给服务器。这样同一区间内所有的包由服务器交换机进行映射，在用户和同一服务器间进行传输。如图 2-33 所示为一款第四层交换机产品，从图中可以看出它也是采用模块化结构。

图 2-32 第三层交换机

图 2-33 第四层交换机

第四层交换技术相对于原来的第二层、第三层交换技术具有明显的优点,从操作方面来看,第四层交换机是稳固的,因为它将包控制在从源端到宿端的区间中。另一方面,路由器或第三层交换机只针对单一的包进行处理,不清楚上一个包从哪来,也不知道下一个包的情况。它们只是检测包报头中的 TCP 端口数字,根据应用建立优先级队列,路由器根据链路和网络可用的节点决定包的路由;而第四层交换机则是在可用的服务器和性能基础上先确定区间。

5. 根据是否支持网管功能划分

如果按交换机是否支持网络管理功能进行划分,可以将交换机分为网管型和非网管型两大类。

网管型交换机的任务是使所有的网络资源处于良好的状态。网管型交换机产品提供了基于终端控制端口(Console)、基于 Web 页面以及支持 Telnet 远程登录网络等多种网络管理方式,因此网络管理人员可以对该交换机的工作状态、网络运行状况进行本地或远程的实时监控,纵观全局地管理所有交换机端口的工作状态和工作模式。网管型交换机支持 SNMP 协议,SNMP 协议由一整套简单的网络通信规范组成,可以完成所有基本的网络管理任务,对网络资源的需求量少,具备一些安全机制。SNMP 协议的工作机制非常简单,主要通过各种不同类型的消息即 PDU(协议数据单位)实现网络信息的交换。但是网管型交换机相对于介绍的非网管型交换机来说要贵许多。

网管型交换机采用嵌入式远程监视(RMON)标准用于跟踪流量和会话,对决定网络中的瓶颈和阻塞点是很有效的。软件代理支持 4 个 RMON 组(历史、统计数字、警报和事件),从而增强了流量管理、监视和分析。统计数字是一般网络流量统计;历史是一定时间间隔内网络流量统计;警报可以在预设的网络参数极限值被超过时进行报警;事件代表管理事件。

网管型交换机提供基于策略的 QoS(Quality of Service)。策略是指控制交换机行为的规则,网络管理员利用策略为应用流分配带宽、优先级以及控制网络访问,其重点是满足服务水平协议所需的带宽管理策略及向交换机发布策略的方式。在交换机的每个端口处用来表示端口状态、半双工/全双工和 10BaseT/100BaseT 的多功能发光二极管(LED)以及表示系统、冗余电源(RPS)和带宽利用率的交换级状态 LED 形成了全面、方便的可视管理系统。目前大多数部门级以下的交换机多数都是非网管型的,只有企业级及少数部门级的交换机支持网管功能。

2.3.3　二层/三层交换技术与路由器的比较

为了适应网络应用深化带来的挑战,网络在规模和速度方向上都在急剧发展,局域网的速度已从最初的 10Mbps 提高到 100Mbps,目前千兆以太网技术已得到普遍应用。

在网络结构方面,也从早期的共享介质的局域网发展到目前的交换式局域网。交换式局域网技术使专用的带宽为用户所独享,极大地提高了局域网传输的效率。可以说,在网络系统集成的技术中,直接面向用户的第一层接口和第二层交换技术方面已得到令人满意的答案。但是,作为网络核心并起到网间互联作用的路由器技术却没有质的突破。在这种情况下,一种新的路由技术应运而生,这就是第三层交换技术。说它是路由器,因为它可操作在网络协议的第三层，是一种路由理解设备并可起到路由决定的作用；说它是交换机，是因为它的速度极快，几乎达到第二层交换机的速度。二层交换机、三层交换机和路由器这三种技术究竟谁优谁劣，它们各自适用在什么环境呢？下面将结合三种技术的工作原理进行分析。

1. 二层交换技术

二层交换机是数据链路层的设备，它能够读取数据包中的 MAC 地址信息并根据 MAC 地址来进行交换。

交换机内部有一个地址表，这个地址表标明了 MAC 地址和交换机端口的对应关系。当交换机从某个端口收到一个数据包时，它首先读取包头中的源 MAC 地址，这样就知道源 MAC 地址的机器是连在哪个端口上的，然后再去读取包头中的目的 MAC 地址，并在地址表中查找相应的端口。如果表中有与这个目的 MAC 地址对应的端口，则把数据包直接复制到这个端口上；如果在表中找不到相应的端口，则把数据包广播到所有端口上。当目的机器对源机器作出回应时，交换机又可以学习该目的 MAC 地址与哪个端口对应，在下次传送数据时就不需要对所有端口进行广播。

二层交换机就是这样建立和维护它自己的地址表。由于二层交换机一般具有很宽的交换总线带宽，所以可以同时为很多端口进行数据交换。如果二层交换机有 N 个端口，每个端口的带宽是 M，而它的交换机总线带宽超过 $N \times M$，那么这个交换机就可以实现线速交换。二层交换机对广播包是不进行限制的，可把广播包复制到所有端口上。

二层交换机一般都含有专门用于处理数据包转发的 ASIC（Application Specific Integrated Circuit）芯片，因此转发速度可以达到非常快。

2. 路由技术

路由器是在 OSI 七层网络模型中的第三层——网络层操作的。

路由器内部有一个路由表，这个表标明了如果要去某个地方，下一步应该往哪走。路由器从某个端口收到一个数据包，它首先把链路层的包头去掉（拆包），读取目的 IP 地址，然后查找路由表，若能确定下一步往哪送，则再加上链路层的包头（打包），把该数据包转发出去；如果不能确定下一步的地址，则向源地址返回一个信息，并把这个数据包丢掉。

路由技术和二层交换看起来有点相似，其实路由和交换之间的主要区别就是交换发生在 OSI 参考模型的第二层（数据链路层），而路由发生在第三层。这一区别决定了路由和交换在传送数据的过程中需要使用不同的控制信息，所以两者实现各自功能的方式是不同的。

路由技术是由两项最基本的活动组成，即决定最优路径和传输数据包。其中，数据包的传输相对较为简单和直接，而路由的确定则更加复杂一些。路由算法在路由表中写入各种不同的信息，路由器会根据数据包所要到达的目的地选择最佳路径把数据包发送到可以到达该目的地的下一台路由器处。当下一台路由器接收到该数据包时，也会查看其目标地址，并使用合适的路径继续传送给后面的路由器。依次类推，直到数据包到达最终目的地。

路由器之间可以进行相互通信，而且可以通过传送不同类型的信息维护各自的路由表。路由更新信息就是这样一种信息,一般是由部分或全部路由表组成。通过分析其他路由器发出的路由更新信息,路由器可以掌握整个网络的拓扑结构。链路状态广播是另外一种在路由器之间传递的信息,它可以把信息发送方的链路状态及时地通知给其他路由器。

3. 三层交换技术

一个具有第三层交换功能的设备是一个带有第三层路由功能的第二层交换机,但它是二者的有机结合,并不是简单地把路由器设备的硬件及软件叠加在局域网交换机上。

从硬件上看,第二层交换机的接口模块都是通过高速背板/总线(速率可高达几十Gbps)交换数据的,在第三层交换机中,与路由器有关的第三层路由硬件模块也插接在高速背板/总线上,这种方式使得路由模块可以与需要路由的其他模块间高速地交换数据,从而突破了传统的外接路由器接口速率的限制。在软件方面,第三层交换机也有重大的举措,它将传统的基于软件的路由器软件进行了界定。

其解决方法如下:

① 对于数据包的转发如 IP/IPX 包的转发,这些规律的过程通过硬件得以高速实现。

② 对于第三层路由软件如路由信息的更新、路由表维护、路由计算、路由的确定等功能,用优化、高效的软件实现。

假设两个使用 IP 协议的机器通过第三层交换机进行通信的过程,机器 A 在开始发送时,已知目的 IP 地址,但尚不知道在局域网上发送所需要的 MAC 地址,要采用地址解析(ARP)来确定目的 MAC 地址。机器 A 把自己的 IP 地址与目的 IP 地址比较,从其软件中配置的子网掩码中提取出网络地址,来确定目的机器是否与自己在同一子网内。若目的机器 B 与机器 A 在同一子网内,A 广播一个 ARP 请求,B 返回其 MAC 地址,A 得到目的机器 B 的 MAC 地址后将这一地址缓存起来,并用此 MAC 地址封包转发数据,第二层交换模块查找 MAC 地址表确定将数据包发向目的端口。若两个机器不在同一子网内,如发送机器 A 要与目的机器 C 通信,发送机器 A 要向"默认网关"发出 ARP 包,而"默认网关"的 IP 地址已经在系统软件中设置。这个 IP 地址实际上对应第三层交换机的第三层交换模块,所以当发送机器 A 对"默认网关"的 IP 地址广播出一个 ARP 请求时,若第三层交换模块在以往的通信过程中已得到目的机器 C 的 MAC 地址,则向发送机器 A 回复 C 的 MAC 地址;否则第三层交换模块根据路由信息向目的机器广播一个 ARP 请求,目的机器 C 得到此 ARP 请求后向第三层交换模块回复其 MAC 地址,第三层交换模块保存此地址并回复给发送机器 A。以后,当再进行 A 与 C 之间的数据包转发时,将用最终的目的机器的 MAC 地址封装,数据转发过程全部交给第二层交换处理,信息得以高速交换,即所谓的一次选路,多次交换。

第三层交换具有以下突出特点:

① 有机的硬件结合使得数据交换加速。

② 优化的路由软件使得路由过程效率提高。

③ 除了必要的路由决定过程外,大部分数据转发过程由第二层交换处理。

④ 多个子网互联时只是与第三层交换模块逻辑连接,不像传统的外接路由器那样需增加端口,节省了用户的投资。

4. 三种技术的对比

可以看出,二层交换机主要应用在小型局域网中,机器数量在二三十台以下,这样的网络环境下,广播包影响不大,二层交换机的快速交换功能、多个接入端口和低廉的价格为小型网络用户提供了很完善的解决方案。在这种小型网络中根本没必要引入路由功能从而增加管理的难度和费用,所以没有必要使用路由器,当然也没有必要使用三层交换机。

三层交换机是为 IP 设计的,接口类型简单,拥有很强的二层包处理能力,所以适用于大型局域网。为了减小广播风暴的危害,必须把大型局域网按功能或地域等因素划分成一个一个的小局域网,也就是一个一个的小网段,这样必然导致不同网段之间存在大量的互访。单纯使用二层交换机没办法实现网间的互访,而单纯使用路由器。则由于端口数量有限,路由速度较慢,而限制了网络的规模和访问速度,在这种环境下,由二层交换技术和路由技术有机结合而成的三层交换机就最为适合。

路由器端口类型多,支持的三层协议较多,路由能力较强,所以适合于大型网络之间的互连,虽然不少三层交换机甚至二层交换机都有异质网络的互连端口,但一般大型网络的互连端口不多,互连设备的主要功能不是在端口之间进行快速交换,而是要选择最佳路径,进行负载分担、链路备份和最重要的与其他网络进行路由信息交换,所有这些都是路由完成的。

在这种情况下,自然不可能使用二层交换机,但是否使用三层交换机则视具体情况而定。影响的因素主要有网络流量、响应速度要求和投资预算等。三层交换机最重要的功能是加快大型局域网内部的数据交换,添加的路由功能也是为这一功能服务的,所以它的路由功能没有同一档次的专业路由器强。在网络流量很大的情况下,如果三层交换机既做网内的交换,又做网间的路由,必然会大大加重它的负担,影响响应速度。在网络流量很大,但又要求响应速度很高的情况下,由三层交换机做网内的交换,由路由器专门负责网间的路由工作,这样可以充分发挥不同设备的优势,是一个很好的配合。当然,如果受到投资预算的限制,由三层交换机兼做网间互联,也是个不错的选择。

2.3.4 交换机在网络中的连接

由前面介绍的高校的网络拓扑图(如图 2-1 所示)及交换机的基本功能可以看出,交换机在网络中是具有举足轻重地位的交换设备。

核心交换机位于网络中的核心位置,汇聚交换机一般位于各个楼宇间,根据距离和实际情况,汇聚交换机可以通过单模光纤、多模光纤、超 5 类双绞线或 6 类双绞线和核心交换机进行互连。核心交换机是整个学校网络中不同子网之间数据交换的必经通道,也是每台计算机访问外网的必经通道,所以核心交换机的高速转发和高性能,以及良好地稳定性是必须的。为了提高稳定性和性能,核心交换机可通过主备模式或采用双核的交换机来实现。

当把位于一栋楼宇内的汇聚交换机连接到网络中心机房的核心交换机上时,一般采用光纤连接。如果两台交换机都提供了光纤接口,直接连接即可。如果交换机仅仅提供了 RJ-45 接口,此时,需要采用光电转换器进行光信号和电信号的转换。在 100Mbps 快速以太网的 100 BASE-FX 标准下,多模光纤连接的最大距离为 550m,单模光纤连接的最大距离为 3km。在传输中使用 4B/5B 编码方式,信号频率为 125MHz。它使用 MIC/FDDI 连接器、ST 连接器或 SC 连接器。在千兆以太网的 1000Base-LX 2 标准下,多模光纤的传输距离约为 550m,单模光纤的传输距离约为 5km。

核心交换机和出口路由器一般采用双绞线连接即可。现在的交换机通常都有自适应模式,所以采用直通双绞线或交叉双绞线都可以,当然也可能存在特殊的情况,直接测试下即可判断采用何种双绞线。

每栋楼宇之内交换机之间的互连一般采用双绞线。在连接时,可采用直通线,通过下级交换机的 Uplink 接口直接连接上级交换机的普通接口。Uplink 接口和交换机的第一个接口共用一个通道,当使用 Uplink 接口时,交换机的第一个普通接口就不能再使用。如果下级的交换机没有提供 Uplink 接口,此时需要做一条反绞线来把两台交换机的普通接口进行连接。

用户的计算机要连接到交换机,直接使用直通的双绞线把计算机的网卡和交换机互连即可。

交换机的配置和管理将在第 4 章介绍。

2.4　服务器简介

服务器是一种高性能计算机,它作为网络的节点,存储、处理网络中 80% 的数据、信息,因此它也被称为网络的灵魂。服务器的构成与微型计算机基本相似,有处理器、硬盘、内存、系统总线等,但它们是针对具体的网络应用特别定制的,因而服务器与微型计算机在处理能力、稳定性、可靠性、安全性、可扩展性、可管理性等方面存在的差异很大。

服务器的种类是多种多样的,适用于各种不同功能、不同应用环境下的特定服务器不断涌现。按不同的分类标准,服务器主要分为以下几类。

2.4.1　按应用层次划分

按应用层次划分通常也称为按服务器档次划分或按网络规模划分,是服务器最为普遍的一种划分方法,它主要根据服务器在网络中应用的层次(或服务器的档次)来划分。这里所指的服务器档次并不是按服务器 CPU 主频高低来划分,而是依据整个服务器的综合性能,特别是所采用的一些服务器专用技术来衡量的。按这种划分方法,服务器可分为入门级服务器、工作组级服务器、部门级服务器、企业级服务器。

1. 入门级服务器

这类服务器是最基础的一类服务器,也是最低档的服务器。随着 PC 技术的日益提高,现在许多入门级服务器与 PC 的配置差不多,所以目前也有部分人认为入门级服务器与 PC 服务器等同。

这类服务器所包含的服务器特性并不是很多,通常只具备以下几方面特点:

① 有一些基本硬件的冗余,如硬盘、电源、风扇等,但不是必须的。

② 通常采用 SCSI 接口硬盘,现在也有采用 SATA 串行接口的。

③ 部分部件支持热插拔,如硬盘和内存等,这些也不是必须的。

④ 通常只有一个 CPU,但不是绝对的,如 SUN 的入门级服务器有的可支持到两个处理器。

⑤ 内存容量也不会很大,一般在 1GB 以内,但通常会采用带 ECC 纠错技术的服务器专用内存。

这类服务器主要使用 Windows 或者 NetWare 网络操作系统,可以充分满足办公室型的中小型网络用户的文件共享、数据处理、Internet 接入及简单数据库应用的需求。这种服务器与一般的 PC 机相似,有很多小型公司直接用一台高性能的品牌 PC 作为服务器,所以这种服务器无论在性能上,还是价格上都与一台高性能 PC 品牌机相差无几,如 DELL 最新的 PowerEdge4000 SC 服务器。

入门级服务器所连的终端比较有限(通常为 20 台左右),况且稳定性、可扩展性以及容错冗余性能较差,仅适用于没有大型数据库数据交换,日常工作网络流量不大,且无须长期不间断开机的小型企业。这种服务器一般采用 Intel 的专用服务器 CPU 芯片,是基于 Intel 架构(俗称"IA 结构")的,当然这并不是一个硬性标准规定,而是由于服务器的应用层次需要和价位的限制。

2. 工作组级服务器

工作组级服务器是一个比入门级高一个层次的服务器,但仍属于低档服务器。从这个名字也可以看出,它只能连接一个工作组(50 台左右)的用户,网络规模较小,服务器的稳定性不如企业级服务器。工作组级服务器具有以下几方面的特点:

① 通常仅支持单或双 CPU 结构的应用服务器。

② 可支持大容量的 ECC 内存和增强服务器管理功能的 SM 总线。

③ 功能较全面,可管理性强,且易于维护。

④ 采用 Intel 服务器 CPU 和 Windows/NetWare 网络操作系统,但也有一部分采用 UNIX 系列操作系统。

⑤ 可以满足中小型网络用户的数据处理、文件共享、Internet 接入及简单数据库应用的需求。

工作组级服务器较入门级服务器来说性能有所提高,功能有所增强,有一定的可扩展性,但容错和冗余性能仍不完善,也不能满足大型数据库系统的应用,一般相当于 2~3 台高性能的 PC 品牌机的总价。该系列服务器针对小型企业的计算需求和预算而设计,性能和可扩展性使其可以随应用的需要,如文件和打印、电子邮件、订单处理和电子贸易等的需要而扩展。属于工作组级别的服务器有 HP LC2000 工作组服务器、HP 的 ProLiant ML350G3 工作组服务器、万全 T200 2100 工作组服务器等。

3. 部门级服务器

这类服务器属于中档服务器之列,一般都支持双 CPU 以上的对称处理器结构,具备比较完整的硬件配置,如磁盘阵列、存储托架等。部门级服务器的最大特点就是,除了具有工作组级服务器全部的服务器特点外,还集成了大量的监测及管理电路,具有全面的服务器管理能力,可监测如温度、电压、风扇、机箱等状态参数,结合标准服务器管理软件,使管理人员及时了解服务器的工作状况。同时,大多数部门级服务器具有优良的系统扩展性,能够满足用户在业务量迅速增大时及时在线升级系统,充分保护用户的投资。它是企业网络中分散的各基层数据采集单位与最高层的数据中心保持顺利连通的必要环节,一般为中型企业的首选,也可用于金融、邮电等行业。

部门级服务器一般采用 IBM、SUN 或 HP 各自开发的 CPU 芯片,这类芯片一般是 RISC 结构,所采用的操作系统一般是 UNIX 系列操作系统,现在 Linux 也在部门级服务器中得到了广泛应用。生产部门级服务器的国外厂家有 IBM、HP、SUN、COMPAQ(现在也已并入 HP),国内厂家有联想、曙光、浪潮等。

部门级服务器可连接 100 个左右的计算机用户,适用于对处理速度和系统可靠性高一些的中小型企业网络,其硬件配置相对较高,可靠性比工作组级服务器要高一些,当然其价格也较高(通常为 5 台左右高性能 PC 价格的总和)。由于这类服务器需要安装比较多的部件,所以机箱通常较大。

属于部门级服务器的如 IBM Netfinity 5100 部门级服务器、DELL PowerEdge 4600 部门级服务器等。

4. 企业级服务器

企业级服务器属于高档服务器行列,正因如此,能生产这种服务器的企业不是很多,企业级服务器最起码是采用 4 个以上 CPU 的对称处理器结构,有的高达几十个。一般还具有独立的双 PCI 通道和内存扩展板设计,具有高内存带宽、大容量热插拔硬盘和热插拔电源、超强的数据处理能力和群集性能等。企业级服务器的机箱更大,一般为机柜式的,有的还由几个机柜组成,像大型机一样。

企业级服务器产品除了具有部门级服务器全部的服务器特性外,最大的特点就是它还具有高度的容错能力、优良的扩展性能、故障预报警功能、在线诊断功能,而且 RAM、PCI、CPU 等具有热插拔性能。有的企业级服务器还引入了大型计算机的许多优良特性,如 IBM 和 SUN 公司的企业级服务器。这类服务器所采用的芯片也都是几大服务器开发、生产厂商自己开发的独有 CPU 芯片,所采用的操作系统一般是 UNIX(Solaris)或 Linux。目前在全球范围内能生产高档企业级服务器的厂商也只有 IBM、HP、SUN 这么几家,绝大多数国内外厂家的企业级服务器都只能算是中、低档企业级服务器。企业级服务器适合运行在需要处理大量数据、高处理速度和对可靠性要求极高的金融、证券、交通、邮电、通信或大型企业。

企业级服务器用于联网计算机在数百台以上,对处理速度和数据安全要求非常高的大型网络。企业级服务器的硬件配置最高,系统可靠性也最强。

属于企业级服务器的如 IBM RS/6000 S80 企业级服务器、SUN 的 Fire TM 15K 企业级服务器。

2.4.2　按处理器架构划分

1. x86

x86 是 Intel 通用计算机系列的标准编号缩写,表示一套通用的计算机指令集合,x 与处理器没有任何关系,它是一个对所有 *86 系统的简单的通配符定义,例如:i386、

586、奔腾(pentium)。Intel 的 32 位服务器 Xeon(至强)处理器系列、AMD 的全系列,还有 VIA 的全系列处理器产品都属于 x86 架构。

2. IA-64

IA-64 架构是英特尔为了全面提高以前 IA-32 处理器的运算性能,由 Intel 和 HP 共同开发了 6 年的 64 位 CPU 架构,是专为服务器市场开发的一种全新的处理器架构。它放弃了以前的 x86 架构,认为它严重阻碍了处理器性能的提高。Itanium(安腾)和 Itanium 2 系列服务器处理器都采用这种架构,但是由于它不能很好地解决与以前 32 位应用程序的兼容,所以应用受到较大的限制,尽管目前 Intel 采取了各种软、硬件方法来弥补这一不足,但随着 AMD Operon 处理器的全面投入,Intel 的 IA-64 架构的处理器前景并不乐观。

3. RISC 架构

RISC 技术是 20 世纪 80 年代针对传统 CISC 结构发展中的弊病,在体系结构设计上作出重大革新的一种精简指令集结构设计技术。RISC 比 CISC 有明显的结构优势。

目前采用这一架构的主要服务器处理器有 IBM 的 Power4、Compaq Alpha 21364、HP PA-8X00、Sun 的 UltraSPARC Ⅲ、SGI 的 MIPS 64 20Kc 等。

2.4.3　按处理器的指令执行方式划分

目前服务器处理器的指令执行方式主要有 CISC、RISC、VLIW 和 EPIC 4 种。

1. CISC 架构服务器

CISC 的英文全称为 Complex Instruction Set Computer,即"复杂指令系统计算机"。自 PC 诞生以来,32 位以前的处理器都采用 CISC 指令集方式。

在 CISC 微处理器中,程序的各条指令是按顺序串行执行的,每条指令中的各个操作也是按顺序串行执行的。顺序执行的优点是控制简单,但机器各部分的利用率不高,执行速度慢。由于这种指令系统的指令不等长,指令的条数比较多,编程和设计处理器时较为麻烦。但基于 CISC 指令架构系统设计的软件已非常普遍,所以微处理器厂商一直在走 CISC 的发展之路,包括 Intel、AMD,还有其他一些现已更名的厂商,如 TI、Cyrix。在服务器处理器方面,CISC 架构服务器的 CPU 主要有 Intel 的 32 位及以前 Xeon(至强)的 P Ⅲ、P Ⅱ处理器和 AMD 的全系列等。

2. RISC 架构服务器

RISC 的英文全称为 Reduced Instruction Set Computer,即"精简指令集计算机"。有人对 CISC 机进行测试表明,各种指令的使用频率相当悬殊,最常使用的是一些比较简单的指令,它们仅占指令总数的 20%,但在程序中出现的频率却占 80%。复杂的指令系统必然增加微处理器的复杂性,使微处理器处理时间长、成本高。复杂指令需要复杂的操作,从而降低了机器的速度。20 世纪 70 年代末,John Cocke 提出精简指令的想法。20 世纪 80 年代初,斯坦福大学研制出 MIPS 机,为精简指令系统计算机(RISC)的诞生与发展起到很大作用。RISC 微处理器不仅精简了指令系统,还采用超标量和超流水线结构,大大增强了并行处理能力。1987 年 Sun Microsystem 公司推出的 SPARC 芯片就是一种超标量结构的 RISC 处理器。而 SGI 公司推出的 MIPS 处理器则采用超流水线结构,这些 RISC 处理器在构建并行精简指令系统多处理机中起着核心的作用。

由于 RISC 处理器指令简单,采用硬布线控制逻辑,处理能力强,速度快,世界上绝大部分 UNIX 工作站和服务器厂商均采用 RISC 芯片作 CPU 使用,如原 DEC 的 Alpha 21364、IBM 的 Power PC G4、HP 的 PA-8900、SGI 的 R12000A 和 Sun Microsystem 公司的 Ultra SPARC Ⅱ。这些 RISC 芯片的工作频率一般较低,功率消耗少,温升也少,机器不易发生故障和老化,提高了系统的可靠性。目前中、高档服务器中绝大多数采用 RISC 指令系统。RISC 微处理器取得成功主要是由于指令集简化后,流水线以及常用指令均可用硬件执行,采用大量的寄存器使大部分指令操作在寄存器之间进行,提高了处理速度。另外,是由于 RISC 指令系统采用"缓存-主存-外存"三级存储结构,使取数与存数指令分开执行,处理器可以完成尽可能多的工作,而且不会因为从存储器存取信息而降低处理速度。

3. VLIW 架构服务器

VLIW 的英文全称为 Very Long Instruction Word,即"超长指令集字"。它是美国 Multiflow 和 Cydrome 公司于 20 世纪 80 年代设计的体系结构,目前主要应用于 Trimedia(全美达)公司的 Crusoe 和 Efficeon 系列处理器中。AMD 最新的 Athlon 64 处理器系列是采用这一指令系统,包括其服务器处理器版本 Operon。同样 Intel 最新的 IA-64 架构中的 EPIC 也是从 VLIW 指令系统中分离出来的。

VLIW 指令集字采用了先进的 EPIC 设计,每时钟周期可运行 20 条指令,而 CISC 通常只能运行 1～3 条指令,RISC 可运行 4 条指令,可见 VLIW 要比 CISC 和 RISC 强大得多。VLIW 的最大优点是简化了处理器的结构,删除了处理器内部许多复杂的控制电路,这些电路通常是超标量芯片(CISC 和 RISC)协调并行工作时必须使用的,VLIW 将所有的这类工作交给编译器去完成。VLIW 的结构简单,也能够使其芯片制造成本降低,价格低廉,能耗少,而且性能要比超标量芯片高得多。VLIW 是简化处理器的最新途径,VLIW 芯片不需要超标量芯片在运行时间协调并行执行时所必须使用的许多复杂的控制电路,而是将许多这类负担交给了编译器去承担。但基于 VLIW 指令集字的 CPU 芯片使程序变得很大,需要更多的内存。更重要的是编译器必须更聪明,一个低劣的 VLIW 编译器对性能造成的负面影响远比一个低劣的 RISC 或 CISC 编译器造成的影响要大。

4. EPIC

EPIC 是"清晰并行指令计算"的简称,它最重要的思想就是"并行处理"。以前处理器必须动态分析代码,以判断最佳执行路径。采用并行技术后,EPIC 处理器可让编译器提前完成代码的排序,代码已明确排列好,直接执行即可。正因为如此,EPIC 处理器必须能并行处理大量数据。这种处理器需要采用多个指令管道,一般还需要多个寄存器、很宽的数据通路以及其他专门技术(如数据预装等),确保代码能顺畅执行,避免由于处理器造成瓶颈。此外,由于采用了指令断定、数据预装以及显式并行技术,也显著地减少了分支预测的错误,因为大多数代码都在执行前组织好了。采用这一指令技术的处理器就是 Intel 的 IA-64 架构的 Itanium 和 Itanium 2 系列。由于 EPIC 是从 VLIW 中分离出来的,所以也有人把这一指令架构归为 VLIW 类型。

2.4.4　按用途划分

由于网络发展的多样化,服务器市场也越来越细化。按照为满足各种特定功能而开发、生产的功能型服务器标准划分,服务器可以分为通用型服务器和专用型服务器。专用型服务器主要是依据服务器的具体应用来划分的,如 Web、FTP、E-mail、DNS 服务器等。

1. 通用型服务器

通用型服务器不是为某种特殊服务专门设计的,它是可以全面提供各种基本服务功能的服务器。当前大多数服务器是通用型服务器。因为这类服务器不是专为某一功能而设计,在设计时就要兼顾多方面的应用需求,所以这种服务器的结构相对较为复杂,而且价格也较贵。

2. 专用型服务器

专用型(或称"功能型")服务器是专门为某一种或某几种功能专门设计的服务器。如光盘镜像服务器主要是用来存放光盘镜像文件的,在服务器性能上需要具有相应的功能与之相对应,也就是需要配备大容量、高速的硬盘以及光盘镜像软件。FTP 服务器主要用在网上(包括 Intranet 和 Internet)进行文件传输,这样就要求服务器在硬盘稳定性、存取速度、I/O 带宽方面具有明显优势。而 E-mail 服务器则主要要求服务器配置高速带宽上网工具、大容量硬盘等。

这种功能型服务器一般来说在性能上要求比较低,因为它只需要满足某些需要的功能应用即可,所以结构相对来说简单许多,一般只需要采用单 CPU 结构、单层 IU 架构。这类服务器在稳定性、扩展性等方面的要求不是很高,价格也便宜许多。

2.4.5　按服务器结构划分

如果按服务器的机箱结构来划分,可以把服务器分为台式服务器、机架式服务器和机柜式服务器 3 种。

低档服务器由于功能较弱,整个服务器的内部结构不是很复杂,所以以机箱一般来说不大,都采用台式机箱结构。但是要注意这里所讲的台式,不是平时在 PC 中所讲的台式,立式机箱也属于台式机范围。目前这类服务器在整个服务器市场中占有相当大的份额。

机架式服务器的外形看起来不像计算机,而像交换机,有 1U(1U=1.75 英寸)、2U、4U 等规格,主要是为了便于在机架中与其他网络设备一起安装。机架式服务器安装在标准的 19 英寸机柜里面。这种结构的多为功能型服务器。

在一些高档企业级服务器中,由于内部结构复杂,内部设备较多,有的还具有许多不同的设备单元或几个服务器都放在一个机柜中,所以服务器的机箱需要做得很大,整个机箱就像一个大柜子,这就是机柜式服务器。属于机柜式服务器的有 IBM 的 p690 机柜式服务器、HP bh7800 企业级服务器。

2.5　UPS 介绍

很多企事业单位对外提供的网络服务是 7×24 小时的,比如金融行业或政府行业,这就要求服务器 7×24 小时的稳定工作。同样,在很多企事业单位,计算机中存储的数据是非常宝贵的,如果由于突然断电造成网络设备或服务器损坏甚至数据丢失,将对企事业单位甚至社会造成严重的影响。所以,很多的企事业单位一定要保证服务器 7×24 小时的安全、稳定的运行,并提供正常的服务。

为了保证电源的稳定及在市电突然断电的情况下对外服务的正常提供,通常要部署稳压电源和 UPS 电源。

2.5.1　UPS 的分类

UPS(Uninterruptible Power System,不间断电源)是一种含有储能装置,以逆变器为主要组成部分的恒压恒频的不间断电源,主要用于给单台计算机、计算机网络系统或其他电力电子设备提供不间断的电力供应。当市电输入正常时,UPS 将市电稳压后供应给负载使用,此时的 UPS 就是一台交流市电稳压器,同时它还向机内电池充电;当市电中断(事故停电)时,UPS 立即将机内电池的电能通过逆变转换的方法向负载继续供应 220 V 交流电,使负载维持正常工作并保护负载软、硬件不受损坏。

能为负载提供稳定交流电源或直流电源的电子装置包括交流稳压电源和直流稳压电源两大类。

① 交流稳压电源,又称交流稳压器。随着电子技术的发展,特别是电子计算机技术应用到各工业、科研领域后,各种电子设备都要求用稳定的交流电源供电,电网直接供电已不能满足需要,交流稳压电源的出现解决了这一问题。

交流稳压电源输出的是交流电,在示波仪上呈现正弦波形,应用在要求电压恒定且有一定频率的电路中。

② 直流稳压电源,又称直流稳压器。它的供电电源大都是交流电源,当交流供电电源的电压或负载电阻变化时,稳压器的直接输出电压能保持稳定。稳压器的参数有电压稳定度、纹波系数和响应速度等。电压稳定度表示输入电压的变化对输出电压的影响。纹波系数表示在稳定工作的情况下,输出电压中交流分量的大小。响应速度表示输入电压或负载急剧变化时,电压回到正常值所需的时间。直流稳压电源分连续导电式与开关式两类。连续导电式由变压器把单相或三相交流电压变到适当值,然后经整流、滤波,获得不稳定的直流电源,再经稳压电路得到稳定电压(或电流)。这种电源线路简单、纹波小、相互干扰小,但体积大、耗材多、效率低(常低于 40%～60%)。开关式电源以调整元件(或开关)的通断时间比来调节输出电压,从而达到稳压。这类电源功耗小,效率可达 85%左右,所以,它自 20 世纪 80 年代以来发展迅速。

直流稳压电源输出的是直流电,在示波仪上呈现直线波形,用于要求直流电压和电流的电路。

2.5.2　UPS 的工作原理

UPS 电源按其工作原理可分为后备式、在线式以及在线互动式 3 种。

(1) 后备式 UPS

平时处于蓄电池充电状态,在停电时逆变器紧急切换到工作状态,将电池提供的直流电转变为稳定的交流电输出,因此后备式 UPS 也被称为离线式 UPS。后备式 UPS 电源的优点是运行效率高、噪音低、价格相对便宜,主要适用于市电波动不大,对供电质量要求不高的场合,比较适合家庭使用。然而这种 UPS 存在一个切换时间的问题,因此不适合用在关键性的供电不能中断的场合。不过实际上这个切换时间很短,一般介于 2~10ms,而计算机本身的交换式电源供应器在断电时可维持 10ms 左右,所以个人计算机系统一般不会因为这个切换时间而出现问题。后备式 UPS 一般只能持续供电几分钟到几十分钟,主要使用户有时间备份数据,并尽快结束手头工作,其价格也较低。对于不是太关键的计算机应用,比如个人家庭用户,就可配小功率的后备式 UPS。后备式 UPS 的结构如图 2-34 所示。

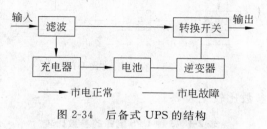

图 2-34 后备式 UPS 的结构

(2) 在线式 UPS

这种 UPS 一直使其逆变器处于工作状态,它首先通过电路将外部交流电转变为直流电,再通过高质量的逆变器将直流电转换为高质量的正弦波交流电输出给计算机。在线式 UPS 在供电状况下的主要功能是稳压及防止电波干扰,在停电时则使用备用直流电源(蓄电池组)给逆变器供电。由于逆变器一直在工作,因此不存在切换时间的问题,适用于对电源有严格要求的场合。在线式 UPS 不同于后备式的一大优点是供电持续时间长,一般为几个小时,也有到十几个小时的。它的主要功能是可以在停电的情况下像平常一样工作,由于其功能的特殊,价格也明显要贵一大截。这种在线式 UPS 比较适用于计算机、交通、银行、证券、通信、医疗、工业控制等行业,因为这些领域的计算机一般不允许出现停电现象。在线式 UPS 的结构如图 2-35 所示。

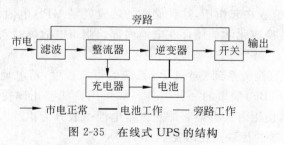

图 2-35 在线式 UPS 的结构

(3) 在线互动式 UPS

这是一种智能化的 UPS,所谓在线互动式 UPS 是指在输入市电正常时,UPS 的逆变器处于反向工作(即整流工作状态),给电池组充电;在市电异常时逆变器立刻转为逆变工作状态,将电池组的电能转换为交流电输出,因此在线互动式 UPS 也有转换时间。同后备式 UPS 相比,在线互动式 UPS 的保护功能较强,逆变器输出电压波形较好,一般为正弦波,其最大的优点是具有较强的软件功能,可以方便地上网,进行 UPS 的远程控制和智能化管理。可自动侦测外部输入电压是否处于正常范围之内,如有偏差可由稳压电路升压或降压,提供比较稳定的正弦波输出电压。而且它与计算机之间可以通过数据接口(如RS-232 串口)进行数据通信,通过监控软件,用户可直接从计算机屏幕上监控电源及UPS 状况,简化、方便管理工作,并可提高计算机系统的可靠性。这种 UPS 集中了后备式 UPS 效率高和在线式 UPS 供电质量高的优点,但其稳频特性不是十分理想,不适合做长延时的 UPS 电源。在线互动式 UPS 的结构如图 2-36 所示。

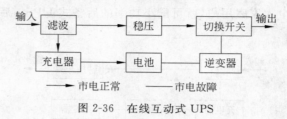

图 2-36　在线互动式 UPS

3 种 UPS 电源的参数比较见表 2-1。

表 2-1　3 种 UPS 电源的参数比较

UPS 种类	后　备　式	在　线　式	在线互动式
容量	250VA～2k·VA	1k·VA～100k·VA	1k·VA～5k·VA
功能	基本功能	完全保护功能	较完全保护功能
转换时间	<10ms	0ms	4ms
输出波形	方波(多数)	正弦波	正弦波
适用负载	PC 终端设备	服务器、小型机	工作站、网络设备

2.5.3　UPS 电池

　　UPS(不间断电源)之所以能够在断电后继续为计算机等设备供电,就是因为它的里面有一种储存电能的装置在起作用,这种储能的装置就是 UPS 电池。其主要功能是:当市电正常时,将电能转换成化学能储存在电池内部。当市电故障时,将化学能转换成电能提供给逆变器或负载。

　　UPS 电池的优劣直接关系到整个 UPS 系统的可靠程度,蓄电池又是整个 UPS 系统中平均无故障时间(MTBF)最短的一种器件。如果用户能够正确使用和维护,就能够延长其使用寿命,反之其使用寿命会显著缩短。蓄电池一般分为铅酸电池、铅酸免维护电池及镍镉电池等,3 种电池的优缺点比较见表 2-2。

表 2-2　3 种不同种类蓄电池的优缺点比较

种　类	概　述	优　缺　点
铅酸电池	1. 一般型电池,也称为汽车用电池 2. 需加水维护 3. 期望寿命 1～3 年	1. 充放电时会产生氢气,安置地点须设置在排风管处以免造成危险 2. 电解液呈酸性,会腐蚀金属 3. 需经常加水维护 4. 价格低廉

续表

种　类	概　述	优　缺　点
铅酸免维护电池	1. 新型电池 2. 无需加水 3. 期望寿命一般为 5～7 年	1. 密封式,充电时不会产生任何有害气体 2. 摆设容易,不需考虑安置地点通风问题 3. 免保养,免维护 4. 放电率高,特性稳定 5. 价格较高
镍镉电池	1. 高级电池,用于特殊场合及特殊设备上 2. 需加水 3. 期望寿命 20～40 年	1. 水为介质,充放电不会产生有害气体 2. 失水率低,但需要固定时间加水及保养 3. 放电特性最佳 4. 可放置于任何恶劣环境 5. 价格极高

考虑到负载条件、使用环境、使用寿命及成本等因素,一般选择铅酸免维护电池。用户千万不要因贪图便宜而选用劣质电池,因为这样做会影响整个系统的可靠性,并可能因此造成更大的损失。

UPS 作为保护性的电源设备,它的性能参数具有重要意义,应是选购时考虑的重点。市电电压输入范围宽,则表明对市电的利用能力强(减少电池放电)。输出电压、频率范围小,则表明对市电调整能力强,输出稳定。波形畸变率用于衡量输出电压波形的稳定性。电压稳定度则说明当 UPS 突然由零负载加到满负载时,输出电压的稳定性。还有 UPS 效率、功率因数、转换时间等都是表征 UPS 性能的重要参数,决定了对负载的保护能力和对市电的利用率。性能越好,保护能力越强。总的来说,后备式 UPS 对负载的保护最差,在线互动式略优之,在线式则几乎可以解决所有的常见电力问题,当然成本也随着性能的增强而增加。因此用户在选购 UPS 时,应根据负载对电力的要求程度及负载重要性的不同,选择不同类型的 UPS。

2.6　IOS 基础

2.6.1　IOS 介绍

IOS(Internetwork Operation System,网际操作系统)是路由器和交换机的操作系统的简称,相当于 PC 的操作系统。路由器相当于一个具有多个端口的计算机,它在网络中起到的作用与一般的 PC 不同。但和普通计算机一样,路由器也需要一个操作系统,所有CISCO 路由器的 IOS 都是一个嵌入式软件体系结构。

CISCO 的 IOS 是一个为网际互联优化的复杂的操作系统,类似一个局域网操作系统(NOS)。IOS 为长时间经济有效地维护一个互联网络提供统一的规则。简而言之,它是一个与硬件分离的软件体系结构,随网络技术的不断发展,可动态地升级以适应不断变化的技术(硬件和软件)。

IOS 是一种特殊的软件,可用它配置 CISCO 路由器硬件,使信息从一个网络路由或桥接至另一个网络。IOS 是 CISCO 各种路由器产品的"力量之源"。可以说,正是由于IOS 的存在,才使 CISCO 路由器有了强大的生命力。购买一台 CISCO 路由器时,也必须购买运行 IOS 的一份许可证。IOS 存在着多种版本及功能。通常,要根据自己的习惯来决定采用新软件、旧软件还是更成熟的软件,是否需要一项特别的 IOS 功能,或者是否采用一种特定的硬件平台。

CISCO 用一套特殊的编码方案来制定 IOS 的版本,它的完整版本号由三部分组成:主版本、辅助版本、维护版本。其中,主版本和辅助版本号用一个小数点分隔,两者构成了一套 IOS 的主要版本,而维护版本显示在括弧中。比如 11.2(10),它的主要版本是 11.2,维护版本是 10(第 10 次维护或补丁)。CISCO 经常发布 IOS 更新,修正原来存在的一些错误或增加新的功能。在其发布了一次更新后,通常都会递增维护版本的编号。

由于 IOS 的版本众多,所以 CISCO 会同时提供发布说明,描述版本的变化与新增内容。如果想知道一个版本有哪些改变,或者新版本中增加了什么内容,就应仔细阅读发布说明。

CISCO 采用一套特别的命名方案,告诉用户软件的可靠性。这些版本名称的定义为 General Deployment(GD,标准版)、Limited DepIoyment(LD,限制版)以及 Early Deployment(ED,早期版)。通常,IOS 的 GD 版是最可靠的。若一套 IOS 进入市场已有较长时间,使 CISCO 能改正掉足够多的错误,而且 CISCO 认为已获得使用这套软件的大多数人的满意,就会为其冠以一个 GD 名称。

版本号变化之后,其功能或特性的变化幅度并不大。应根据自己希望在路由器上运行的内容,来选择自己需要的特性。例如,用户是希望运行网际协议 IP,还是想同时运行 Novell 的网间数据包交换(Internetwork Packet Exchange,IPX)以及 DECnet,根据自己的需要,可总结出希望路由器在网络中具有的全部特性,再根据这些特性来选择 IOS。

CISCO 路由器有从非常便宜的低档型号到非常昂贵的高档型号的一系列产品。在配置和管理路由器时,可以采用控制台端口或一台 Modem,也可以采用 Telnet 连接,用户看到的是一个界面相同的命令行,不用了解更多的操作。

2.6.2　IOS 优点特性

1. IOS 模块性

IOS 是一系列紧密连接的网际互联软件产品,已成为网际互联软件事实上的工业标准,它具有强大的模块性和兼容性特点,能在很多非 CISCO 的交换机和路由器等网络设备上运行。

2. 灵活性

IOS 软件提供一个可扩展的平台,CISCO 会随着需求和技术的发展集成新的功能。

3. 可伸缩性

IOS 遍布网际互联市场,广泛的 CISCO 使用伙伴及竞争者在它们的产品上支持 IOS。IOS 软件体系结构还允许其集成构造企业互联网络的所有部分。

4. 可操作性

IOS 提供最广泛的基于标准的物理和逻辑协议接口,超过了业界任何其他供应商,从双绞线到光纤,从局域网到园区网再到广域网,Novell NetWare、UNIX、SNA 以及其他许多接口。也就是说，一个围绕 IOS 建立的网络将支持非常广泛的应用。而且，CISCO 还一直是一个业界标准先驱，是许多知名业界标准机构（例如 IETF、ATM 论坛等）的积极成员和支持者。

5. 可管理性

IOS 是 CISCO 将嵌入式智能植入网络设备的结果，其管理界面例如 IOS 诊断界面，以及智能网络应用的代理软件，允许用于临时和广泛的网络设备的故障。随着 CISCO 转向智能代理和基于策略的自动化管理的大规模部署，IOS 将作为一个关键的技术组件。

6. 投资保护（随时间推移降低拥有成本）

IOS 为客户提供信息基础设施的投资保护。IOS 目前支持的许多特性是大多数客户未来需要的特性。IOS 允许用户迅速调节适应新的模式，更长时间地保持其信息基础机构投资，并随时间的推移提供投资保护和降低拥有成本。

2.6.3　IOS 的配置模式

对 IOS 配置的方式一般包括 3 种：setup 模式（对话模式）、HTTP 模式（Web 模式）以及 CLI 模式（Command-Line Interface，命令行模式）。其中 CLI 模式又包括 3 个主模式，即用户执行模式、特权执行模式和配置模式。

在用户执行模式下，只可以执行有限的命令，这些命令通常对路由器的正常工作没有什么影响。

在特权执行模式下，可以执行丰富的命令，以便更好地控制和使用路由器。

在配置模式下，路由器的配置可以被创建和更改。配置模式又包括全局配置模式、接口配置模式、路由协议配置模式、线路配置模式等子模式。

2.7　思考和练习

1. 试比较均工作在第三层的路由器和交换机的各自特点。

2. 什么是 IOS？试比较不同厂家的网络设备的 IOS 的各自的特点。

3. 采用控制端口对路由器和交换机进行初始化配置，并采用虚拟终端和 Web 方式进行管理，注意在管理时如何增强安全性。

4. 比较不同架构的服务器的各自的特点。

5. 请分析后备式、在线式以及在线互动式 3 种 UPS 电源各自的工作特点。

2.8　实训练习

实训练习 1：主要网络设备的认识和功能了解

目的：

（1）认识常见的网络设备；

（2）掌握常见网络设备的基本功能和重要参数；

（3）掌握在采购网络设备时的选择依据

　　实训练习 2：双绞线水晶头的制作及其与网络设备互连的练习

　　目的：

　　（1）认识常见的双绞线及基本结构；

　　（2）制作双绞线；

　　（3）用双绞线组建一个小型局域网，用双绞线实现网络设备之间的互连，或者服务器与网络设备之间的互连。

第 3 章

Windows Server 2003 的网络管理与服务

　　计算机技术发展非常迅速,在计算机刚刚出现的时候,很多的数值计算是在一台独立的计算机上处理的,并没有网络的概念。随着科技的发展和社会的进步,把分布在不同位置、同构或异构的计算机互连起来并进行通信的任务日益步入科学家的研究日程中。在 20 世纪 50 年代,首先出现了面向终端的计算机网络(用户的指令输入在终端计算机上进行,所有数据处理在中心计算机上运行,最终结果返回给终端计算机),随后又依次出现了技术更先进、效率更高、更方便使用的多机系统互连(多个具有独立数据处理功能的计算机互连)、标准化的计算机网络(遵守一定体系结构的网络,比如 IBM 公司的系统网络体系结构、DEC 公司的数字网络体系结构等),以致现在的网络互联与高速网络阶段(网络的高速发展阶段,具备传输介质光纤化、网络智能化、传输速率高速化等特点)。

　　网络互联可以实现资源共享和信息交互。为了把分布在异地的、异构的计算机互连起来必须要解决一个不可回避的问题,那就是通信规则问题。因为不同的计算机信息存储的方法不同,信息处理方法不同,信号表示方法不同,不同的 CPU 支持的指令集也不同等,所以为了使异构的计算机能够互相通信,必须解决异构的计算机之间如何互相理解的问题,即互相通信的计算机必须遵守统一的协议(Protocol)。这样,通信的两台计算机所采用的语言能够互相理解,符合一定的语法、语义和规则,方可实现无差错地通信。

　　读者已经知道,在 TCP/IP 协议中,TCP 的功能是把应用层需要的信息分割成数据包,然后发送出去。IP 协议的功能是对数据包进行寻址和路由,并通过网络进行传输。IP 协议在每个发送的数据包前加入一个控制信息,其中包含了源地址的 IP 地址、目标主机的 IP 地址。根据 IP 协议,在 TCP/IP 网络上的每台计算机都需要一个唯一的 IP 地址,IP 地址是一个 32 位的二进制数字,可以分成网络地址和主机地址两部分,路由协议根据源计算机和目标计算机的 IP 地址和网络连接情况确定路由。在网络当中运行的主机的 IP 地址管理通常是通过 DHCP(动态主机配置协议)服务器实现的,因此 DHCP 服务器的配置和管理是网络管理的重要内容。

　　在网络时代,人们上网时享受的最为常见的网络服务包括网站浏览、网络信息下载、电子邮件的收发等,提供这些服务需要通过网络管理员在网络中心对 DNS 服务器、WWW 服务器、FTP 服务器、电子邮件服务器的配置和管理,有时还要对代理服务器 PROXY 配置。所以本章重点介绍这方面的内容。

3.1　DHCP 的设置与管理

3.1.1　DHCP 服务器介绍

通常在单位的局域网环境中,提供 WWW、FTP、E-mail、DHCP 服务的主机的 IP 地址都是固定的公有 IP 地址,而单位员工所使用的计算机的 IP 地址如果也采用固定 IP 地址设置的话,作为网络管理员,经常会遇到下列问题:

① 每次网络环境的升级或变更,网络管理人员需要逐台地进行网络配置,将耗费大量的时间和劳力,否则可能导致错误的配置而无法上网。

② 一个恶意的使用者可能会修改他自己的 IP 地址来逃避网络监视系统的记录跟踪。

③ 如果用户自己设置的 IP 地址和网关或代理服务器的地址相同,由于 IP 地址冲突,双方都要关闭网络接口,这样就会使服务器或网关停止服务。

④ 更有甚者故意使用别人的 IP 地址,产生冲突以后,重启自己的机器,由于对方已经关闭网络接口,因而能暂时把对方的 IP 地址"抢"过来,对方的机器由于网络接口已经关闭就无法检测到冲突。

由于传统的做法中 IP 地址是在用户自己的机器上设置的,对于以上情况除了要求用户自律之外,网管人员常常束手无策。另外,现在某些单位所申请到的 IP 资源可能有限,而单位的主机都要求获得一个公有的 IP 地址来办理公务,但所有主机不一定同时启用。

对于上述问题的解决,常采用 DHCP 服务器解决。

DHCP(Dynamic Host Configuration Protocol,动态主机配置协议)是 TCP/IP 标准中定义的远程配置客户端 TCP/IP 网络选项的协议。通过一台 DHCP 服务器,能够给设置了使用 DHCP 的客户机分配 IP 地址,并配置其他网络选项(子网掩码、默认网关、WINS 服务器的 IP 地址、DNS 服务器的 IP 地址)。

DHCP 的标准工作过程有 5 个阶段。

① IP 租用申请:客户机初始化一个网络设备上的 TCP/IP 协议,然后向局域网广播一个 IP 租用请求。

② IP 租用提议:所有具有有效 IP 地址池信息的 DHCP 服务器在捕获租用请求数据包以后都向客户机发出一个提议。

③ IP 租用选定:客户机从收到的第一个提议中选定 IP 地址信息,并发出一条正式租用地址的消息请求。

④ IP 租用认可:发出该提议的 DHCP 服务器响应该消息,同时指定 IP 地址信息给该客户机,并且所有其他 DHCP 服务器撤回各自的提议。

⑤ 完成租用:客户机得到 IP 地址的配置信息,完成 TCP/IP 协议的初始化和绑定,同时发出此信息的 DHCP 服务器在日志中记录此次 IP 分配信息,此时客户机就可以正常使用网络了。

客户机对 IP 地址的使用有一定的时间限制,这个时间叫做租用时间。租用时间到期时,客户机会再次向 DHCP 服务器发出续租申请,DHCP 服务器核对后,客户机可以在一个单位租用时间内继续使用该 IP 地址。如果到期客户机发出续租申请以后未收到确认,它将放弃使用该 IP 地址。如果超过一定的时间未收到续租申请,DHCP 服务器将自动收回此 IP 地址。由于 DHCP 服务器是按照提交租用申请的顺序从地址池中分配有效的 IP 地址,这样客户端的 IP 地址都由 DHCP 服务器来控制,从根本上避免了 IP 地址冲突。而且 DHCP 服务器可以按照 MAC 地址来预留 IP 地址,这样也可以保证客户端不能随便改动自己的 IP 地址。如果关闭公共的 IP 地址池,未经预留 IP 的网络设备就得不到正确的 IP 地址,从而不能进入网络。

3.1.2　DHCP 服务器的安装

首先检查 DHCP 服务器是否已经安装。如果没有安装,可通过依次单击"开始"→"设置"→"控制面板"→"添加/删除程序"命令来安装该组件。该组件位于"网络服务"组件中,需要安装该组件时,只需双击"网络服务"选项,使 DHCP 动态服务项有效,即可进行组件的安装(如图 3-1 所示)。

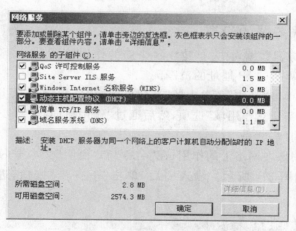

图 3-1　安装 DHCP 服务

组件安装成功之后,通过单击"开始"→"程序"→"管理工具"→DHCP 命令,可打开 DHCP 服务器。默认情况下,其中有服务器的 FQDN(Fully Qualified Domain Name,完全合格域名),比如 server-lin. bookpub. edu. cn。如果没有,则需要在 DHCP 上单击鼠标右键,进行服务器的添加。要在本地主机上建立 DHCP 服务器,可通过浏览的方式找到本地主机 server-lin,并添加到管理窗口(如图 3-2 所示)。

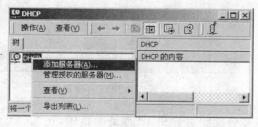

图 3-2　添加 DHCP 服务器

　　如图 3-3 所示是添加了服务器之后的 DHCP 窗口。

　　注意：在没有建立作用域之前，服务器上有一个向下的红色箭头标志。

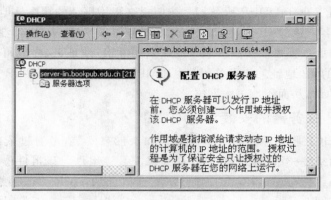

图 3-3　DHCP 服务器窗口

3.1.3　DHCP 服务器的设置

　　设置 DHCP 服务器数据，首先是建立一个新的作用域（Scope）。作用域是指派给请求动态 IP 地址的计算机的 IP 地址的范围。

　　欲建立作用域，单击"操作"菜单中的"新建作用域"命令，或在服务器名上右击从弹出的快捷菜单中选择"新建立作用域"选项，然后通过"作用域向导"一步步引导在本地计算机上建立第一个作用域。

　　为了标识此作用域在网络上的作用，在"名称"和"说明"文本框内输入该作用域的名称和说明性文字，如图 3-4 所示。输入完后，单击"下一步"按钮，进行 IP 地址范围的设置。

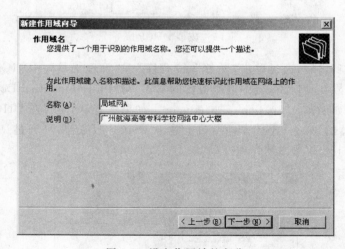

图 3-4　设定作用域的名称

　　根据 DHCP 服务器要分配给客户机 IP 地址的范围，在"起始 IP 地址"和"结束 IP 地址"文本框中分别输入合法的 IP 地址。下面的长度和子网掩码，系统将根据所输入的 IP

地址自动设置,如果有特殊的要求,可以自行修改。如图 3-5 所示。

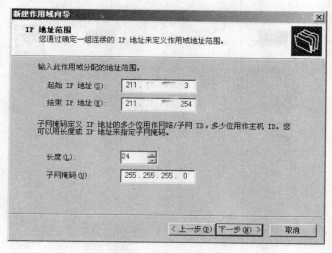

图 3-5　IP 地址范围的设定

在局域网中,可能某些主机的 IP 地址是固定的,不可改变的,比如提供 WWW、FTP、E-mail 服务的主机,那么这些 IP 地址就不能再分配给其他的主机使用,否则将发生 IP 地址冲突。如果有这种需要,在如图 3-6 所示的"添加排除"对话框中,可以把这些 IP 地址排除掉,避免 DHCP 把这些 IP 地址分配出去。

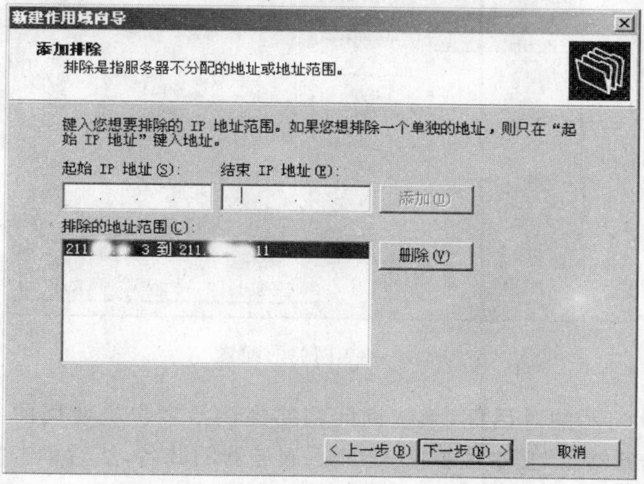

图 3-6　IP 地址的排除

在如图 3-7 所示的对话框中,可以设定服务器分配的作用域的租约期限。租约期限用于指定一个客户端由此作用域租用 IP 地址的时间长短,系统默认是 8 天。设置完成后,单击"下一步"按钮。

在弹出的对话框中单击"是,我想配置这些选项"单选按钮,可以继续配置分配给工作站的默认的网关、默认的 DNS 服务地址、默认的 WINS 服务器。在如图 3-8 所示的对话框中输入客户机使用的路由器(网关)的 IP 地址,输入完毕,单击"下一步"按钮。

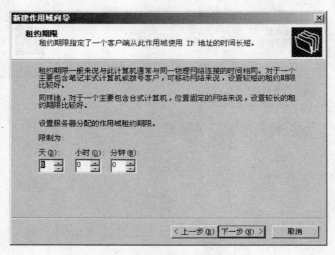

图 3-7   租约期限的设定

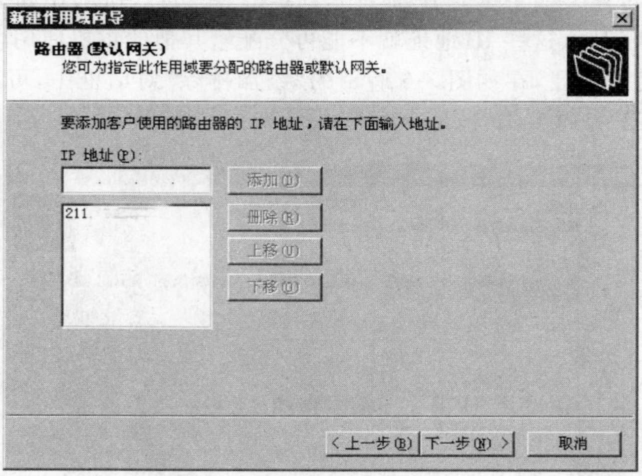

图 3-8   网关的配置

　　打开如图 3-9 所示的对话框,系统询问将要提供给客户机使用的 DNS 服务器的 IP 地址。可以在"服务器名"文本框中输入 DNS 服务器的域名,然后单击"解析"按钮由系统解析出该服务器的 IP 地址,或者在"IP 地址"文本框中直接输入 DNS 的 IP 地址。输入完毕,单击"下一步"按钮。

　　打开如图 3-10 所示的对话框,输入为客户机提供 WINS 服务的 WINS 服务器的 IP 地址。可以输入多个 WINS 服务器的 IP 地址,输入完毕,单击"下一步"按钮。

　　至此,DHCP 服务器配置完毕。"新建作用域向导"对话框询问是否马上激活该作用域,单击"是,我想现在激活此作用域"单选按钮后,单击"下一步"按钮(如图 3-11 所示)。

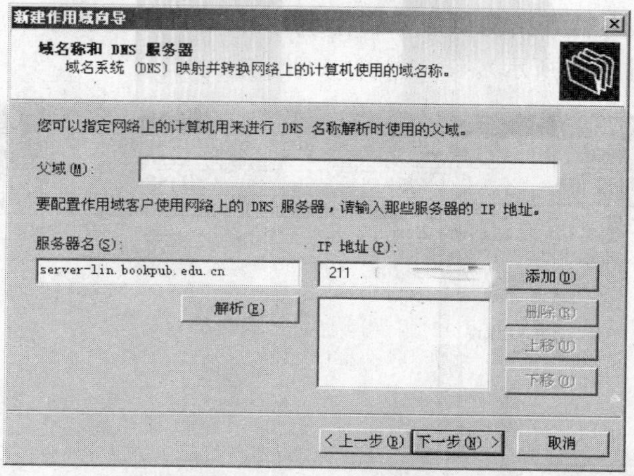

图 3-9 DNS 的配置

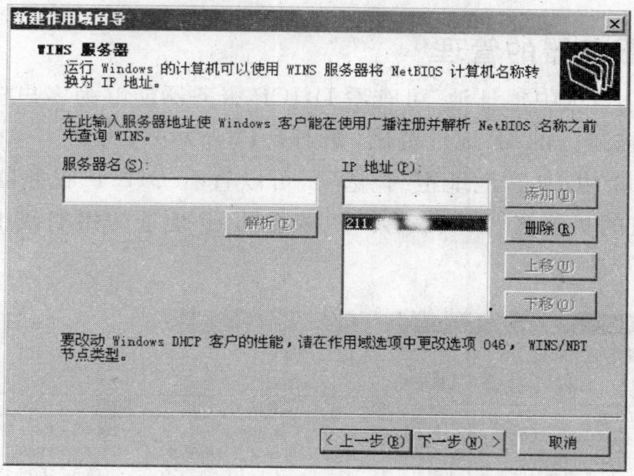

图 3-10 默认 WINS 服务器的配置

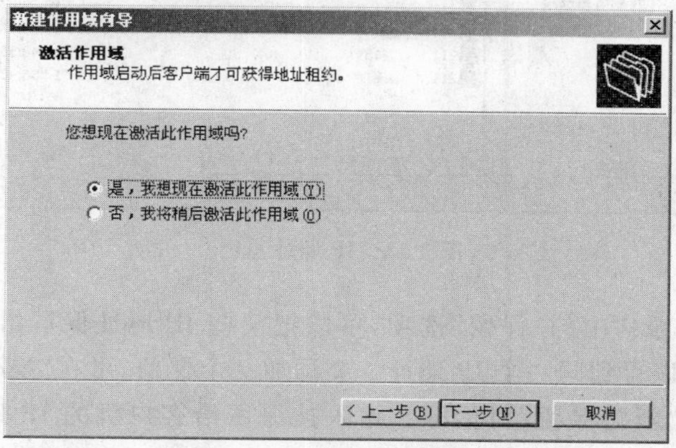

图 3-11 激活作用域

　　此时,DHCP服务器开始提供服务。仔细观察,可以发现服务器上的箭头变成了绿色向上的箭头(如图3-12所示)。

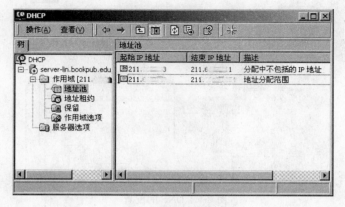

图 3-12　DHCP 窗口

3.1.4　DHCP 服务器的管理

　　在 DHCP 窗口中,选中地址池,可查看 DHCP 服务器能够为客户机分配的 IP 地址的范围以及该范围中被排除的 IP 地址范围(如图3-12所示)。

　　选中 DHCP 目录树中的"地址租约"选项,可以查看 DHCP 服务器的 IP 地址的分配情况,比如该客户机的机器名,以及该客户机获得的 IP 地址的租期截止日期等(如图3-13所示)。

图 3-13　IP 地址租约

　　选中 DHCP 目录树中的"保留"选项,可以把某些 IP 地址保留给特殊的用户,确保 DHCP 客户永远可以得到同一个 IP 地址。要添加一个保留,可在"操作"菜单中单击"新建保留"命令,打开"新建保留"对话框。输入被保留给客户机的 IP 地址以及客户机的 MAC 地址,然后单击"添加"按钮即可(如图3-14所示)。

　　选中 DHCP 目录树中的"作用域"选项,可以查看 DNS 服务器、WINS 服务器、网关

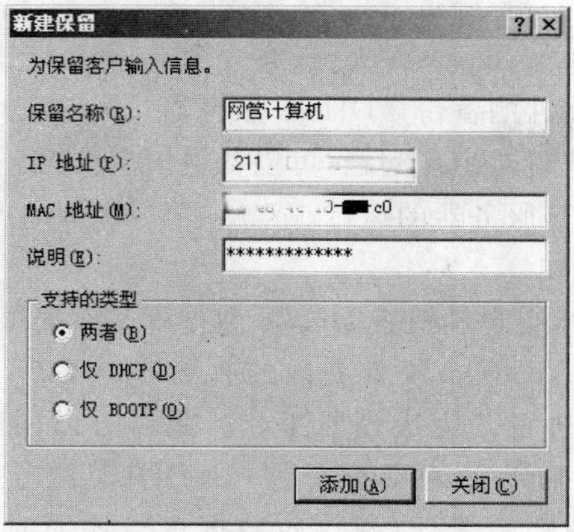

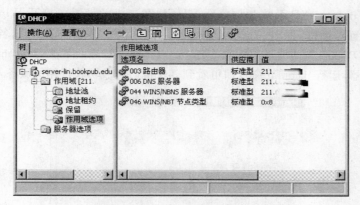

图 3-14　IP 地址保留

主机的 IP 地址和 WINS 服务器的节点类型等(如图 3-15 所示)。

图 3-15　作用域选项

在使用 DHCP 服务的局域网环境下,如果网络出现什么变化,只需在 DHCP 服务器上进行修改,整个网络就可以重新使用,而客户端仅仅需要重新启动一次,重新获得 IP 地址就可完成网络设置的修改。反之,如果采用固定 IP 地址的方案,那么就要修改每一台计算机,无疑这是非常痛苦的。

不过 DHCP 模式也有自身的缺点,那就是需要占用一台机器来专门做 DHCP 服务器。特别是在主机很多的情况下,如果服务器不稳定,还会出现 IP 不能回收以及 IP 发放不出去的问题。所以,需要为 DHCP 服务器做好备份,一旦出现问题,可以采用备份进行恢复。

3.1.5　DHCP 数据的备份与还原

DHCP 服务器的相关数据均保存在数据库 dhcp. mdb 中,在 Windows Server 2003 中该文件存放在\WINNT\system32\dhcp 目录下。其中,dhcp. mdb 是主要的数据库文件,其他的文件是 dhcp. mdb 的辅助文件。对于 DHCP 服务器的正常运行,这些文件起着重要的作用,一般不要修改其中的数据。

（1）DHCP 数据库的备份

在\WINNT\system32\dhcp 文件夹下，有一个 backup 子文件夹，该文件夹中存放的是 DHCP 数据库及相关文件的备份。DHCP 服务器每隔 60 分钟更新一次该文件夹。为了防止 DHCP 服务器在运行时出现问题，可以备份该文件夹。为了保证备份的完整及安全，备份时最好停止 DHCP 服务器的运行。

（2）DHCP 数据库的恢复

DHCP 服务器启动时，会自动检查 DHCP 数据库是否完整，如果发现损坏，将自动用\WINNT\system32\dhcp\backup 文件夹内的数据进行还原。但当 backup 文件夹中的文件被损坏时，系统将无法自动完成还原工作。此时可以用事先备份的数据直接覆盖 backup 文件夹，然后重新启动 DHCP 服务器，让 DHCP 服务器自动用新的数据进行还原。为了保证数据恢复的完整无误，建议对数据进行还原时，先停止 DHCP 服务器的运行。

3.1.6　DHCP 客户机的设置

下面以 Windows XP 系统为例介绍 DHCP 客户机的设置。打开 Windows XP 系统的 TCP/IP 配置对话框，把 IP 的获得方式设置为"自动获得 IP 地址"，域名获得方式设置为"自动获得 DNS 服务器地址"（如图 3-16 所示）。在字符界面下执行 ipconfig /renew 命令或重新启动机器，运行 ipconfig 命令即可看到客户机已经成功获得相关服务器的 IP 地址。

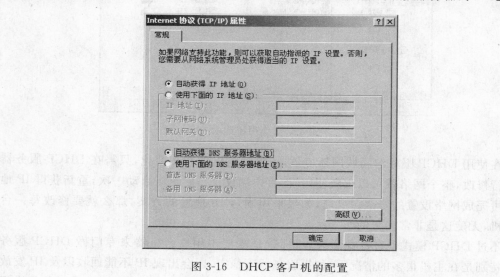

图 3-16　DHCP 客户机的配置

3.2　域名服务器(DNS)的设置与管理

3.2.1　DNS 服务器概述

众所周知，无论在 Internet 上还是在局域网中，服务器提供如 WWW，FTP 等服务时，用户若要访问服务器上的资源，需在本地计算机的浏览器地址栏中输入对方计算机的域名方可登录到服务器上。实质上,域名最终要转换成服务器的 IP 地址。所以,本质上是借助 IP 地址与服务器建立连接。

那么,为什么不直接采用 IP 地址去寻找服务器呢? 道理很明显,难以记忆,难以理解,没有规律,枯燥的数字等。试想一下,为了登录一个服务器,要记忆那么多枯燥的数字是多么可怕的事情。现在,Internet 上有无数台接入网络的计算机,仅仅凭借数字去访问的确是不符合实际的。

主机的 IP 地址可以唯一标识网络上主机的身份,除非计算机不接入 Internet,仅仅在局域网中工作,那么可以采用私有地址,但两台计算机的 IP 地址同样不可冲突。在局域网中,一般采用主机名访问主机,而不直接采用 IP 地址或者 MAC 地址,这些地址太枯燥。正如人们的身份证一样,它是一个人身份的唯一标识,是不冲突的。但寻找某个人时,一般不用身份证,而是用名字。同样,在学校里称呼同学也用名字,而不用如 20010319 这样的学号。Internet 或公司的内部局域网为使用者提供了丰富的网络资源,比如 WWW,FTP,BBS,E-mail 等,数量巨大。那么,如此多的主机,作为访问者怎么去识别呢? 为了解决这个问题,计算机专家们引入了 DNS 服务。

DNS(Domain Name System)是域名系统的简称,用于将容易记忆的域名转换成相应的 IP 地址,从而方便用户记忆并访问相关的网络服务。

DNS 域名结构是一个层次非常鲜明的树形结构,如图 3-17 所示。对于一个给定的域名,从某种意义上来说,右边为大,左边为小。比如广州航海高等专科学校的域名 http://www.gzhmt.edu.cn ,从右边起,其中 cn 代表该服务器在中国,edu 代表该服务器直接连入中国教育科研网,gzhmt(guangzhou maritime college)是广州航海高等专科学校在中国教育科研网为自己单位所申请的一个域名。这样广州航海高等专科学校就可以在 gzhmt 这个子域之内建立本单位所提供的网络服务,比如 www.gzhmt.edu.cn,ftp.gzhmt.edu.cn,www1.gzhmt.edu.cn 等。表 3-1 中列出了一个域名称空间内的域名称类型及其说明。

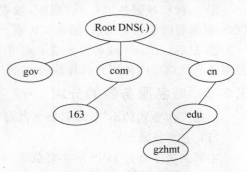

图 3-17　DNS 域名结构

表 3-1　域名的类型及其说明

域名类型	说　　　明
根域	域名称空间树的最高部分。全球有几台主要的 DNS 服务器,负责管理世界各大网络的 DNS 服务器。根域通常用一个专门的 "." 指定
顶层域	由 2～3 个英文字母组成,并且有一定的意义,一般采用相对意义的英文单词缩写或相对代码,用于指定国家、地区和机构类型所使用的名称,必须从 Internet 管理机构获得顶层域名称。如 com 是指商业机构,gov 是指政府机构,cn 是指中国
二层域	由一些域名提供商出租给个人或企业、机构的服务,如 www.163.com 这个域名中 163 就属于二层域

域名称类型	说　　明
子域	机构内部使用的不同长度的域名,可以在域名称空间内任意指定子域的数量和层
主机或资源名称	机构内部计算机或计算机组的名称,可以任意指定资源名称数

假设用户在 gzhmt 域内要查询 www.163.com 这个 DNS 名称的 IP 地址,以图 3-17 所示的结构为例,下面介绍从本地计算机查询一个 Internet 上的计算机域名的过程。

(1) 首先这个查询要求被送到 gzhmt 这台 DNS 服务器(这是广州航海高等专科学校设立的 DNS 服务器,域名为 gzhmt.edu.cn),DNS 服务器在自己建立的域名数据库中查找是否有与 www.163.com 相匹配的记录。

(2) 如果在域名服务器的数据库中不存在匹配的记录,DNS 服务器将访问域名缓存。域名缓存中存储的是从其他 DNS 服务器转发的域名解析结果。

(3) 如果域名缓存中没有查询到该记录,则按照 DNS 服务器的设置转发这个域名解析到其他 DNS 服务器上进行查询。具体步骤如下:

① 首先将这个查询往上转给 www.gzhmt.edu.cn 的上级 edu 这台 DNS 服务器。

② 然后在 edu 这台域名服务器中查找 www.163.com 这个 DNS 名称,如果找不到,再转给 cn 这台 DNS 服务器处理。

③ 同样,如果在 cn 中也找不到,将转给根域服务器(.)处理。

④ 通过根域服务器(.)的判断,发现这个 DNS 名称(www.163.com)在 com 这台 DNS 服务器的管辖范围内,因此又转给 com 处理。

⑤ 最后,在 com 域名服务器上查出 www.163.com 的 IP 地址。这个查询结果会按照刚才的线路反向传回到源计算机。

3.2.2　域名服务器的分类

根据工作方式的不同,域名服务器可以分为以下 3 类。

(1) 主域名服务器

主域名服务器是 DNS 的主要成员,对 Internet 中域名数据的发布和查找起到非常重要的作用,用来存放该区域中相关设置的 DNS 服务器,提供本区域中地址的来源。在一台 DNS 服务器上建立一个区域文件时,有关该新建区域中的主机数据都直接存放在该 DNS 服务器中,主域名服务器得到授权来响应对区域的查询。有时一个主域名服务器也被称为一个主服务器。

(2) 辅域名服务器

辅域名服务器是备份服务器,也被称为从属服务器。它不是区域源数据存放的地方,但被授权响应域名的查询。辅域名服务器中的数据不是直接输入的,通常从区域的主 DNS 服务器获得区域数据,只是一个副本,所以辅域名服务器中的数据无法被修改。

(3) 缓存域名服务器

缓存域名服务器只负责查询数据,而不承担任何其他的工作。它将 DNS 客户端曾经查到的数据保存在高速缓存中,当下一次 DNS 客户端再次查询相同的数据时,如果高速缓存内存在该数据,则可以快速将数据提供给客户端。

缓存域名服务器没有包含许多主机的区域,也不从其他 DNS 服务器传送数据。缓存域名服务器不但可以分担网络的工作量,而且可以让 DNS 客户端快速地进行查询。

3.2.3　主要资源记录介绍

1. 主机记录(又称为 A 记录)

主要用来静态地建立主机与 IP 地址之间的对应关系,提供正向查询(由域名查询 IP 地址)服务。通常,在 DNS 服务器上要为每种服务都创建一个 A 记录,如 FTP,WWW,POP3 等。比如,一台计算机的名字是 server-lin,IP 地址为 211.66.78.9,那么可以在 DNS 服务器(gzhmt.edu.cn)上建立该计算机的主机记录,然后可以通过 ping server-lin.gzhmt.edu.cn 查询该主机的 IP 地址。

2. 邮件交换(Mail Exchanger)记录

当收发邮件时,邮件交换记录将告诉哪一台服务器负责邮件的收发。通常,在一个局域网内进行邮件收发时,可以不用建立邮件交换记录。例如有一个域名为 bookpub.edu.cn 的局域网,在这个局域网内不必建立邮件交换记录,当用户使用 user@bookpub.edu.cn 的方式收发邮件时,不会有什么问题。不过,这样的邮件收发仅仅被限定在一个局域网内部。如果一个用户想与 Internet 上的邮件之间进行收发邮件时(确切地说是收,因为发送邮件时,一般对发送者的邮件地址和域名不进行检查和解析,只要接收者的邮件地址没有错误,就可以收到。比如在邮件服务器上随便建立一个没有注册的域名,不必在 DNS 上建立 MX 记录,就可以发出该邮件),就必须建立邮件交换记录。

当一个域中有两个以上的 MX 记录时,DNS 服务器首先使用优先级值最小的一个邮件服务器,如果这个邮件服务器无法进行通信,再依次试用优先级值大的其他邮件服务器。

3. CNAME 别名记录

前面已经为主机 server-lin 建立了一条主机记录,但是若该主机上提供了多种服务,比如提供了两个 WWW 服务,一个 FTP 服务。在实际需要时,可以通过下面的方式访问该服务,比如 http://www.gzhmt.edu.cn,http://info.gzhmt.edu,ftp://ftp.gzhmt.edu.cn。现在的情况是,三个域名都指向同一台计算机,这样就要求必须在 DNS 上为该计算机建立多个域名。

在这种情况下,可以采用别名记录的方法为该主机 server-lin 建立多个域名,这样用户输入三个域名中的任何一个,都可以从该计算机上得到需要的服务。

4. PTR 记录

PTR 记录存放在反向查询区域中,功能和 A 记录相反,用于记载如何由 IP 地址查询 DNS 名称的信息。

3.2.4　域名服务器的安装与配置

查看域名服务系统 DNS 是否已经安装,如果没有安装,可以通过依次单击"开始"→"控制面板"→"添加/删除程序"命令进行组件的安装。单击"添加/删除 Windows 组件"按钮,打开"Windows 组件向导"对话框,DNS 组件包含在"网络服务"组件中,只需查看网络服务的详细信息，就可看到"域名服务系统（DNS）"子组件（如图 3-18 所示）。

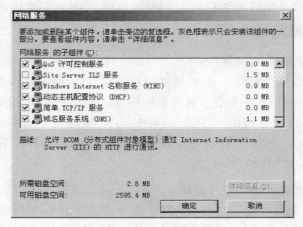

图 3-18　DNS 服务的安装

　　组件安装好后，单击"开始"→"程序"→"管理工具"命令，将看到 Windows Server 2003 提供的 DNS 服务。默认情况下，DNS 已经与本地计算机建立连接，否则可以在 DNS 上单击右键从快捷菜单中选择需要连接的目标计算机。该目标计算机可以是本机，也可以是远程计算机。在本地计算机上可以管理本地的 DNS 服务器，也可以连接到其他的 DNS 服务器上，远程管理其他服务器上的 DNS 系统。前提条件是服务器之间需要有信任关系，并且需要以具备管理 DNS 身份的用户登录。

　　下面以在本地建立 DNS 服务为例进行讲解。

　　在 DNS 上单击鼠标右键，从快捷菜单中选择需要连接的目标计算机，弹出"连接到 DNS 服务器"对话框，单击"这台计算机"单选按钮，表示将要建立的 DNS 服务器运行在本地计算机上（如图 3-19 所示）。

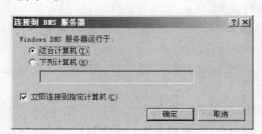

图 3-19　连接本地计算机

　　同时选中"立即连接到指定计算机"复选框，连接成功之后，DNS 服务器的状态如图 3-20 所示，同时可以看到，本地计算机的 NetBIOS 名字是 SERVER-LIN。

　　在如图 3-20 所示的 DNS 服务器窗口中，右击"正向搜索区域"选项，从弹出的快捷菜单中选择"新建区域"选项（如图 3-21 所示），将启动新建区域向导，为 DNS 建立一个新区域。该区域是一个数据库，它将链接 DNS 名称和相关数据，比如主机域名和主机的 IP 地址等。

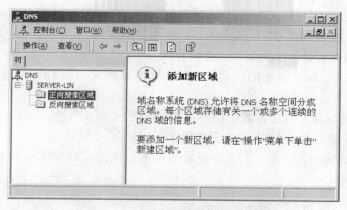

图 3-20　DNS 服务器窗口

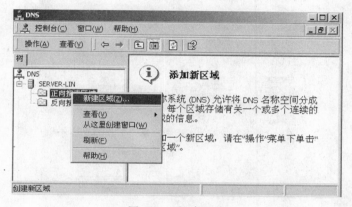

图 3-21　新建区域

在如图 3-22 所示的对话框中，"新建区域向导"询问是否为 DNS 服务器创建一个新区域，不同意可单击"取消"按钮，同意则单击"下一步"按钮继续。这里单击"下一步"按钮。

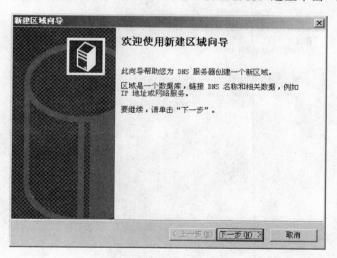

图 3-22　新建区域向导

　　在如图 3-23 所示的对话框中，Windows 系统为 DNS 服务提供了 3 种方法来获取并保存区域信息。这里以选中"Active Directory 集成的区域"为例来介绍，管理员可以根据自己的需要来选择。这 3 个选项的主要内容如下：

　　① Active Directory 集成的区域：将新区域保存到 Active Directory，提供安全更新和集成的存储。

　　② 标准主要区域：将新区域主副本保存到一个文本文件中。该选项有利于与其他使用基于文本存储方面的 DNS 服务器交换 DNS 数据。

　　③ 标准辅助区域：创建一个现有区域的副本。该选项帮助主服务器平衡处理的工作量，并提供容错。

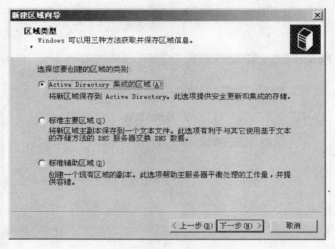

图 3-23　区域类型选择

　　在如图 3-24 所示的对话框中，输入该区域的名称，这里输入 bookpub. edu. cn，然后单击"下一步"按钮，即完成该区域的建立。向导最后证实已经成功完成新建区域向导，并

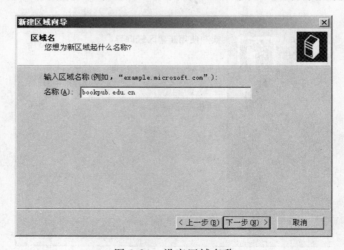

图 3-24　设定区域名称

列出在配置过程中指定的设置,如图 3-25 所示。

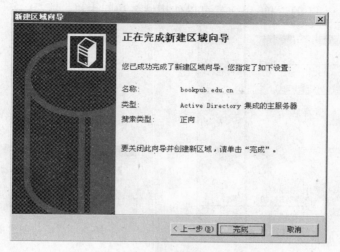

图 3-25　完成新建区域向导

通过单击"开始"→"程序"→"管理工具"命令启动 DNS 服务,其主界面如图 3-26 所示,下面将在 DNS 服务器上添加相关记录。

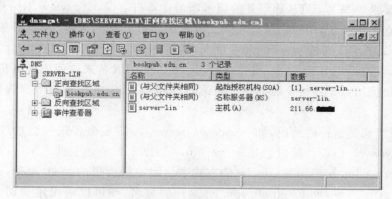

图 3-26　DNS 主窗口

1. 添加 A 记录

DNS 服务器创建完成之后,需要添加主机记录才能真正实现 DNS 解析服务。该过程也就是在该 DNS 服务器中添加与主机名和 IP 地址对应的数据,从而把 DNS 主机名与其 IP 地址一一对应起来。这样,当用户输入主机域名时,才能解析成相应的 IP 地址并实现对服务器的访问。

在 DNS 控制台窗口中,展开左窗格目录树中的"正向搜索区域"选项,右击欲添加主机记录的域名(如 bookpub.edu.cn),在快捷菜单中单击"新建主机"选项,打开如图 3-27 所示的"新建主机"对话框。在"名称"文本框中输入本计算机的主机名(server-lin),在"IP 地址"文本框中输入本计算机的 IP 地址(211.*.*.44)。然后单击"添加主机"按钮,系统提示"成功地创建了主机记录 server-lin.bookpub.edu.cn"(如图 3-28 所示)。当用户在浏览器中输入 http://server-lin.bookpub.edu.cn 访问时,该域名将被解析到 IP 地址为 211.*.*.44 的主机,用户就可以使用域名访问主机。

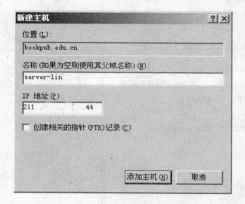

图 3-27 "新建主机"对话框   图 3-28 成功创建主机记录

通常访问网站提供的 Web 服务时,都是以域名的方式访问的。比如访问网易的网站,需要在浏览器地址栏中输入 http://www.163.com。那么如何为站点建立以 WWW 开头的域名呢?其实使用刚才的主机记录就可以实现。

可以把提供 WWW,FTP 等服务的服务器的计算机名设定为 www,ftp,然后在 DNS 服务器上建立主机记录,用户便可以域名的方式访问对应的 WWW,FTP 服务器。比如,Web 站点架设在计算机名为 www 的主机上,然后在 DNS 服务器上增加该计算机的主机记录。之后,可以采用 http://www.bookpub.edu.cn 的域名来访问该计算机的 Web 站点。如果需要把站点提供给全球的用户来访问,则必须做的工作是向中国教育科研网注册域名。

另外,可能遇到这样的情况,如 Windows Server 2003 服务器最初已经建立了,但计算机名不是 www。假设计算机名是 server-lin,在 DNS 上建立主机记录后,用户可以采用 http://server-lin.bookpub.edu.cn 的方式来访问主机提供的 Web 服务,但如果用户需要建立如 http://www.bookpub.edu.cn 这样的域名,则可以采用建立别名的方法来实现。

可首先在 DNS 上建立主机记录,然后为该主机记录建立对应的别名记录。根据需要,别名记录可以建立多个。比如,一台服务器上提供了多项服务,并且想以不同的域名来访问不同的服务,可以为该服务器建立多个别名记录(比如 www,www1,www2,ftp,ftp1,ftp2),当用户以不同的域名访问时,将在 DNS 的解析下,把用户全部引导到一台计算机上来访问不同的服务。

2. 添加别名记录

当一台服务器提供了多项服务时,用户需要使用不同的域名访问不同的服务,此时,可采用建立别名的方法为主机建立多个域名。

建立方法为:右击欲添加别名记录的主机域名(如 bookpub.edu.cn),在快捷菜单中单击"新建别名"选项,打开如图 3-29 所示的"新建资源记录"对话框。在"别名"文本框中输入该计算机的别名,在"目标主机的完全合格的名称"文本框中通过浏览方式找到该计算机的主机记录(A 记录),单击"确定"按钮,即可为主机建立别名记录。

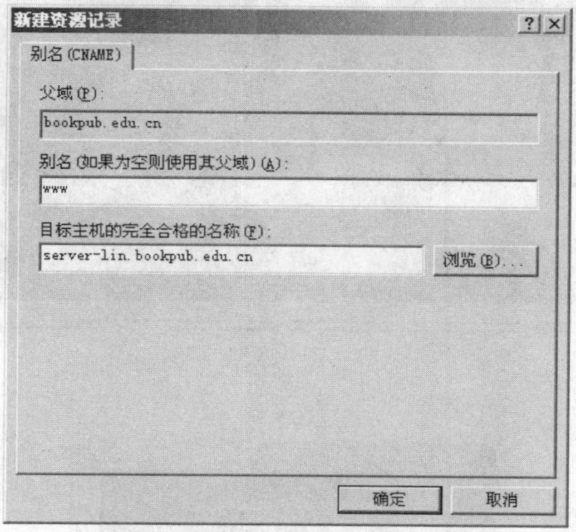

图 3-29　添加别名记录

在 DNS 服务器上建立了计算机 server-lin 的主机记录和别名记录后,可以使用 ping 命令验证域名运行是否正常。如图 3-30 和图 3-31 所示分别为验证主机记录和别名记录,如果没有问题,即可在浏览器中直接使用该域名访问主机。

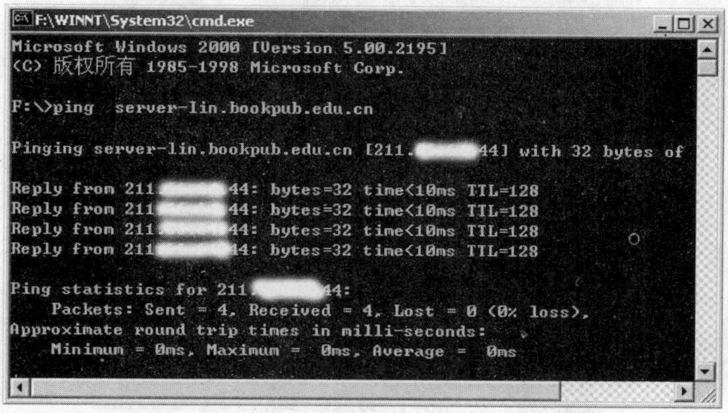

图 3-30　用 ping 命令验证主机记录

如果测试不通,可检查 TCP/IP 属性配置中,是否已把本机选为域名服务器,否则会出现如图 3-32 所示的常见错误。

3. 新建邮件交换器

在 DNS 主窗口的域名 bookpub.edu.cn 上单击右键,从弹出的快捷菜单中单击"新建邮件交换器"选项(如图 3-33 所示),将打开如图 3-34 所示的"邮件交换器"选项卡。

保持"主机或域"文本框为空,单击"浏览"按钮并选择充当邮件服务器的主机记录,这里选择 server-lin.bookpub.edu.cn,在"邮件服务器优先级"文本框中保持默认值 10。单

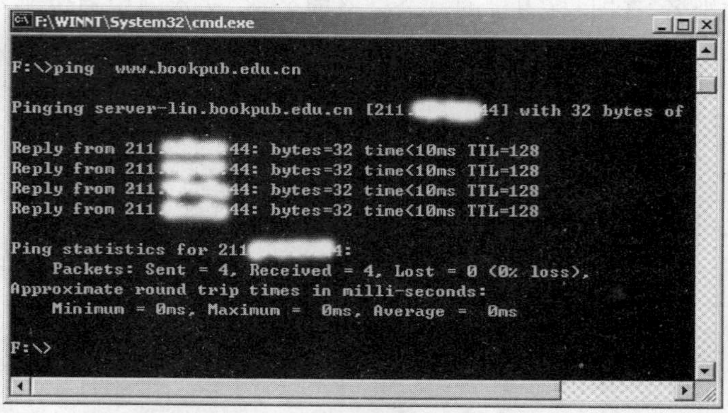

图 3-31 用 ping 命令验证别名记录

图 3-32 返回错误消息

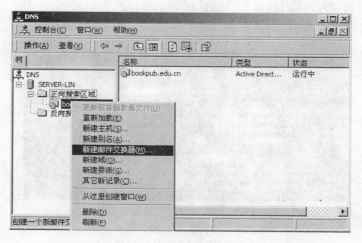

图 3-33 新建邮件交换器

击"确定"按钮,即可建立一个能够转发格式如 username@bookpub.edu.cn 的邮件交换器。如果在"主机或域"中没有保持为空而输入如 mail 的名字,则该邮件服务器将转发如 username@mail.bookpub.edu.cn 格式的邮件。

4. DNS 转发器的设置

当一个 DNS 客户机请求 DNS 域名查询时,首先查询本地 DNS 记录与缓存,如果没有发现相应的记录,则请求其他服务器帮助,所以在 DNS 上应该设置 DNS 转发器。

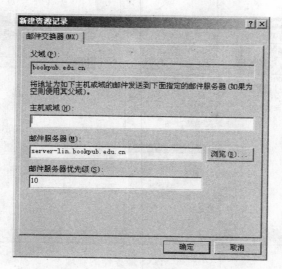

图 3-34　"邮件交换器"选项卡

在服务器列表中选择架设的 DNS 服务器后，执行"DNS/属性"命令，打开属性对话框，切换到"转发器"选项卡，选中"启用转发器"复选框，在"IP 地址"文本框中输入多个上级 DNS 服务器的 IP 地址（如图 3-35 所示）。单击"确定"按钮，即完成 DNS 转发器的设置。

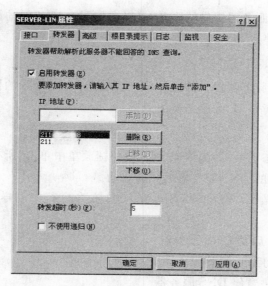

图 3-35　转发器的设置

3.2.5　DNS 服务器的管理

在 DNS 控制台窗口中选中主机名 SERVER-LIN 并右击，弹出如图 3-36 所示的快捷菜单，单击"所有任务"选项，其中提供了 4 个命令对 DNS 服务器进行管理。

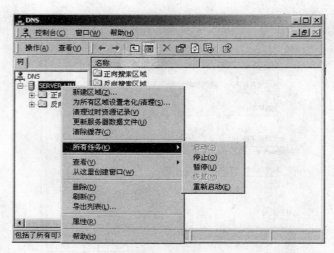

图 3-36　DNS 服务器的管理

1. 服务器的启动

如果服务器关闭了,可以在如图 3-36 所示的快捷菜单中单击"所有任务"→"启动"选项,启动已经关闭的 DNS 服务器。

2. 服务器的停止

如果要停止 DNS 服务器提供的服务,可以在如图 3-36 所示的快捷菜单中单击"所有任务"→"停止"选项,停止 DNS 服务器的运行。

3. 服务器的暂停

如果要暂停 DNS 服务器提供的服务,可以在如图 3-36 所示的快捷菜单中单击"所有任务"→"暂停"选项,暂停 DNS 服务器的运行。

4. 服务器的重启

服务器在运行状态下,在如图 3-36 所示的快捷菜单中单击"所有任务"→"重新启动"选项,将关闭正在运行的 DNS 服务器后重新启动。

对于上面的 4 种操作,Windows Server 2003 在命令行中同样提供了响应的管理方法,命令如下:

- net start dns:启动 DNS 服务器
- net stop dns:停止 DNS 服务器
- net pause dns:暂停 DNS 服务器
- net continue dns:DNS 服务器继续运行

5. 为所有区域设置老化/清理

Windows Server 2003 的 DNS 服务器支持老化和清除功能,能清除和删除陈旧的资源记录(RR)。随着时间的推移,陈旧的资源记录会不断地在区域数据中积累。所谓的资源记录是指在 DNS 区域中使用的标准数据库记录类型,用来关联 DNS 域名和给定的网络资源类型(例如计算机域名和 IP 地址)的相关数据。

通过动态更新,当计算机在网络上启动时 RR 被自动添加到区域中。但是,在某些情况下,当计算机离开网络时,它们不自动删除,而会产生陈旧的资源记录。例如,如果计算机在启动时注册它自己的主机(A)RR,然后不正确地从网络上断开,则其主机(A)RR 可能不会删除。如果网络中有移动式用户和计算机,该情况可能经常发生。

如果不管理区域数据中的陈旧 RR,可能会引起一些问题。

① 如果在服务器区域中保留大量的陈旧 RR,它们最终将占据服务器磁盘空间并导致不必要的大量区域传送。

② 加载带陈旧 RR 区域的 DNS 服务器,可能会使用过时的信息来应答客户机查询,这会潜在地使客户机在网络上产生域名解析问题。

③ DNS 服务器上陈旧 RR 的积累可降低其性能和响应能力。

④ 在某些情况下,区域中陈旧 RR 的存在会使 DNS 域名不能被另一台计算机或主机设备使用。

在默认情况下,Windows Server 2003 的 DNS 服务器禁用老化和清除机制。如果用户在没有完全了解所有参数时启用该机制,服务器可能被意外配置为删除不应该删除的记录。如果记录被意外删除,不但用户不能解析该记录的查询,而且任何用户都可以创建记录并获得它的所有权,甚至是在配置为安全动态更新的区域上。下面简单地介绍相关的设置。

在如图 3-36 所示的快捷菜单中单击"为所有区域设置老化/清理"选项,打开如图 3-37 所示的对话框。在该对话框中,如果选中"清除陈旧的资源记录"复选框,表示到期后将自动清除老化数据。将"无刷新间隔"选项区域的"无刷新间隔"文本框内设置为 7 天,表示系统将认为超过 7 天没有进行再次刷新的资源记录是老化的数据。将"刷新间隔"选项区域的"刷新间隔"文本框内设置为 7 天,表示系统要刷新的资源记录与刷新日期之间至少有 7 天的时间间隔。

设置完成后单击"确定"按钮,打开如图 3-38 所示的"服务器老化/清理确认"对话框,单击"确定"按钮,使设置生效。

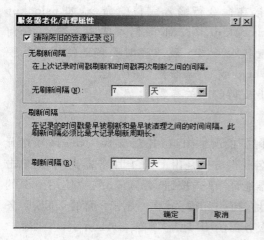

图 3-37　"服务器老化/清理属性"对话框

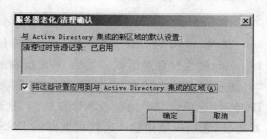

图 3-38　"服务器老化/清理确认"对话框

6. 清理过时资源记录

如果要通过手动的方式清除老化的资源记录,可以在如图 3-36 所示的快捷菜单中单击"清理过时资源记录"选项,将弹出如图 3-39 所示的提示信息框,询问"您确实想在 SERVER-LIN 服务器上清理过时资源记录吗?",单击"确定"按钮将完成清理操作。

图 3-39　是否清理过时资源记录

7. 更新服务器数据文件

在如图 3-36 所示的快捷菜单中单击"更新服务器数据文件"选项,使 DNS 服务器立即将其内存的改动内容写到磁盘上,以便在区域文件中存储。通常,该动作只有在计算机关机或预定义的更新间隔内,才向区域文件中写入这些改动的内容。

8. 清除缓存

在如图 3-36 所示的快捷菜单中单击"清除缓存"选项,可手动清除 DNS 服务器上超过缓存生命周期的无意义的数据。DNS 服务器上的域名缓存加速了 DNS 域名解析的性能,减少了网络上相关的查询量。但有效的缓存数据也有一个生命周期,超过了生命周期的缓存数据是没有意义的。默认情况下,最小缓存的生命周期是 1 小时,对于没有意义的缓存数据可用该选项清除。

9. nslookup 命令说明

在 Windows Server 2003 中包含 nslookup 工具(位于 Winnt\System32\目录下)。该工具主要用来执行对 DNS 域名的查询测试,最终发现和解决 DNS 服务器上的配置问题。该工具可以用于两种模式:非交互模式(直接在命令行输入完整的命令,如 nslookup www.bookpub.edu.cn)和交互模式(只输入 nslookup 并按回车键,不输入参数)。任何一种模式都可将参数传递给 nslookup,但在域名服务器出现故障时更多地使用交互模式。在交互模式下,可以在提示符">"后输入 help 或"?"来获得帮助信息。

如图 3-40 所示为使用"?"列举的 nslookup 支持的相关参数。

3.2.6　客户机上 DNS 的设置

在 Windows Server 2003 中,打开"网上邻居"的属性窗口,并双击 Internet 属性打开 Internet 属性设置对话框。如果 IP 地址和域名获得方式是由 DHCP 服务器提供,则单击"自动获得 IP 地址"和"自动获得 DNS 服务器地址"单选按钮;否则需要在"使用下面的 IP 地址"选项区域手动输入本计算机的 IP 地址、掩码和网关,在"使用下面的 DNS 服务器地址"选项区域中输入已经配置好的 DNS 服务器的 IP 地址(如图 3-41 所示)。当客户端是 Windows 98、Windows Me 或 Windows XP 等操作系统时,设置方法类似。

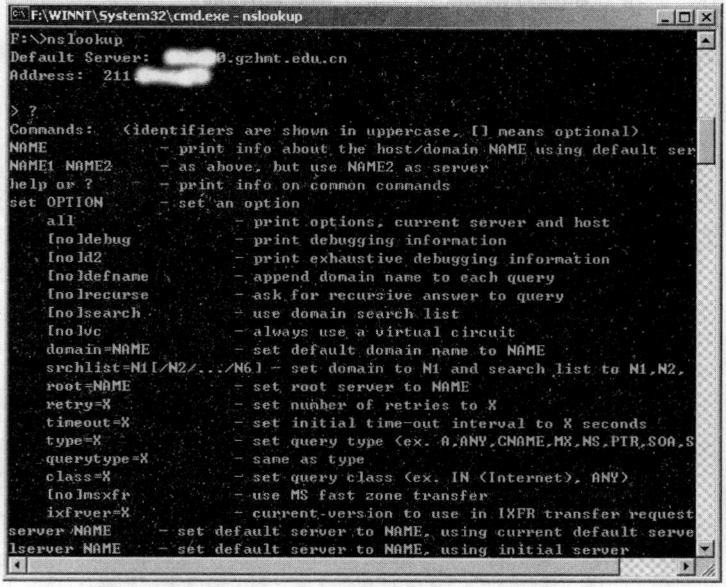

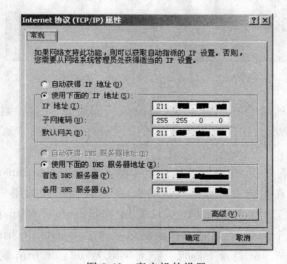

图 3-40　nslookup 命令支持的参数

图 3-41　客户机的设置

3.3　WWW 服务器的架设

在 Windows Server 2003 操作系统下集成了 IIS(Internet Information Server)服务，可以使用 IIS 建立 Web、FTP 站点，或开发基于组件的程序。

进行实验的环境如下：

操作系统为 Windows Server 2003，其 IP 地址为 211.＊.＊.44。主机 NetBIOS 名字

为 SERVER-LIN,主机域名为 server-lin. bookpub. edu. cn。

3.3.1 IIS 的安装及站点的启用

1. IIS 的安装

建立站点之前,首先检查"开始"→"程序"→"管理工具"中是否已经安装 Internet 服务管理器,如果没有该服务管理器则需要安装。如需安装该组件,可打开"控制面板",双击"添加/删除程序"图标,通过 Windows 组件向导来添加该组件(如图 3-42 所示)。在 Internet 信息服务组件中包含 Internet 服务管理器、World Wide Web 服务器、文件传输协议服务器、SMTP Service 和 NNTP Service 等子组件,用户可以根据需要来选择安装。

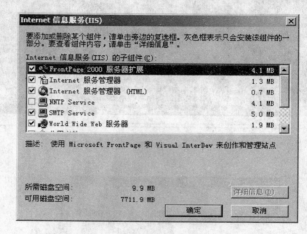

图 3-42 Internet 信息服务中包含的子组件

IIS 安装成功后,通常会在当前系统(假设系统安装在 F：盘)盘生成这样的一个目录,F:\Inetpub\wwwroot,这个目录就是存放网页的目录。但通常从安全性方面考虑,一般不采用该站点目录。

如果 IIS 安装没有错误,在浏览器地址栏中输入 http://localhost 将能够浏览系统预设的网页。但由于现在系统没有提供默认网页,所以任何连接的用户都将打开"建设中"页面(如图 3-43 所示)。这个不用担心,只要用 Microsoft Frontpage 或者 Micromedia Dreamweaver 建立一个网页,然后把该网页的名字命名为 default. htm 或 default. asp,存放到 F:\Inetpub\wwwroot 目录下即可。把名字取为 default. htm 或 default. asp 主要跟系统站点的默认文档有关,后面会介绍这个原因。

2. 默认站点的启用

单击"开始"→"程序"→"管理工具"→"Internet 服务管理器"命令,可以看到系统已经建立了"默认 Web 站点"(如图 3-44 所示)。最简单的方法是,在该站点的基础之上构建需要的站点。

在"默认 Web 站点"上单击右键,查看该站点的属性。打开"主目录"选项卡,"本地路径"表示当前的 Web 站点存放的位置,所有的 Web 站点文件都可以存放在这里,但也不一定都放在这里,因为 Windows Server 2003 还提供了另外两个选项,允许把站点内容存

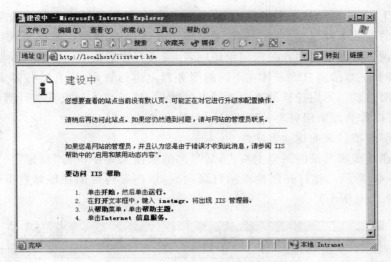

图 3-43　站点默认页面

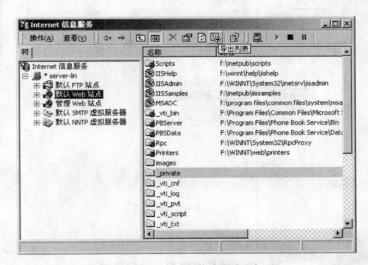

图 3-44　"Internet 信息服务"窗口

放在其他的计算机上或者把站点重定位到其他的 URL。

最后,将站点的首页改成 default. htm 或 default. asp,因为 IIS 中启用的默认文档是这两个。当然也可以把站点的首页命名为其他的名字,只需修改 IIS 启用的默认文档为建立的站点首页的名字,比如可以使用 index. asp,index. htm 或 index. html 等。

完成这两个步骤,在本地主机或其他主机上输入该服务器的 IP 地址,应该可以浏览到第一个简单的站点。至于如何用域名访问站点,也比较简单。打开 DNS 服务器,在该服务器上添加 Web 服务器的 IP 地址的域名解析就可以了。这部分内容可参考关于 DNS 架设方面的有关内容。

3. 虚拟目录的使用

随着时间的推移,最终站点的数据可能逐渐占满硬盘空间,但此时还有大量的数据需要放到站点上,而硬盘已经达到极限,怎么办？或者由于各种网站数据的安全性不同,提供给访问者的权限不同,比如对于 BBS、留言簿服务,访问者需要把数据写入到服务器上,此时就需要设置该目录可写入的权限给访问者;或者打算把站点提供的视频服务、音频服务、下载服务和正常的消息服务放在不同的服务器上进行管理;当有这些需求的时候,就可以使用虚拟目录。不用迁移原来服务器上的数据,然后在本地或其他计算机上建立虚拟目录,就可以作为原来服务器的物理目录存放站点的数据。

下面讲解虚拟目录的建立方法。

在需要建立虚拟目录的站点上右击,从弹出的快捷菜单中单击"新建"→"虚拟目录"选项(如图 3-45 所示),将打开创建虚拟目录向导,该向导将帮助在该站点下创建一个虚拟目录(如图 3-46 所示)。

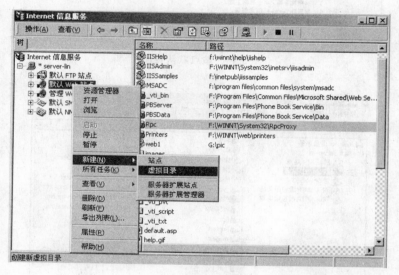

图 3-45　虚拟目录的建立

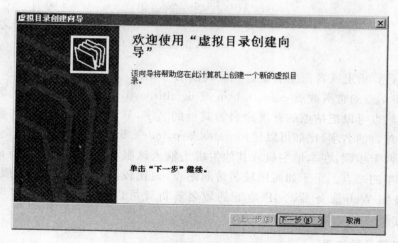

图 3-46　虚拟目录创建向导

在如图 3-47 所示的对话框中,输入虚拟目录的别名。注意,该名字要符合目录命名的规则,因为该目录将被站点作为普通目录访问。

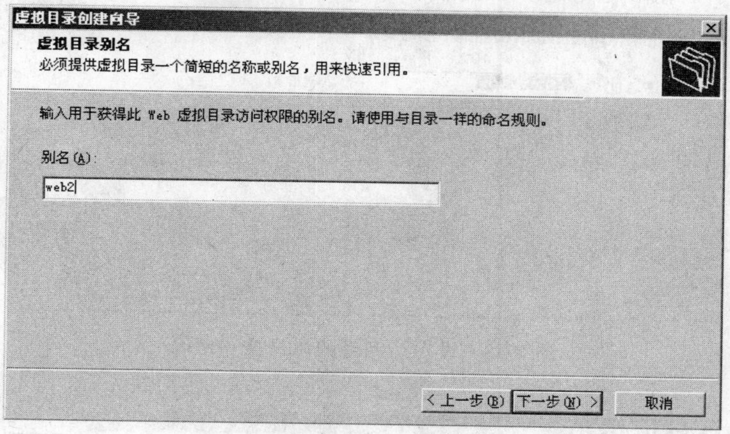

图 3-47 虚拟站点别名的设置

单击"下一步"按钮,然后在"目录"文本框中输入目录的实际位置,可以是在本机的其他硬盘或其他的计算机上。如图 3-48 所示,这里选择的虚拟目录位于网络上的主机 Hy1上。与在本机不同的是,虚拟目录在其他计算机上时需要授予其他用户访问该虚拟目录时所持有的权限,该账号权限的大小将直接影响用户在服务器上的操作。单击"下一步"按钮,打开如图 3-49 所示的对话框,输入用来获得网络资源访问权限的用户名和密码。

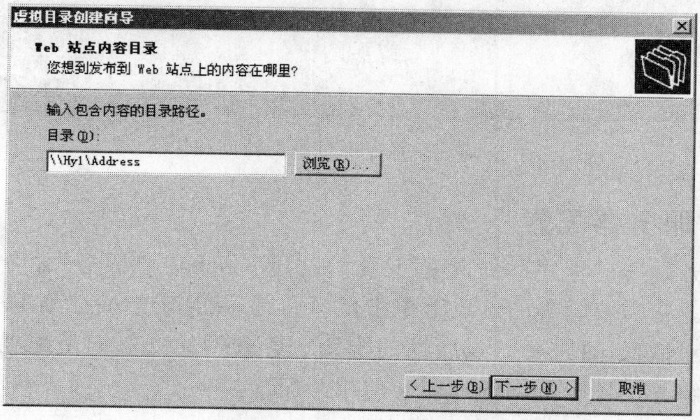

图 3-48 设定虚拟目录的物理位置

输入完毕后,单击"下一步"按钮,在"访问权限"对话框中设定虚拟目录的访问权限(如图 3-50 所示)。

设置完毕后,单击"下一步"按钮即完成虚拟目录创建向导所有的任务,此刻就成功地建立了一个虚拟目录,站点的资源可以放在虚拟目录下使用。当服务器一旦被攻击或者系统崩溃时,就不用太担心虚拟目录中的数据,因为它们不在同一个硬盘上,甚至不在同一个计算机上。

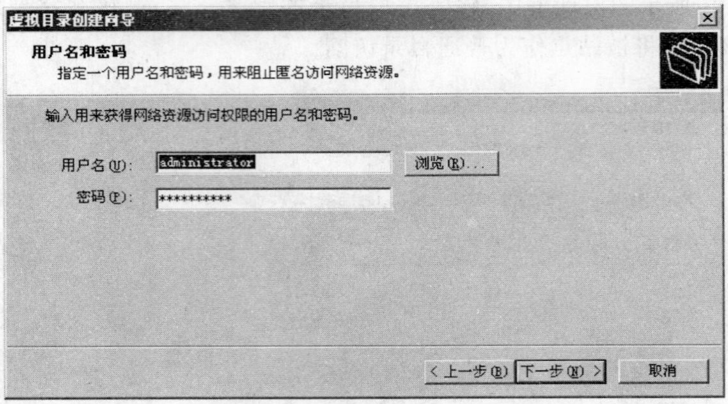

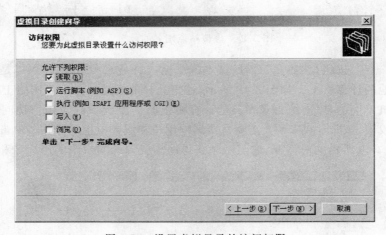

图 3-49 设定访问者的用户名和密码

图 3-50 设置虚拟目录的访问权限

3.3.2 Web 服务器配置

通过单击"开始"→"程序"→"管理工具"→"Internet 信息服务"命令,打开"Internet 信息服务"窗口。在需要管理的站点上单击鼠标右键,从弹出的快捷菜单中单击"属性"命令,打开"属性"对话框,可进行站点属性的配置。管理网站的关键是配置 Web 服务器的属性,下面将介绍几个比较常用的选项卡的相关配置。

1. "主目录"选项卡

在"主目录"选项卡上,可以设定站点文件的存放位置以及访问者对该站点资源所具有的权限(如图 3-51 所示)。

(1)"连接到此资源时,内容应该来自于"选项区域

设置存储站点内容的计算机。在安装 WWW 服务时,系统创建\Inetpub\wwwroot 目录为默认主目录。对于存放站点数据的主目录有以下 3 种情况可以选择:

① 本计算机上的目录;

② 另一台计算机上的共享位置;

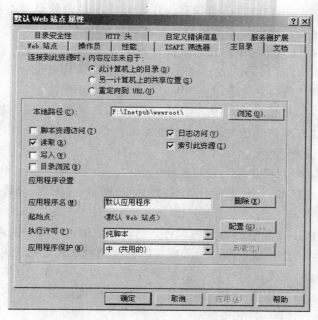

图 3-51 "主目录"选项卡

③ 重定向到 URL。

上述第一种情况是经常采用的一种方式,就是把站点的数据存放在提供 WWW 服务的计算机上。为了加强安全,这个目录的确切位置可以修改,不一定采用系统默认的主目录。

对于第二种情况,是指 Web 站点数据可以存放在其他的计算机上。比如,站点存放在服务器 server1 上,由于病毒的攻击,server1 的文件不能再操作,此时,可以把 Web 站点的所有备份数据恢复到 server2 上,然后在服务器 server1 上设置一个指向 server2 的连接即可。有这样的情况,已经把所有 Web 站点的数据都存放在服务器 server1 上,但后来启用服务器 server1 的 IIS 服务时,却发现无论如何都无法启动,而此时,站点上很多的消息需要马上公布,如果把数据再重新复制到 server2 上,需要大量的时间,这样将影响消息的公布。此时,便可采用 IIS 的这个功能。只需启用 server2 的 IIS 服务,然后把站点数据的存放位置指向 server1 即可。同时,不要忘记在域名服务器上修改相关的记录,否则用户输入域名时,将不能正常定位。

IIS 提供的第三种情况,就是直接重定位到另一个 URL。这里需要输入提供 Web 站点内容的另外一台主机的 URL 名字或 IP 地址。

(2)设置用户的访问权限

"脚本资源访问":如果允许用户访问已经设置为读取或写入权限的资源代码,可选中该项。资源代码包括 ASP 应用程序中的脚本。

"读取":允许用户读取或下载文件(目录)及其相关属性。

"写入":允许用户将文件及其相关属性上传到服务器上已启用的目录中,或者更改可写文件的内容。

"目录浏览"：允许用户查看该虚拟目录中文件和子目录的超文本列表，虚拟目录不会显示在目录列表中，用户必须知道虚拟目录的别名。

"日志访问"：在日志文件中记录对该目录的访问。

"索引此资源"：允许 Microsoft Indexing Service 将该目录包含在 Web 站点的全文本索引中。此后，用户可以在 Web 站点中快速搜索单词和短语。

注意：如果 Web 站点是由 ASP 技术建立的，在"应用程序保护"下拉列表框中必须选择"低级"选项，这样客户机才可以正常浏览站点。

（3）应用程序设置

"应用程序名"：将目录指定为应用程序的起点。

"执行许可"：纯脚本（只允许运行脚本，如 ASP 脚本）或无（只允许访问静态文件，如HTML 或图像文件）。

"应用程序保护"：在独立的窗口内运行。选择相应的选项将使应用程序独立于 Web 服务器进程单独运行，运行独立的应用程序可以在应用程序出现错误时，使其他的应用程序（包括 Web 服务器）免受影响。可以设置为与 Web 服务在同一进程中运行（低）、与其他应用程序在独立的共用进程中运行（中）或者在与其他进程不同的独立进程中运行（高）。

2．"Web 站点"选项卡

切换到如图 3-52 所示的"Web 站点"选项卡。

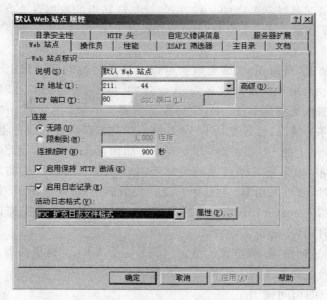

图 3-52　"Web 站点"选项卡

在"Web 站点标识"选项区域中，"说明"文本框中一般输入关于本站点的一些说明性的文字，可随便输入。在"IP 地址"下拉列表框中选择当前站点所采用的 IP 地址。

在"TCP 端口"文本框中采用默认值 80 即可。如果修改此数字，则访问者在输入网址时,需要在最后加上端口号。因为 80 端口是系统提供 WWW 服务的默认端口,所以在输入网址时可以省略这个数字。比如访问广州航海高等专科学校的网站,只需要输入 http://www.gzhmt.edu.cn,后面的端口号 80 可以省略,也可以采用 http://www.gzhmt.edu.cn:80 这种方式对广州航海高等专科学校的网站进行访问。对于 Web 站点在 80 端口提供服务,在输入网址时可以采用上面的两种方式,但是如果 Web 站点提供的 Web 服务不在 80 端口,比如当前的 Web 站点提供的服务在 8051 端口,那么访问该站点时,必须采用 http://域名:8051 的方式访问。所以,如果站点是面向公众服务的,就不要修改 80 端口。

对于活动日志格式,也就是用户访问站点的日志以何种方式存放,可根据自己的需要设置,以方便对日志的分析和跟踪。当网站为公众提供服务时,可能受到各种各样的攻击,尽管有时不可能去抓住入侵者,但可以从日志中知道入侵者采用何种方式攻击站点,架设的站点存在什么漏洞,方便日后弥补站点的漏洞,提高站点的安全性。这里需要说明的是,W3C 扩充日志的记录时间和计算机的时钟时间相差 8 个小时,查看日志时,需要注意这一点。

选择某一种日志记录格式后,单击右侧的"属性"按钮,可以对当前日志的记录方式进行设置。比如选择"W3C 扩充日志文件格式",然后通过其"常规属性"选项卡(如图 3-53 所示),可以设置新日志的时间间隔,以及日志文件的存放位置;在"扩充的属性"选项卡中(如图 3-54 所示),可以设置日志记录的字段,比如客户访问时间、客户 IP 地址等,这些一般根据自己的需要选择,或者参考日志分析软件的需要选择。

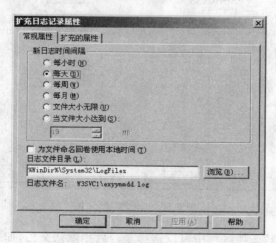

图 3-53　"常规属性"选项卡

"限制到"用于设置该站点最多允许多少个用户并发连接。该选项可以根据自己网站的访问量以及服务器的性能来定。

"连接超时"用于设置用户连接到本站点之后,在多少时间内没有任何操作,则系统将中断与该用户的连接,以节省系统资源。

图 3-54 "扩充的属性"选项卡

3. "文档"选项卡

如图 3-55 所示是 Web 站点的"文档"选项卡。

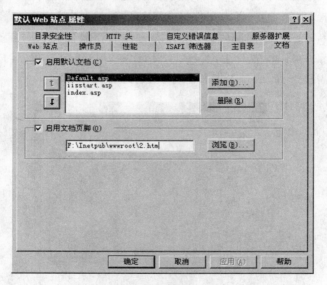

图 3-55 "文档"选项卡

在"启用默认文档"选项区域中可以选择是否启用默认文档,如果启用,则在浏览器中请求不包括具体的 HTML 文件名时,向用户显示默认文档。默认文档一般是主目录中的一个页面文件,也可以用逗号分隔列表的形式指定多个默认文档,Web 服务器按照列表名称的顺序在目录中搜索默认文档,返回发现的第一个文档。例如,设置默认 Web 站点的主目录为 F:\InetPub\wwwroot,启用的默认文档的文件名为 default.asp,服务器的主机名为 server-lin,在浏览器中输入的 URL 为 http://server-lin,那么此时用户浏览到的是 default.asp 页面,相当于输入的 URL 为 http://server-lin/defaulst.asp。这就是前面讲过的为什么把站点的首页命名为 default. htm 或 default. asp 的原因。

4. "操作员"选项卡

在如图 3-56 所示的"操作员"选项卡中,可以设定能够管理当前 Web 站点的其他操作员。管理该站点的默认操作员是 Administrators 组成员,该操作员不能被删除,具有全部的权限。其他操作员具有的权限与服务器管理员 Administrators 组成员有所区别,比如不能设置匿名访问用户名及密码、建立虚拟目录等。

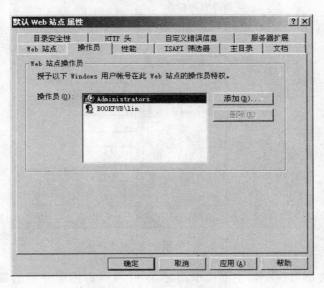

图 3-56 "操作员"选项卡

Web 站点操作员是一组在单独 Web 站点上具有有限管理特权的特殊用户。操作员可以管理只影响其各自站点的属性,他们无权访问影响 IIS、维护 IIS 的 Windows 服务器计算机或网络的属性。

例如,托管大量不同公司站点的 ISP 可以将每个公司的代表指派为每个单独公司 Web 站点的操作员。这种分布式服务器管理方法具有以下优点:

① 每个操作员可以作为站点管理员并根据需要更改或重新配置 Web 站点。例如,操作员可以设置 Web 站点的访问权限、启用记录、更改默认文档或页脚、设置内容截止日期和启用内容分级特性。

② 不允许 Web 站点操作员更改 Web 站点的标识、配置匿名用户名或密码、限制带宽、创建虚拟目录或更改其路径、更改应用程序隔离。

③ 由于操作员较 Web 站点管理员具有更多受限制的特权,故他们无法远程浏览文件系统,因此也就不能设置目录和文件中的属性,除非使用通用命名约定(Universal Naming Convention)。

5. "目录安全性"选项卡

如图 3-57 所示是 Web 站点的"目录安全性"选项卡。该选项卡中包含有关 Web 服务器的安全性方面的一些设置,包括配置 Web 服务器的验证和匿名访问功能,以便在允许对受限制的内容进行访问前确认用户的身份;创建 SSL 密钥;限制 IP 地址和域名,以允许或防止某些用户、计算机或域访问该 Web 站点、目录或文件。

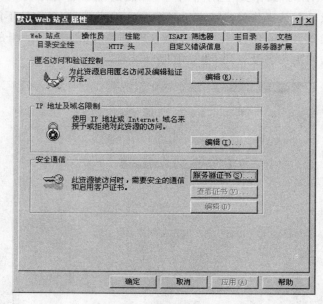

图 3-57　"目录安全性"选项卡

　　另外,还有"性能"选项卡,主要用于指定 Web 站点占用服务器的最大带宽以及并发进程限制;"ISAPI 筛选器"选项卡,用于设置 ISAPI 筛选程序的选项,ISAPI 筛选程序是在处理 HTTP 请求过程中对事件作出响应的程序;"HTTP 头"选项卡,用于设置在 HTML 页的标题中返回给浏览器的值;"自定义错误信息"选项卡,用于定义当错误发生时返回给浏览器的信息。

3.3.3　Web 站点的管理

1. 站点工作状态管理

　　站点运行后,作为网站管理员,可以定期对站点进行维护或更新网站数据,必要时可以暂停或停止站点的运行,等到任务完成后,再重新启动该站点。在相应的站点上单击鼠标右键,在弹出的快捷菜单或者"Internet 信息服务"窗口的工具栏中,都提供了相应的管理命令(如图 3-58 所示)。

　　如果站点处于暂停服务的状态,用户连接到该站点,将收到如图 3-59 所示的信息。

　　如果用户连接到停止服务的站点,将收到如图 3-60 所示的信息。

2. 站点备份

　　网站管理员的主要职责之一就是保证站点的正常运作,比如经常检查 Web 站点的运行情况、查看近期的日志、查看服务器上启动的进程以及开放的端口等。而对于网站数据

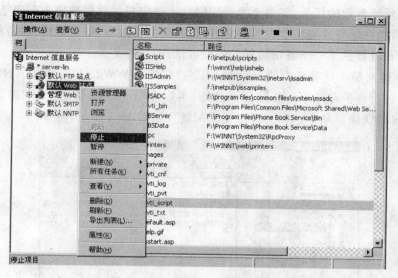

图 3-58　站点的启动、暂停及停止

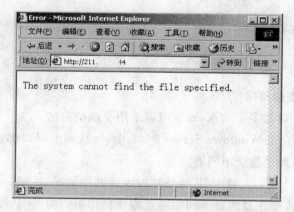

图 3-59　访问站点处于暂停状态的错误信息

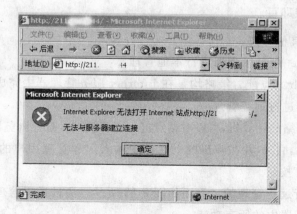

图 3-60　访问站点处于停止服务状态的错误信息

的备份是必须经常做的任务,如果不想看到网站大量宝贵的数据被攻击而毁于一旦,就应该认真地、周期性地备份网站数据。通常,可以采用备份服务器、磁盘塔、磁带机或刻录光盘的方法,IIS 也提供了一个备份数据的便捷方法。

IIS 6.0 能对整个计算机上的 Internet 服务(包括 WWW,FTP,SMTP,NNTP 等)所设置的数据进行备份与还原。要使用该功能,可以在"Internet 信息服务"窗口中右击主机名,在弹出的快捷菜单中选择"备份/还原配置"(如图 3-61 所示)命令。

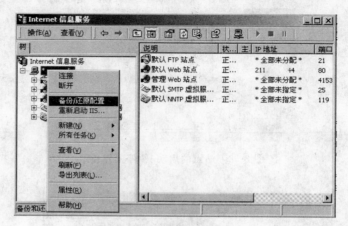

图 3-61   站点的备份与还原

3. 建立多个站点的策略

在一台计算机上建立多个站点,通常可以采用下面的方法。

① 多个 IP 地址:在 Windows Server 2003 中,一块网卡可以绑定多个固定的 IP 地址,可在不同的 IP 地址上建立不同的站点。

② 一个 IP 和多个端口:对于 IP 地址比较少或其他情况,在同一个 IP 地址上也可以启用多个站点,这时需要注意的是不同的站点需要启用不同的 TCP 端口。比如默认站点占用了默认端口 80,那么第二个站点就需要选用其他的端口,选用其他端口时只要和系统其他的应用不冲突即可。

4. 管理站点的其他方法

(1) 通过 Internet 服务管理器进行本地管理

前面有关的 Web 站点配置策略均是在 Internet 服务管理器中完成的。

(2) 通过浏览器进行远程管理

通过其他连入网络的计算机,可以对站点进行远程管理。打开浏览器,在地址栏中输入 http://211.*.*.44:4153,并在弹出的对话框中输入远程管理用户的密码(如图 3-62 所示),然后单击"确定"按钮。

通过浏览器进行远程管理的主界面如图 3-63 所示。通过远程管理,基本可以完成本地 Internet 服务管理器中的所有功能。

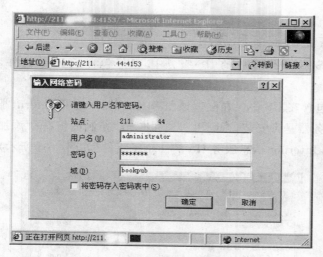

图 3-62　远程管理身份验证

图 3-63　远程管理主窗口

3.4　FTP 服务器的架设

FTP(File Transfer Protocol，文件传输协议)是在 TCP/IP 网络和 Internet 上最早使用的协议之一。尽管 World Wide Web(WWW)已经替代了 FTP 的大多数功能，但 FTP 仍然是通过 Internet 把文件从客户机复制到服务器上的一种途径。FTP 的主要作用是让用户连接到一个远程计算机(这些计算机上运行着 FTP 服务器程序)查看远程计算机上有哪些文件，然后把文件从远程计算机上下载到本地计算机，或把本地计算机的文件上传到远程计算机上。一般 FTP 站点可以通过账户登录和匿名用户两种方式为用户提供服务。

3.4.1 FTP 站点的安装和启用

在 Windows Server 2003 中的 IIS 服务中,已经包含了 FTP 组件,可以方便地建立 FTP 站点。

FTP 服务器包含在 IIS 中。在配置该服务器之前,可打开 Internt 服务管理器查看计算机上的 FTP 服务器是否安装,否则可以通过单击"控制面板"→"添加/删除程序"命令进行安装,FTP 是 Internet 信息服务 IIS 的一个子组件(如图 3-64 所示)。

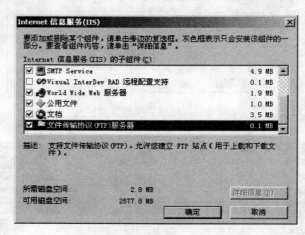

图 3-64 安装 FTP 服务器

安装完成后,单击"开始"→"程序"→"管理工具"→"Internet 信息服务"命令,在 Internet 信息服务窗口中可以看到"默认 FTP 站点"目录。默认情况下该 FTP 服务器已经正常运行(如图 3-65 所示),通过快捷方式或工具栏可以对该站点进行重启、停止、暂停等操作。

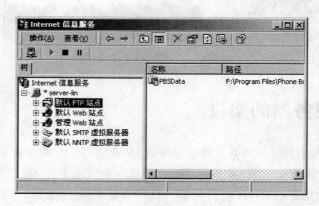

图 3-65 默认的 FTP 站点

下面讲解如何架设一个 FTP 服务器。

默认情况下,IIS 中已经启动了一个 FTP 站点。该站点上所有的文件都存放在 F:\

inetpub\ftproot（F 代表系统安装的盘符），所有提供给用户下载的文件均放在此处。此时，可以在 DOS 字符界面或 IE 浏览器中访问。如图 3-66 所示是在 DOS 下进行访问 FTP 站点的界面。

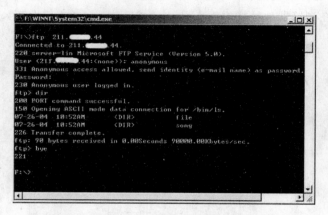

图 3-66　在 DOS 字符界面下访问 FTP 站点

如图 3-67 所示是在 IE 浏览器中访问 FTP 站点。

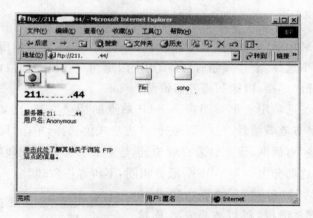

图 3-67　通过浏览器访问 FTP 站点

登录到 FTP 站点后，如果用户具备相应的权限，就可以从站点上下载自己需要的东西，甚至可以在遵从站点的要求下把有用的东西上传到 FTP 站点上去，提供给更多的用户分享。也可以建立其他的 FTP 站点，此时需要在网卡上绑定多个 IP 地址。

3.4.2　FTP 站点的配置

下面以默认站点为例讲解有关 FTP 服务的常见配置方法。

在默认站点上单击鼠标右键，从弹出的快捷菜单中单击"属性"命令，打开"默认 FTP 站点属性"设置对话框，选择"FTP 站点"选项卡，如图 3-68 所示。在该选项卡中，"标识"选项区域中的"说明"文本框中是对当前站点的命名，以方便识别站点。"IP 地址"下拉列表框中是当前站点所使用的 IP 地址。"TCP 端口"文本框中一般选择 21，因为 FTP 服务默认采用 21 端口提供服务,如果开设在其他端口,则用户在登录 FTP 站点时需像使用 WWW 服务一样输入端口号。如果没有输入端口号,则返回"连接被拒绝"的信息。所以,此时无论在字符界面还是在 IE 浏览器中登录 FTP 站点,都需要输入端口号,比如在浏览器中登录需在浏览器地址栏中输入 http://211.*.*.44:端口号。

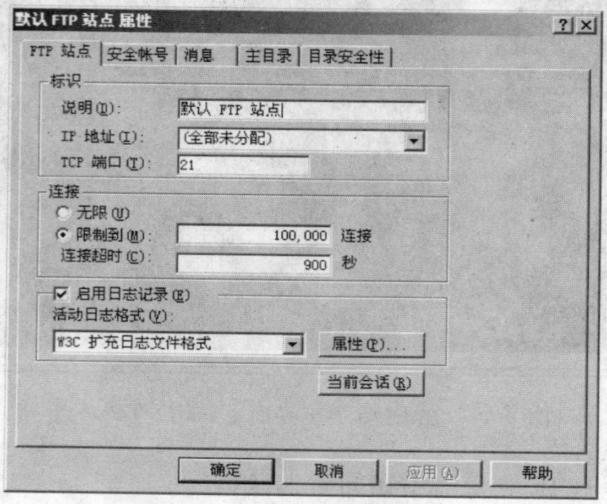

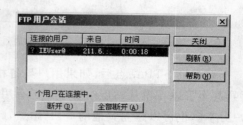

图 3-68　"FTP 站点"选项卡

"连接"选项区域中的"限制到"选项指的是并发连接数,主要依据服务器的带宽、性能以及用户人数的多少选择。"连接超时"选项用于限定用户在该时间段内如果没有做任何操作,服务器将断开此连接,以收回服务器资源。

"启用日志记录"选项用于记录用户在 FTP 站点的活动细节,比如用户 IP、用户名、发送字节数、接收字节数等信息。这里有三种日志格式供选择,单击"属性"按钮可以打开"扩展日志记录属性"对话框,设定日志存放位置、建立新日志的时间间隔以及日志记录中需要记录的字段。这部分内容与 WWW 服务相同,不再详细叙述。

单击"当前会话"按钮,打开如图 3-69 所示的"FTP 用户会话"对话框,可以查看正在连接的 FTP 站点的用户、该用户以何种方式登录(匿名或账户)、该用户所用计算机的 IP 地址以及在此停留的时间。同时,如果不喜欢哪个用户在此停留,还可以单击"断开"按钮强迫其离开。

如图 3-70 所示是 FTP 站点的"安全账号"选项卡。在该选项卡中可以设定是否允许匿名

图 3-69　"FTP 用户会话"消息对话框

连接,以及匿名用户登录使用的 Windows 用户账号,同时还可以设定是否仅允许匿名连接以及是否允许 IIS 控制密码。在"FTP 站点操作员"选项区域中,管理员可授权某些用户管理该 FTP 站点。

在如图 3-71 所示的"消息"选项卡中,"欢迎"文本框中的信息将在登录该 FTP 站点时显示,"退出"文本框中的信息将在用户离开该 FTP 站点时显示,"最大连接数"文本框

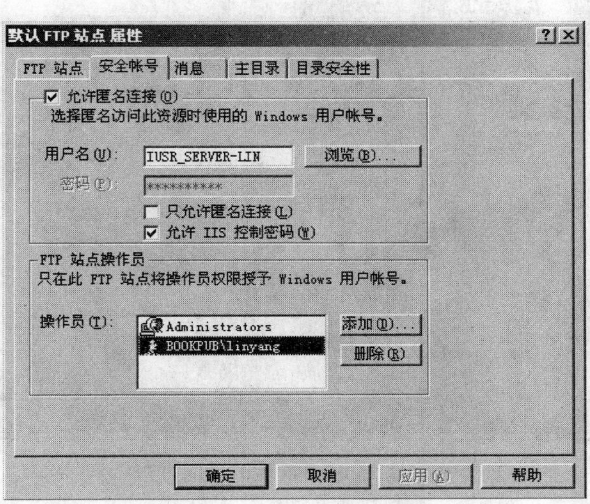

图 3-70　"安全账号"选项卡

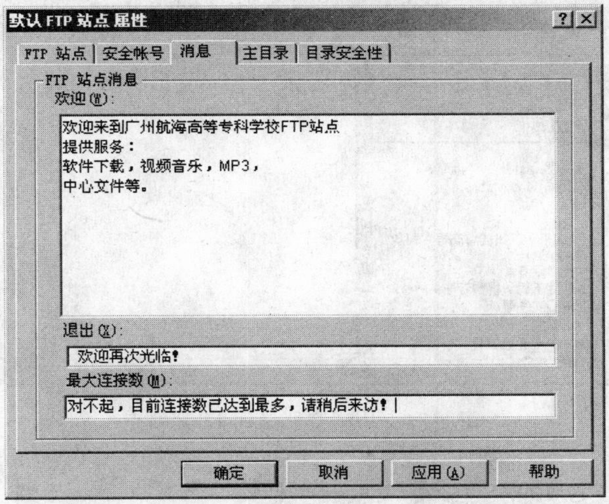

图 3-71　"消息"选项卡

中的信息是在 FTP 站点人数已达到最多时用户登录时会看到的提示信息。如图 3-72 和图 3-73 所示的是采用从 DOS 字符界面和浏览器两种方式登录到 FTP 站点,查看在设置了"消息"选项卡后 FTP 站点界面的变化。

如图 3-74 所示是 FTP 站点的"主目录"选项卡。在"FTP 站点目录"选项区域中可以设定站点文件的存放位置,默认存放在 f:\inetpub\ftproot。该位置可以设置为该计算机上的任一目录,或者是另一计算机上的共享目录。

另外,可以设置登录到站点的用户的权限。

"读取":当此项有效时,可以让用户读取或下载此站点下的文件或目录。如果关闭站点的"读取"属性,则用户因为不能读取站点的根目录将导致无法登录该站点。

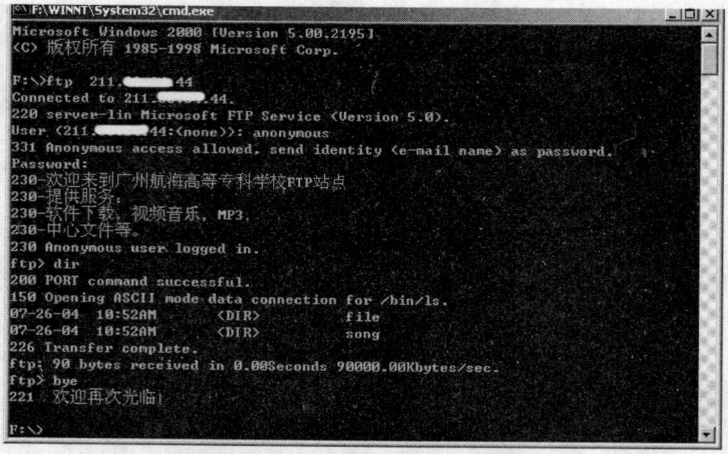

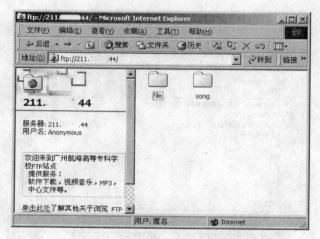

图 3-72　从 DOS 字符界面访问 FTP 站点

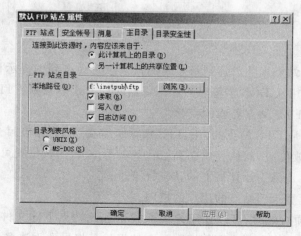

图 3-73　从浏览器访问 FTP 站点

图 3-74　"主目录"选项卡

"写入"：当此项有效时，允许用户将文件上传到 FTP 站点的根目录中。

"日志访问"：如果 FTP 站点已经启用了日志记录功能（在"FTP 站点"选项卡中），又使此项有效，则用户访问此站点文件的活动会被记录到日志文件中。详细的日志记录可以在 F:\WINNT\system32\LogFiles\MSFTPSVC1 目录下查看。

"目录列表风格"选项区域中的设置对于通过 IE 或 Netscape 登录到该站点的用户没有区别，对于通过 DOS 字符界面登录的用户将有所不同。当把"目录列表风格"设置为 UNIX 风格时，从字符界面 DOS 下登录到 FTP 站点上查看站点目录，可以看到目录列表格式与在 UNIX 系统下列举文件目录格式相同（如图 3-75 所示）。

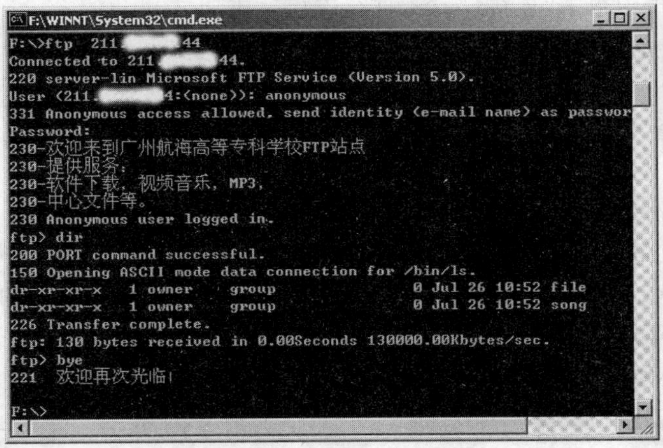

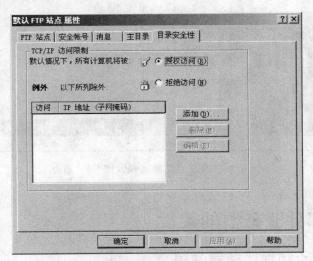

图 3-75　FTP 站点的 UNIX 目录列表风格

如图 3-76 所示是站点的"目录安全性"选项卡，可授权来自某些 IP 地址的用户能否访问该 FTP 站点，以提高站点的安全性。

图 3-76　"目录安全性"选项卡

3.4.3　FTP 站点的管理

与 Web 站点的管理方式相同,对于 FTP 站点一般可以通过三种方式管理：Internet 服务管理器本地管理、Internet 服务管理器远程管理和通过浏览器远程管理。

通过 Internet 服务管理器(MMC)在本地管理的方法,前面利用 FTP 站点的属性对话框已经讲解过,不再叙述。

另外,通过 Internet 服务管理器(MMC)可以远程管理其他计算机上的站点。首先要与被管理的计算机建立连接。在"Internet 信息服务"窗口中,在 Internet 信息服务或计算机名上单击鼠标右键,从弹出的快捷菜单中单击"连接"命令,进行连接。成功之后,远程计算机将加入到本地管理窗口中,然后就可以在本地进行管理。

图 3-77　拒绝访问的对话框

注意：如果管理计算机与被管理计算机不属于同一个域,并且二者之间没有信任关系,将弹出无法连接的错误消息(如图 3-77 所示)。

最后,还可以通过浏览器进行远程管理。在管理计算机的浏览器地址栏中输入 http://211.＊.＊.44:4153(其中 211.＊.＊.44 是 FTP 站点服务器的 IP 地址,4153 是远程管理的端口号),打开一个远程管理界面,可以对站点的基本属性、安全账户、消息、主目录等进行管理(如图 3-78 所示)。

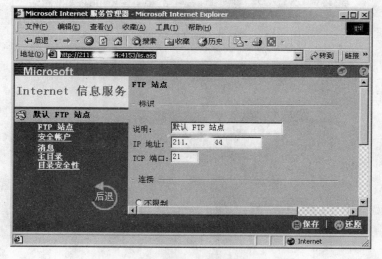

图 3-78　通过浏览器远程管理 FTP 站点

3.5　电子邮件服务器的架设

3.5.1　常见电子邮件服务器介绍

电子邮件(E-mail)以其传输便捷,费用低廉,能传输文字、声音、图片等综合信息的特点备受人们青睐。现在,在日常生活中,处处都可以见到它的踪迹,电子邮件已经成为人们进行交流的一种非常重要的工具。在互联网上出现邮件服务以来,涌现出了很多优秀的电子邮件服务器,下面进行简单介绍。

1. IMail 电子邮件服务器

IMail 是 Ipswitch 公司开发的一个世界上领先的、经典的电子邮件服务器。十多年来,在业界一直处于领先地位,现有 4900 万用户。IMail 不仅提供了最佳的电子邮件解决方案,还有可靠的技术支持和低成本的管理费用。

IMail Server 是第一个 Windows NT 平台上包括 Web Messaging 的邮件服务器,1996 年内建了邮件列表服务器,1997 年内置了防垃圾邮件功能,2001 年包含了基于网页的日历功能,2002 年内置了对于发送邮件和接收邮件的过滤规则功能。

IMail Server 非常容易安装和管理。只需要花很少的人力和财力就可以建立企业所需要的邮件服务器,所需要的时间甚至只有 20 分钟,后续的维护也是极为方便和低成本的。在易于安装、管理、维护的同时,IMail 也非常易于扩展,完全考虑了用户今后系统扩展的可能性,不像 Microsoft Exchange 和 Lotus Notes 等需要昂贵的成本进行部署,还需要不断的高成本投入进行系统的维护。

最新的电子邮件服务器 IMail 8.0 提供了三个版本。

① IMail Express:是一个免费版本。任何人和组织都可以免费下载使用,没有时间限制。在 IMail Express 版本中,可以容纳 10 个用户和一个域。如果是个人用户、SOHU、小型公司,没有太多预算用于购买邮件服务器,也无须全功能、多用户的邮件服务器,IMail Express 就可以满足需求。而且以后如果使用邮件服务的用户增多,可以购买高版本的 Imail,直接扩展 IMail Express,进行平滑的升级。

② IMail Small Business:从这个版本起用户需要购买。该版本没有功能上的任何限制,每个 IMail Small Business 服务器可以容纳 5 个邮件主机和 10 个邮件列表。该版本适用于中小型公司。

③ IMail Professional:相当于过去的 IMail 无限制版本。该版本没有任何的限制,包括功能、用户及邮件主机,适用于大公司和服务提供商。在功能上主要增加了 anti-spam(具有统计算法过滤,实时黑名单,验证 Mail From 是否是真实存在的邮件地址,反向解析 DNS 记录验证邮件发送服务器 IP 地址等功能)和 queme manager(自动发送每日邮件报告包括病毒邮件数目和垃圾邮件数目等给管理员,DNS 记录缓存,增加 IMail 服务器处理邮件的速度)。

Imail 8.0 适用于 Windows 98/NT/2000/XP 等操作系统。

2. Exchange Server 邮件服务器

Exchange Server 是微软公司开发的老牌邮件服务器,提供从 Exchange Server 5.5 的无缝升级,同时,Exchange Server 2003 与 Windows Server 2003 操作系统之间实现了无缝化集成。

该邮件服务器具有以下特点：

① Exchange Server 2003 提供了一套具有较低总体拥有成本的 24×7 消息和协作基础架构。服务器应用程序专门为 Windows Server 2000 进行设计，并提供了增强的可靠性、伸缩性以及从对消息、协作与网络资源进行统一管理中派生出来的性能，比如活动目录集成、活动目录连接器、存储组、分布式服务、基于策略的管理等。

② Exchange Server 2003 支持包括组计划功能、讨论组及组文件夹在内的多种协作活动。用户可使用内建的内容索引和搜索功能实现信息查询与共享。在使用 Web 存储系统的情况下，还将拥有便捷的工作流工具。Web 存储系统使用标准 Web 扩展标记语言（XML）和超文本传输协议（HTTP）为工作流、客户服务及知识管理应用程序提供托管平台。

③ 超越地域、组织和技术障碍进行信息访问对实现快速而高效的通信至关重要。在使用立即消息和实时数据与视频会议等特殊的情况下，Exchange Server 2003 能在任何时间从任何地点对人或信息进行访问。

3. Mdaemon 邮件服务器

Mdaemon 邮件服务器由美国得克萨斯州的 Alt-N 技术有限公司（Alt-N Technologies, LTD.）开发。实际上早在 20 世纪 90 年代中期（1996 年）就已推出了其最初的版本，然而几经周折，直到近一年来才慢慢地开始引起人们的广泛关注，可谓大器晚成。和其他邮件服务器端软件相比，它除了支持如各种邮件协议和虚拟邮件主机等常用的功能之外，最大的特色在于它的 Web Mail 功能。有 22 种语言界面可供轻松转换；支持通过 Web 页面，在线申请新邮件账户；Web 页面中功能完整，甚至可以直接满足商用目的。至少在这些方面，现在的同类软件中，它比较优秀。

Mdaemon PRO v6.0 是目前的最新版本，可运行在 Windows 98/Windows 2000/2003 等全系列的 Windows 操作系统中。

3.5.2　CMailServer 邮件服务器介绍

下面以遥志软件公司开发的邮件服务器 CMailServer 为例，介绍邮件服务器较通用的架设和使用方法。CMailServer 邮件服务器于 2000 年 8 月问世，是遥志软件公司的一款旗舰产品，支持 Windows 98、Windows 2000、Windows NT、Windows XP、Windows 2003 等操作系统。该邮件服务器是标准的互联网邮件服务器软件，支持 SMTP/POP3/ESMTP 等标准互联网邮件服务协议，支持互联网邮件收发，支持通用的邮件客户端软件 Outlook、Foxmail 等收发邮件。CMailServer 提供了完善的 Web Mail 网页收发邮件功能，用户可以通过浏览器申请邮箱、修改密码、接收和发送邮件。另外，该邮件服务器还具有以下特点：邮件发送身份验证功能可以有效地防止垃圾邮件发送者的入侵；管理员可以通过浏览器进行远程邮件账号管理；支持邮件在线杀毒，能很好地和瑞星、诺顿等杀毒软件配合使用，轻松杀除邮件病毒；支持邮件过滤和 IP 过滤，有效地防止垃圾邮件。

采用 CMailServer 邮件服务器，可以实现下列的功能：

① 可以建立公司域名下的互联网邮件服务器，可以任意给员工分配电子邮箱，收发

互联网电子邮件。

② 可以对公司内部所有员工的互联网电子邮件进行统一管理,统一由 CMailServer 来接收和发送,出色的邮件账号管理功能可以防止公司的商务机密外泄。

③ 公司内部可以通过邮件服务器方便地进行邮件交流、电子通信、文件申报和传输,邮件通知功能和邮件组功能可以方便公司及时发布内部通知。

④ 邮件杀毒功能可以对所有收发的邮件进行后台在线杀毒,大大提高了工作效率和公司内部网络的安全性。

⑤ 网页方式邮件收发功能使公司员工可以在任何一台机器上及时收发邮件和传输文档,出差在外也可以通过 Web Mail 及时了解公司动态。

⑥ CMailServer 提供了大量简单易用的邮件服务器二次开发接口,可以使众多的办公自动化 OA 系统、ERP 企业管理系统、MIS 管理系统、校园管理系统、图书管理系统和远程教育管理系统等非常容易地加入电子邮件服务功能。

CMailServer 拥有大量的用户,几百个互联网站常年运行着 CMailServer 为其用户提供邮件服务。CMailServer 操作简单,设置方便,非常适合用户使用,常常被公司、机关、中小企业和学校等用来建立自己的电子邮件服务器。

3.5.3　安装 CMailServer 邮件服务器

1. 安装准备

安装 CMailServer 的计算机的操作系统,遥志软件公司推荐采用 Windows 2000 Advanced Server,本书讲解时所采用的操作系统是 Windows 2000 Server。如果需要使用 Web Mail 功能,服务器要求先安装微软的 Web 服务器程序。针对 Windows 2000 Server,需要安装微软的 Web 服务器 IIS 5.0,然后安装相关的 Windows 2000 和 IIS 的最新补丁程序。

安装之前,关闭或卸载服务器上有可能造成冲突的有关程序,比如邮件服务器、代理服务器、防病毒软件、防火墙软件等。检查 110(POP3)、25(SMTP)端口是否冲突,否则会导致 CMailServer 邮件服务器启动时出现 SMTP 或者 POP3 服务启动失败等问题,原因是这些服务需要的端口被其他应用程序占用了。如果出现设置虚拟目录失败的情况,则因为计算机上微软的 Web 服务器没有安装好,因为 CMailServer 安装之后将在微软的 Web 服务器上建立两个虚拟目录。为了证实这一点,可以打开 IIS? 查看,可以发现这里已经增加了两个虚拟目录。安装 CmailServer 的过程就类似于建设 ASP 站点的过程。

在其他的操作系统平台上安装 CMailServer 邮件服务器,需要注意以下事项。

① 如果操作系统为 Windows 98/Me,需要预装微软 Web 服务器 PWS(Peer Web Server)。在 Windows 98 的安装目录 add-ons\pws 下,有 PWS 安装程序。

② 如果操作系统为 Windows NT,要求版本为 4.0 以上,需要预装微软的 IIS (Internet Information Sevice)。在 NT Service Packet 盘中有 IIS 的安装程序,然后安装 Windows NT 和 IIS 的最新补丁程序。

③ 如果操作系统是 Windows Server 2003,安装完 Internet 信息服务(IIS)后,在

Internet 服务管理器中,选择"Web 服务扩展"选项,将 ASP Server Pages 设为允许。

2. 邮件服务器的安装

邮件服务器的最新软件包可以从遥志软件公司的网站获得,网址为 http://www.youngzsoft. com/cn/download. htm,下载后解压缩,执行 cmailsetup. exe 安装程序,将启动安装向导引导软件的安装。下面介绍其主要安装过程。

启动安装向导后,向导询问是否在本地计算机上安装 CmailServer 5.2,确认后,单击 Next 按钮(如图 3-79 所示)。

图 3-79　CMailServer 邮件服务器安装向导

在如图 3-80 所示的窗口中,系统询问把软件安装在何处,选择适当的位置,这里选择 F:\CMailServer\。F 盘的格式是 NTFS 格式,Windows 2000 Server 安装在此分区中。

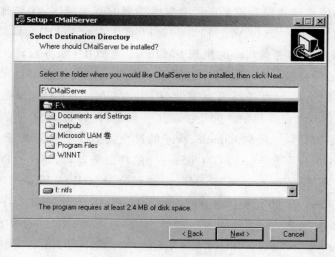

图 3-80　邮件服务器安装路径选择

确认后,单击 Next 按钮,系统依次询问在何处创建系统的快捷方式以及是否创建桌面图标,依次单击 Next 按钮。

最后,系统进行文件解压和安装,如图 3-81 所示。

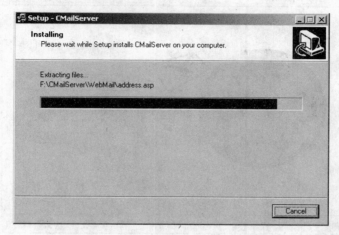

图 3-81　邮件服务器的安装

安装成功之后,系统会自动启动,主界面如图 3-82 所示。现在安装的是演示版,支持 5 个用户,默认已经存在的一个用户名字为 Admin,其密码为空。

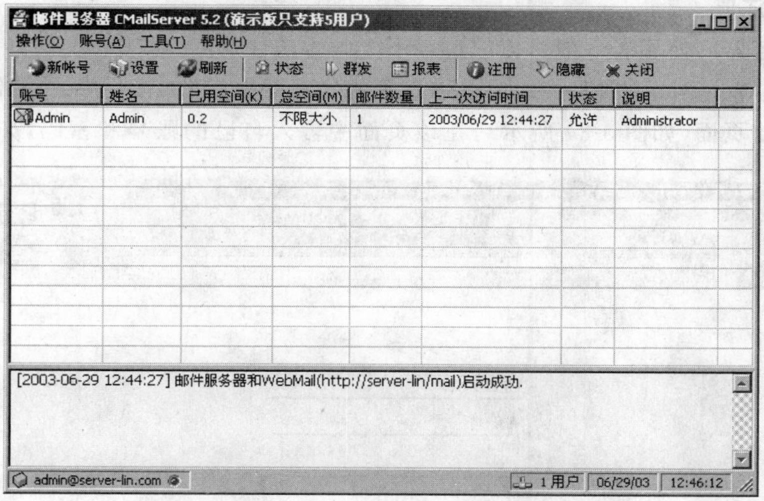

图 3-82　邮件服务器主界面

安装成功后,可在浏览器地址栏中输入 http://服务器地址/mail/,启动 mail 服务。启动后的界面如图 3-83 所示。如果 DNS 服务器中相关的邮件交换记录已经配置完毕(注意:这项配置在局域网内部不是必须的),那么登录到联网内的任何一台客户机上,都能够通过浏览器连接到邮件服务器进行邮件收发。

图 3-83　邮件服务器 Web 方式的登录页面

3.5.4　CMailServer 邮件服务器的使用

1. 用户注册

邮件服务器的使用者一般可以通过以下 2 种方法注册新用户。

① 通过 Web Mail 获得。在如图 3-83 所示的页面中点击"马上注册"超链接，打开邮件新用户注册页面（如图 3-84 所示），在该页面中输入自己的账号和密码，如果这个账号

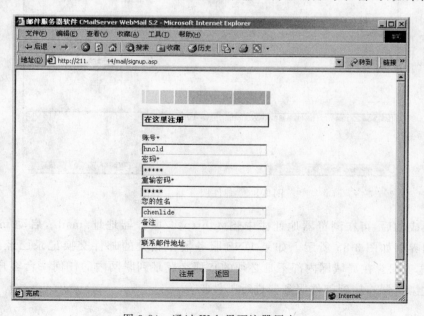

图 3-84　通过 Web 界面注册用户

没有被其他用户申请，就注册成功。然后，可以通过如图 3-83 所示的页面登录到邮件服务器上收发邮件。

　　② 通过服务器管理界面。在如图 3-82 所示的窗口中，单击"账号"→"新建账号"命令或单击工具栏上的"新账号"按钮，都可以打开如图 3-85 所示的"账号"对话框。在"基本信息"选项卡中，可以设定账号的基本信息，比如账号名和密码，以及邮箱的大小和类型等。

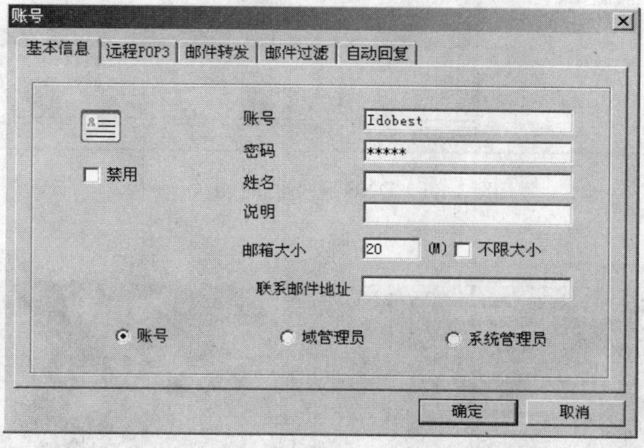

图 3-85　通过服务管理器注册用户

　　如果邮件的收发仅局限在局域网内部，或者邮件只从本地发出而不接收，那么不需要对域名服务器做过多的更改。直接以已经注册的用户身份登录，也不用考虑所用域名是否已经在 Internet 上注册（比如，现在介绍用的域名 bookpub. edu. cn 是没有注册的），以该域名为电子邮件的后缀，在局域网内部收发，甚至从本地发送邮件到 Internet，都是没有问题的。比如在邮件服务器上注册用户 Idobest，那么登录到邮件服务器，以 Idobest@ bookpub. edu. cn 的身份发送邮件到 gzhcld@163. com，可以正常收到。这说明当发送邮件时，本地域名的正确与否对邮件是否发送成功没有重要的影响，而接收方的域名本地计算机一定要查找到才行。

2. DNS 服务器的相关设置

　　如果架设的邮件服务器仅在局域网内部使用，则这个过程可以省略。如果用户欲与 Internet 上的用户互相收发邮件，则必须在 DNS 服务器上建立相应的邮件交换记录。如果采用 Outlook Express，Foxmail 等邮件阅读工具来收发邮件，还需要在 DNS 服务器上建立相应的 POP3，SMTP，POP 协议。

　　在 DNS 服务器上添加相关的记录后的界面如图 3-86 所示，可以使用 nslookup，ping 命令检查 DNS 上相关的邮件服务器的数据记录是否配置成功。

　　如图 3-87 和图 3-88 所示分别为采用 nslookup，ping 命令验证邮件服务器的 MX 记录及 POP3，SMTP 记录是否设置成功的过程。

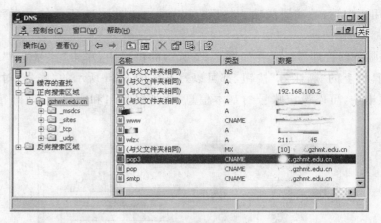

图 3-86　DNS 服务器的相关设置

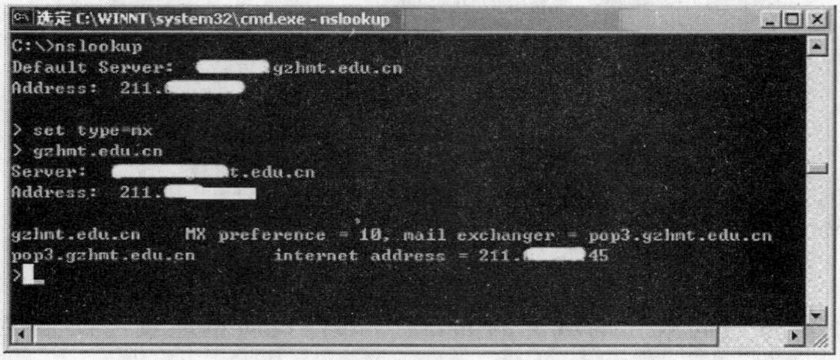

图 3-87　用 nslookup 验证 MX 记录

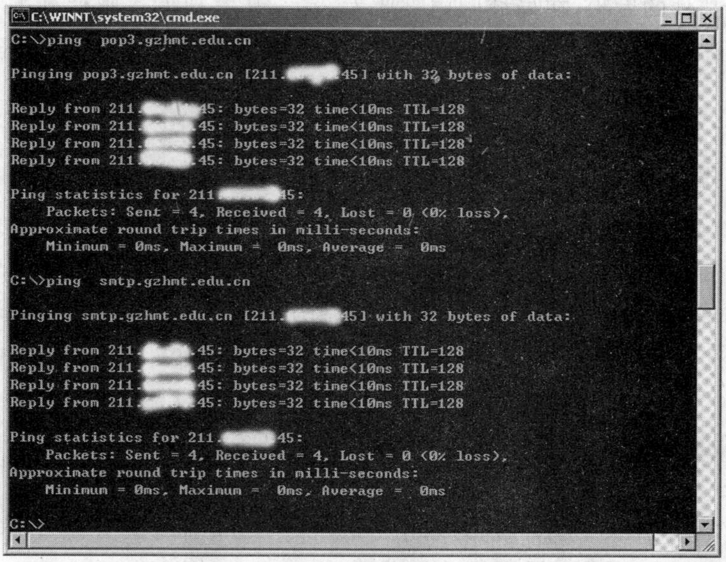

图 3-88　用 ping 命令验证 POP3,SMTP 记录

3. 邮件的发送与接收

邮件服务器架设成功之后,内部和外部之间就可以收发邮件。一般,由内部向外部发邮件不会有问题,因为此时不会出现域名找不到的问题。而从外部向内部发送邮件时,如果由于 DNS 服务器的设置出了问题,可能导致出现邮件无法接收到的现象。

下面介绍从外部向内部发一封邮件的过程。现在有两个邮件地址: hncld@163.com 和 hncld@gzhmt.edu.cn,前者位于 www.163.com 上,后者位于刚刚建立的邮件服务器上。登录到 www.163.com 网站,写一封邮件,在"收件人"栏中输入"hncld@gzhmt.edu.cn"(如图 3-89 所示)。

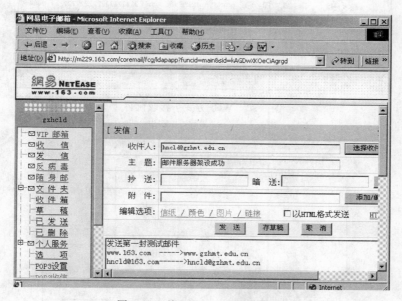

图 3-89　从 163.com 网站发邮件

然后,从任何一台接入 Internet 的计算机上登录到 CMailServer 邮件服务器,都可以通过 Web 方式接收到该邮件(如图 3-90 所示)。

如果采用 Outlook Express,Foxmail 等工具收发邮件,需要进行以下配置(以 Outlook Express 为例)。打开 Outlook Express 应用程序,单击"工具"→"账户"命令打开"Internet 账户"对话框,单击"邮件"选项卡中的"添加"按钮,添加一个新邮件(如图 3-91 所示)。

打开如图 3-92 所示的对话框,分别输入需要显示的姓名、邮件地址以及接收和发送的邮件服务器地址(这里可以输入收发邮件服务器的 IP 地址或域名,使用域名时需要在 DNS 服务器上做相应的设置)。

单击"下一步"按钮,在如图 3-93 所示的对话框中输入自己申请到的账户名和密码,即可完成用 Outlook Express 收发邮件的基本设置,然后就可以使用 Outlook Express 收发邮件。

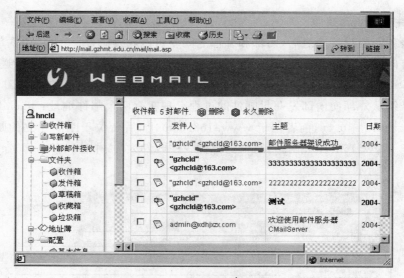

图 3-90　Web 方式下接收邮件

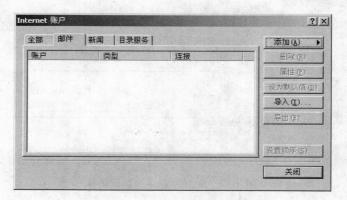

图 3-91　添加一个新邮件

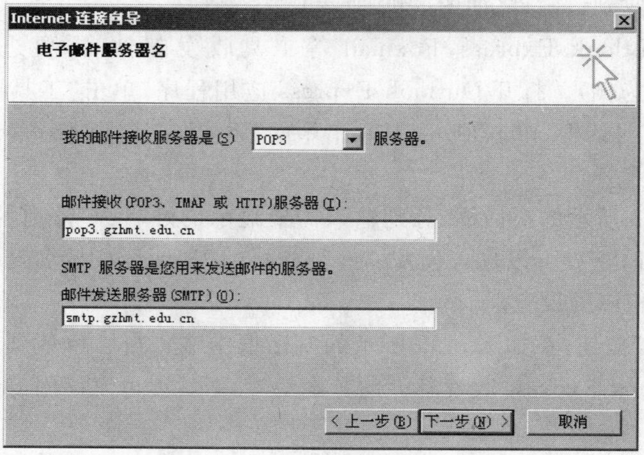

图 3-92　邮件接收和发送服务器的设置

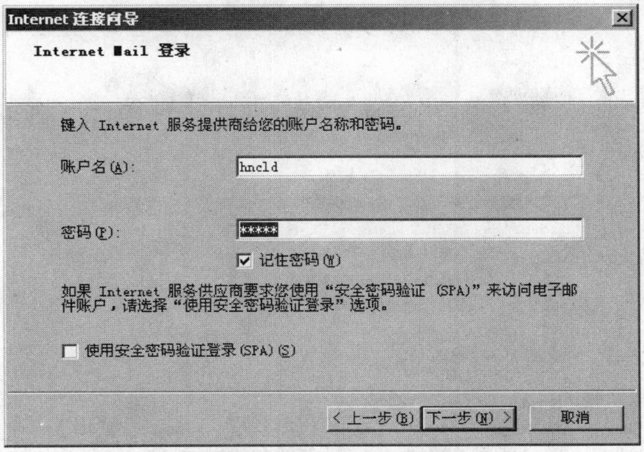

图 3-93 账户名和密码的设置

3.5.5 CMailServer 邮件服务器的设置

1. 主界面介绍

如图 3-94 所示是邮件服务器的主界面。其中 1 区是用户列表区,双击空白处,可以打开互联网邮件发送状态对话框,其中显示正在发送的邮件和无法传递的邮件;双击用户账号或组账号可以显示用户账号或组账号的相关信息。2 区显示的是邮件服务器管理员邮箱。3 区是系统指示灯,当有用户正在使用时该指示灯将闪烁。4 区显示的是多域名账号。5 区是系统日志区。6 区显示当前邮件服务器的用户数。双击 7 区可以获得最新的版本信息。8 区是系统工具栏,提供建立新账号、系统设置、邮件群发、输出用户信息报表等功能。

图 3-94 邮件服务器主界面

2. 基本设置

（1）系统设置

在邮件服务器的主界面上单击"设置"按钮，可打开如图 3-95 所示的"系统设置"对话框。

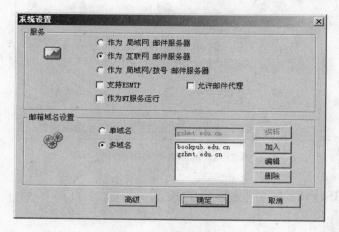

图 3-95 "系统设置"对话框

下面介绍"系统设置"对话框中的设置。

在"服务"选项区域中可以设置当前服务器的工作模式。有 3 种模式供服务器选择：局域网邮件服务器、互联网邮件服务器、局域网/拨号邮件服务器。

"支持 ESMTP"复选框用于设置客户端发送邮件身份认证。该选项可以有效地防止非法用户利用 CMailServer 发送垃圾邮件和防止盗用他人邮箱发送邮件。如果选中该选项，客户端的 Outlook Express 账号设置中也要选中"我的服务器要求身份验证"。

"作为 NT 服务运行"复选框用来设置 CMailServer 是否作为 NT 服务后台运行，此功能对 Windows NT/2000/XP/2003 有效。

"允许邮件代理"复选框用于设置是否开放邮件代理功能，可以实现客户端通过 CMailServer 代理接收和发送互联网邮件。

在"邮箱域名设置"选项区域中，可以设定邮箱支持单域名还是多域名。

在如图 3-95 所示的对话框中，单击"高级"按钮，可以对邮件服务器进行更高级的设置。

（2）高级设置

① "互联网邮件"选项卡

在如图 3-96 所示的"高级"对话框的"互联网邮件"选项卡中，提供了以下的功能。

"主互联网 DNS"和"副互联网 DNS"：这两个默认的 DNS 地址是互联网 DNS 服务器的根服务器地址，用来解析互联网邮件地址，不要随意改动。但是如果所在的网络无法访问这两个 DNS 服务器，则可以改成已知的有效的 DNS 服务器地址。

"最大重发次数"：用来设置邮件发送失败时重新发送的次数。互联网发送邮件受网

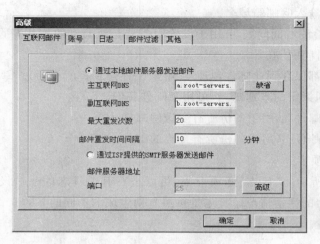

图 3-96　"互联网邮件"选项卡

络诸多因素的影响,不一定一次就能发送成功,需要多次试验。

"邮件重发时间间隔":用来设置邮件发送失败时,隔多长时间重发。

"通过 ISP 提供的 SMTP 服务器发送邮件":如果 ISP 提供商对发送邮件需要专用的 SMTP 服务器,则需填入 ISP 提供的地址和端口。

② "账号"选项卡

在如图 3-97 所示的"账号"选项卡中,提供了以下的功能。

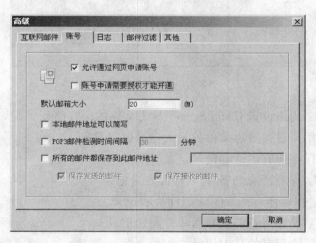

图 3-97　"账号"选项卡

"允许通过网页申请账号":用来设置是否开放 Web Mail 中的账号申请功能。

"账号申请需要授权才能开通":用来管理用户账号申请。如果选中该复选框,用户虽然可以申请账号,但是不能马上开通,需要管理员修改账号设置,才能开通该邮箱账号。

"默认邮箱大小":用来设置新用户邮箱的默认大小。

"本地邮件地址可以简写":如果选中该复选框,向本地用户发送邮件时,可以只输入用户账号,不需要输入@邮箱域名。

"POP3 邮件检测时间间隔":用于设置服务器是否自动收取用户设置的 POP3 邮件以及收取邮件的时间间隔。

"所有的邮件都保存到此邮件地址":用来设置是否将所有通过 CMailServer 发送和接收的邮件保存到指定的本地邮箱,可用于邮件备份。

"保存发送的邮件":用于备份所有发送的邮件。

"保存接收的邮件":用于备份所有接收的邮件。

③ "日志"选项卡

在如图 3-98 所示的"日志"选项卡中,可以进行有关日志的一些设置。CMailServer日志能记录服务器的活动情况。日志是按照日期生成的不同的日志文件。"日志"选项卡涉及以下一些设置。

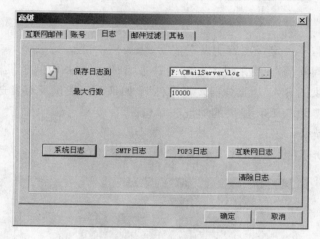

图 3-98 "日志"选项卡

"保存日志到":用来设置 CMailServer 日志文件的保存路径。

"最大行数":用来设置日志文件的最大记录保存数量。

"系统日志":保存所有的活动记录。

"SMTP 日志":保存所有的 SMTP 邮件发送记录。

"POP3 日志":保存所有的 POP3 邮件接收记录。

"互联网日志":保存所有的互联网邮件发送记录。

"清除日志":清除所有的日志记录。

④ "邮件物流"选项卡

在如图 3-99 所示的"邮件过滤"选项卡中,涉及以下的一些设置。

"邮件过滤列表":可以添加需要拒收的邮件地址,如 free@aaa.com;也可以屏蔽某一域名的所有邮箱,如@aaa.com。

"IP 地址屏蔽列表":可以输入需要拒收邮件的 IP 地址,如 211.68.65.65,也可以加入 IP 地址段,如 202.168.0.1~202.168.0.255。

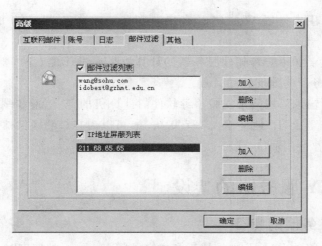

图 3-99　"邮件过滤"选项卡

⑤ "其他"选项卡

在如图 3-100 所示的"其他"选项卡中，涉及以下的一些设置。

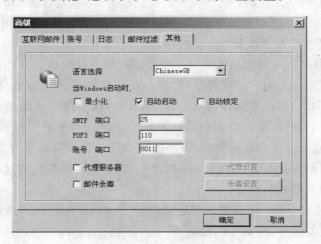

图 3-100　"其他"选项卡

"语言选择"：用来选择邮件服务器的界面语言，例如中文可以设置为"ChineseGB"。

"最小化"：当 CMailServer 启动时，CMailServer 最小化成系统栏图标。

"自动启动"：当 Windows 启动时，CMailServer 自动启动。

"自动锁定"：当 Windows 启动时，自动锁定操作界面。另外，可以在主界面中单击"操作"→"锁定操作界面"命令，来进行手动锁定。锁定界面后，单击系统状态栏上的图标，会打开一个登录对话框，要求输入密码。只有输入正确的密码，才能够进入操作界面。通过单击菜单"工具"→"管理员密码"命令可以来修改管理员密码。

"POP3 端口"：用来设置邮件服务器 POP3 端口，默认为 110，一般不需要修改。

"SMTP 端口"：用来设置邮件服务器 SMTP 端口，默认为 25，一般不需要修改。

"账号端口"：用来设置 Web Mail 客户端账号管理端口，默认为 8011，一般不需要修改。

"代理服务器"：如果安装邮件服务器的计算机是通过代理上网，要收发互联网的邮件，需输入代理服务器的地址和端口号。

"邮件杀毒"：输入局域网中安装杀毒软件的计算机的 IP 地址和端口号 110（如果杀毒软件安装在服务器上，IP 地址输入 127.0.0.1），可以为客户端提供邮件杀毒功能，确保计算机的安全（推荐使用瑞星、诺顿）。

3.6　PROXY 服务器的架设

3.6.1　代理服务器的特征

解决大中型网络的全局 IP 地址缺乏和提高访问 Internet 的速度时，通常使用代理服务器。

代理服务器具有以下作用。

① 实现访问 Internet 代理：代理服务器能把从内部 IP 地址发出的访问请求进行地址转换和数据包转发，在公司有单个或有限的公有 IP 地址的情况下，可以使具有私有 IP 地址的主机通过代理服务器对 Internet 进行访问。

② 通过缓存提高访问速度：代理服务器通过在服务器硬盘上开辟高速缓存，存储访问过的 Internet 数据。当用户访问某个网站时，代理服务器首先检查自己的缓存中是否有该网站的数据，如果有，就直接传给用户；如果没有，就向该网站服务器发起请求，获取数据再转发给用户，同时在缓存中保存该份数据的副本。当再有用户请求访问相同的数据时，代理服务器直接从缓存中把数据传给用户，而不再向该网站服务器发起请求。通过代理方式上网的用户可提高访问 Internet 的速度，但可能出现数据的过时问题，所以要注意代理服务器的相关参数的设置。

③ 提高网络的安全性：代理服务器通常位于 Internet 与内部用户之间，这样就从物理上或逻辑上把二者隔开，提高了内部用户的安全性。对于内部用户，可以在代理服务器的作用下访问 Internet；对于外部用户，看到的仅仅是代理服务器，而看不到内部的用户。

现在市场上的代理软件有很多，比较典型的有 ISA，WinProxy，WinGate，GJProxy，SuperProxy，SyGate 等。下面对 ISA 简单进行介绍。

ISA 是微软公司的产品。Microsoft Internet Security and Acceleration(ISA) Server 2000 是一个可扩展的企业防火墙和 Web 缓存服务器，它是继 Microsoft Proxy Server 2.0 版本后的新版，能够与 Windows 2000 和 Windows Server 2003 操作系统完美集成，提供基于策略的安全性及互联网的管理。ISA Server 2004 于 2004 年 7 月到 9 月正式开始销售。ISA Server 2004 为各种类型的网络提供了高级保护、易用性和快速、安全的访问，尤其适合于保护运行 Microsoft 应用程序（如 Microsoft Outlook Web Access、Microsoft Internet 信息服务、Office SharePoint Portal Server、路由和远程访问服务、Active Directory 目录服务等）的网络。

　　ISA Server 2004 包含一个功能完善的应用程序层感知防火墙,有助于保护各种规模的组织免遭外部和内部威胁的攻击。ISA Server 2004 对 Internet 协议(如超文本传输协议 HTTP)执行深入检查,这使它能检测到许多传统防火墙检测不到的威胁。ISA Server 的集成防火墙和 VPN 体系结构支持对所有 VPN 通信进行有状态筛选和检查。该防火墙还为基于 Windows Server 2003 的隔离解决方案提供了 VPN 客户端检查,帮助保护网络免遭通过 VPN 连接进入的攻击。此外,全新的用户界面、向导、模板和一组管理工具可以帮助管理员避免常见的安全配置错误。

　　下面主要以遥志软件公司的产品 CCProxy 为例,来对代理服务器的使用、配置及管理进行介绍。

3.6.2　CCProxy 代理服务器介绍

　　CCProxy 是北京新世纪遥志软件开发有限公司在 1999 年 6 月开发的一个代理软件,现在的最新版本是 6.0。该软件可用于局域网内共享 Modem 代理上网、ADSL 代理共享、宽带代理共享、专线代理共享、ISDN 代理共享、卫星代理共享、蓝牙代理共享和二级代理等共享代理上网的各种环境中。CCProxy 主要完成两个方面的任务,即代理共享上网和客户端代理权限管理。在局域网内,只需有一台计算机连接到 Internet 并安装 CCProxy,其他计算机就可以通过这台机器上安装的 CCProxy 来代理共享上网,从而最大限度地减少硬件投入和上网费用的开支。为了对代理上网用户进行管理,可以在 CCProxy 代理服务器上进行账号设置,从而对上网用户进行管理和跟踪。在提高员工的工作效率和企业信息安全管理方面,CCProxy 像其他代理软件一样充当了重要的角色。

　　通过代理服务器 CCProxy 可以实现代理浏览网页、代理收发电子邮件、代理 QQ 通信等,网页缓冲功能还能够提高网页浏览速度。CCProxy 在实现共享代理上网的同时,还提供了强大的代理上网权限管理功能。这些功能包括:控制局域网用户的代理上网权限,有 7 种控制方式,如 IP 地址、IP 段、MAC 地址、用户名/密码、IP＋用户名/密码、MAC＋用户名/密码、IP＋MAC;能控制用户的共享代理上网时间:可以使有些用户只能在非工作时间代理上网,同时又可以让有些用户能全天代理上网;能对不同的用户开放不同的代理上网功能:可以使有些用户只能浏览网页,有些用户只能代理收发邮件,同时有些用户能使用所有代理服务器提供的上网功能;可以给不同的用户分配不同的带宽,控制其代理上网速度和所占用的带宽资源,可以有效地控制有些用户因为下载文件而影响其他用户代理上网的现象,还可以统计每个用户每天的代理上网网络总流量;可以给不同的用户设置网站过滤,特别保护青少年远离不健康网站;同时强大的日志功能可以有效监视局域网代理上网记录。

　　总之,CCProxy 非常适合用户使用。无论是政府机关部门、大中小型公司、学校或网吧,CCProxy 都是实现共享上网的首选代理服务器软件。目前它是下载量最大的国产代理服务器软件。

3.6.3　CCProxy 的安装及配置

　　CCProxy 的安装环境为:服务器操作系统 Windows Server 2003,一块网卡(当然也可以选择双网卡),CCProxy 的版本是 6.0。

1. 代理服务器 CCproxy 的安装

该软件的压缩包下载的网址为 http://www.youngzsoft.com/cn/download.htm。下载后解压缩,运行 ccproxysetup 安装程序,将启动安装向导。安装向导将依次询问是否确认安装该软件、软件安装的路径,以及是否创建快捷方式、桌面图标、快速启动图标等。安装之后 CCProxy 将迅速启动,主界面如图 3-101 所示。

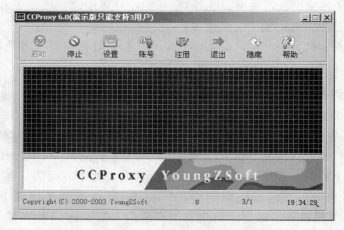

图 3-101　代理服务器主界面

2. 代理服务器 CCProxy 的配置

打开本地连接,对 TCP/IP 协议的属性进行配置。在属性设置对话框中输入本机的固定 IP 地址、子网掩码、网关、DNS 服务器的 IP 地址,保证代理服务器能够正常连接 Internet(如图 3-102 所示)。在本实验中,安装代理服务器的主机 IP 地址是 211.*.*.44。

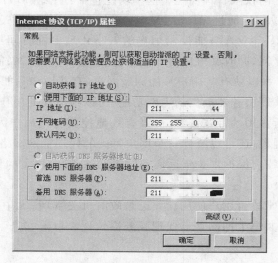

图 3-102　代理服务器的基本设置

在如图 3-101 所示的界面中,单击“设置”按钮,打开“设置”对话框(如图 3-103 所示）。在该对话框中，可以设置代理服务器能够提供的服务以及不同协议所工作的端口。有一点需要注意，一定要设置好自动检测，否则容易出错。在"设置"对话框中单击"高级"按钮，可以对代理服务器的更多属性进行设置，比如日志存放位置、建立新日志的触发条件以及二级代理功能的设置等。

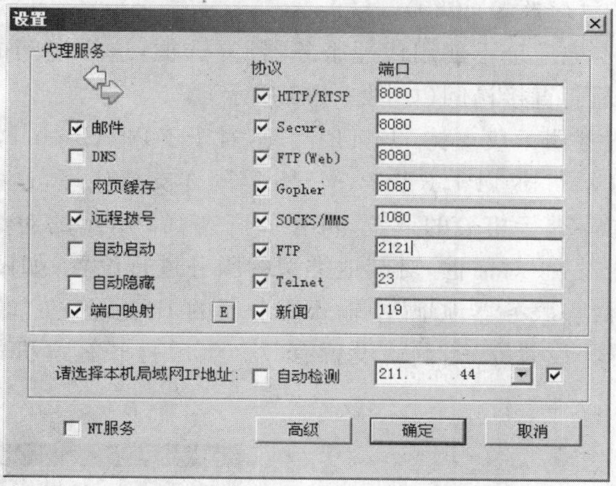

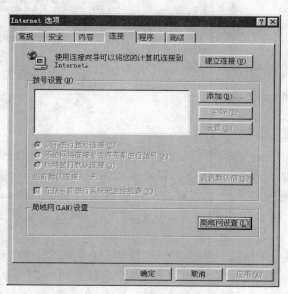

图 3-103　"设置"对话框

3. 客户机的设置

对于微软的操作系统 Windows 98/XP/2000，Windows Server 2003 其中的设置基本一样。首先保证客户机已获得与服务器在同一个子网内的 IP 地址，此时通过 ping 命令能够连接到服务器；然后在浏览器中单击"工具"→"Internet 选项"命令打开"Internet 选项"对话框，切换到"连接"选项卡（如图 3-104 所示）。

图 3-104　"连接"选项卡

　　在该对话框中单击"局域网设置"按钮,打开"局域网设置"对话框。选中"自动检测设置"复选框,同时选中"使用代理服务器"复选框,并在"地址"文本框中输入代理服务器的IP地址(即211.*.*.44),在"端口"文本框中输入端口号。

　　注意:CCProxy 安装后 HTTP 代理的默认端口是 808,该端口号在代理服务器上可以修改。这里已把端口修改为 8080)。

　　最后选中"对于本地地址不使用代理服务器"复选框,这样访问的服务器位于本地网络内时,将不经过代理而直接访问(如图 3-105 所示)。

　　CCProxy 代理服务器不仅支持 HTTP 代理,对于 FTP,Gopher,SOCKS4/5,Telnet,Secure(HTTPS),News(NNTP),RTSP,MMS 等同样支持代理,这些具体的设置需要在高级属性中进行。如需进行相关的设置,可在如图 3-105 所示的对话框中单击"高级"按钮,打开"代理服务器设置"对话框,对其他类型的服务进行设置(如图 3-106 所示)。依次在不同服务类型的"代理服务器地址"中输入服务器的 IP 地址,在"端口"文本框中输入提供相应服务的端口号。设置完毕,确认设置有效。然后打开客户机的浏览器,输入网址,就能够顺利地上网。

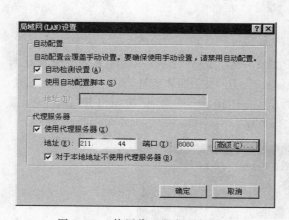

图 3-105　使用代理服务器的配置

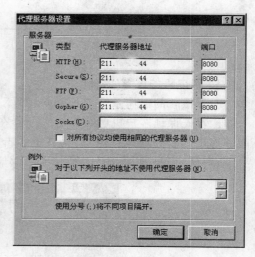

图 3-106　代理服务器的高级设置

3.6.4　账户设置

　　默认情况下,CCProxy 启动之后,任何局域网内的用户经过代理服务器的代理,都可以不受限制地上网、收发邮件、聊天等。但为了加强管理,CCProxy 提供了账号管理的功能,使只有具有合法账号的用户才可通过代理服务器登录 Internet。设置账号可以对代理服务器的客户端上网所采用的协议、时间、速度、网站过滤以及是否允许上网等进行控制。

　　在如图 3-101 所示的界面中单击"账号"按钮,打开如图 3-107 所示的"账号管理"对话框。通过 CCProxy 的"账号管理"对话框,网络管理员可以方便地添加新账户,对账户进行配置和管理,对客户端使用的各种上网协议、上网时间、登录网址和允许上网用户的范围等进行控制和管理等。该对话框主要包括 3 个区域,分别是"允许范围"、"验证类型"

和"账号设置"。

图 3-107　"账号管理"对话框

"允许范围"有 3 种选择。

① "全部允许"是默认状态,表示允许该局域网内的所有客户端上网。

② "允许部分"表示只有加入用户列表的用户和组可以上网,当客户机连接代理服务器时,代理服务器将根据设定条件进行验证。

③ "不允许部分"表示拒绝加入用户列表的用户使用代理服务器,除此之外的其他用户都可以。

"验证类型"有 7 种选择。此选项用来设置默认账号管理方式,编辑单个用户还可以对单个用户采用特别的账号管理方式,即实现多种组合控制方式混合共存。

① "IP 地址"是指用户的身份通过 IP 地址来验证。

② "MAC 地址"是指用户的身份通过 MAC 地址(网卡的物理地址)来验证。

③ "用户/密码"是指用户的身份通过用户名和密码来验证。

④ "用户/密码＋IP 地址"是指用户的身份通过用户名、密码和 IP 地址三者同时来验证。

⑤ "用户/密码＋MAC 地址"是指用户的身份通过用户名、密码和 MAC 地址三者同时来验证。

⑥ "IP＋MAC"地址是指用户的身份通过 IP 地址和 MAC 地址同时验证。

⑦ "用户/密码＋IP 地址＋MAC 地址"是指用户的身份通过用户名、密码和 IP、MAC 地址四者同时来验证。

"账号设置"有 4 个功能。

① "新建":可以新建一个账号。

② "编辑":可以修改一个账号。

③ "删除":可以删除一个或几个账号(选择删除多个账号时可以在按住 Ctrl 键的同时单击账号)。

④"自动扫描"：这个功能是方便管理员初始化账号信息的，当第一次设置账号的时候，管理员可以打开所有的客户端机器，然后单击"自动扫描"按钮，输入起始 IP 地址和结束 IP 地址，就可以自动获取局域网中所有客户端机器的 IP 地址、MAC 地址和机器名，支持跨网段扫描。

在如图 3-107 所示的对话框中单击"新建"按钮可以建立一个新的代理账户，通过"编辑"按钮可以对当前账号的数据进行编辑。下面举例介绍如何建立一个新账户。单击"新建"按钮，打开如图 3-108 所示的"账号"对话框。

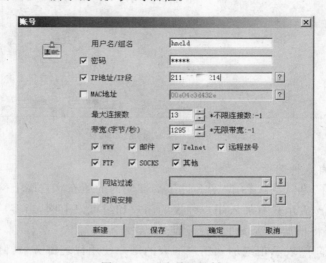

图 3-108　"账号"对话框

在"账号"对话框中有两个参数可以控制客户端的上网速度，即"最大连接数"和"带宽"。其中"最大连接数"是指服务器同时响应的客户端的最多连接数，该客户端多余的连接将被代理服务器自动挂起，直到该客户端释放已经响应的连接。"带宽（字节/秒）"是指客户端每秒最大的字节流量。在"网站过滤"下拉列表框中可以限定哪些网站可以用户访问，哪些网站不可以用户访问。在"时间安排"下拉列表框中可以设定用户能够使用代理服务器的时间，比如可以限定用户在某个时间段不能通过代理访问 Internet。

为用户设定了用户账户和密码后，在如图 3-107 所示的对话框的"验证类型"下拉列表框中选择包含用户/密码的验证类型，这样客户端在通过浏览器上网时，浏览器会弹出要求输入用户名和密码的对话框（如图 3-109 所示）。只是在启动浏览器第一次访问网站时需要输入用户名和密码，在已经打开的浏览器中访问新的网站和打开新的窗口时不需要输入用户名和密码，但是启动新的浏览器访问网站会要求再次输入用户名和密码。

3.6.5　代理服务器的管理

在如图 3-101 所示的代理服务器的主界面上双击，打开如图 3-110 所示的"用户连接信息"对话框，可以查看当前正在连接的用户访问的页面。其中"连接数"表示客户机和代理服务器之间现在的连接数，而"用户数"表示当前正在上网的用户数，这两个数字是不同的。比如一个用户在同一个时刻可以和代理服务器建立多个连接，这些连接信息将被保

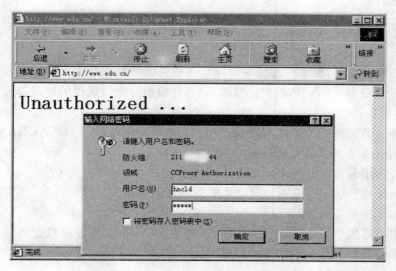

图 3-109　具有账户的用户进行代理上网

存在日志中。在下面的列表框中列出了用户连接的时间、用户的 IP 地址以及连接的页面。至于用户名，与代理服务器的设置有关。当代理服务器的验证类型设置为"允许所有"时，上网用户的用户名都以 unknown 表示；当代理服务器的验证类型设置为需要验证用户名和密码时，通过账号连接代理服务器的用户名将在这里列出。

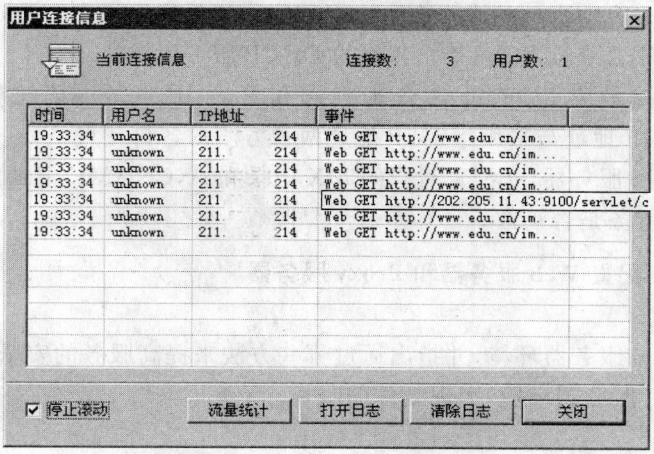

图 3-110　用户连接信息

在如图 3-110 所示的对话框中单击"打开日志"按钮，将打开软件存放日志的文件夹（c:\ccproxy\log\），可以对日志进行查看。单击"清除日志"按钮，可以把当前的连接信息清除，同时也会把 log 目录下的所有文件删除。

另外，代理服务器 CCProxy 还提供了很多实用的功能，详细的设置可参考遥志软件开发有限公司的网站。

3.7　思考和练习

1. 在组建网络时,通常采用哪些协议? 这些协议的特点是什么?

2. 分析 ISO 和 TCP/IP 两个模型的不同,并指出每个协议层的特点以及工作在该层的常见网络设备。

3. 解释域名服务器的工作原理,配置对应的 MX 记录、A 记录和 CNAME 记录,并使用 nslookup 命令来判断域名服务是否正常。

4. 分析常用名称服务解决方案的各自特点。

5. 什么是远程访问服务? 如何建立对应的访问策略?

6. 如何建立虚拟专用网?

7. 利用两路独立的电话线,架设 RRAS 服务器,并实现从客户机拨入。注意拨入前后服务器和客户机的状态变化。

8. 分析各种常见服务的日志。

3.8　实训练习

实训练习 1: 配置 DHCP 服务和 DNS 服务

要求:

(1) 配置 DHCP 服务。请考虑在一个局域网内如果启用了多个 DHCP 服务,如何确保其中一个 DHCP 服务工作,而禁止其他的 DHCP 服务生效?

(2) 在客户端采用 ipconfig 命令来查看和管理 IP 地址。请比较在客户端采用 DHCP 方式获得 IP 地址与采用指定 IP 地址两种方法的各自特点。

(3) 配置 DNS 服务器,并配置对应的 MX 记录和 A,CNAME 记录,并使用 nslookup 命令来判断域名服务是否正常。

实训练习 2: 配置 Web 服务器和 Proxy 服务器

要求:

(1) 建立 Web 服务器环境,并指出通过哪些方法来提高服务的安全性。

(2) 建立邮件服务器环境,实现邮件的收发。

第 4 章

交换机的管理

4.1　交换机的配置和管理

　　交换机工作在 OSI 模型的数据链路层,无论是构造局域网还是 Internet,离开交换机是根本不行的,尤其是上网用户越来越多的情况下,网络冲突和带宽争用必须要用交换机才能解决。在网络管理的所有工作中,交换机的管理和配置应该是最基本,也是最实用的,因为一个实用的网络至少也要构成局域网,所以没有交换机的网络是不可能的。路由器虽然重要,但是构成网络时它却不是必需的,比如局域网没有路由器也可以运行。所以,交换机的配置和管理技术是网管员必须掌握的,而且一旦掌握了它,其他内容如路由器的配置和管理就会触类旁通,容易学会。它们的配置都是基于网际操作系统(Internetwork Operating System,IOS),基本性质一样,只是有一些命令不同。

4.1.1　交换机的 MAC 地址学习功能和数据转发原理

　　在第 2 章中已经了解到,交换机是构建局域网的主要设备,无论组成什么样的局域网,离开交换机是不可能的,可以毫不夸张地说它是构建网络最核心的设备之一。交换机的类型有很多种,但目前使用最广泛的是以太网交换机,它实际上已成为局域网的标准交换设备。目前,以太网已不是常规意义上的基于 IEEE 802.3 的 10Base-T(10Mbps),根据使用的范围和需要,基于 IEEE 802.3u 的快速以太网(100Mbps)和吉比特以太网(1Gbps)甚至 10Gbps 的以太网都已经或正在投入使用。

　　交换机是一种基于 MAC 地址识别,能完成封装并转发数据帧的网络设备,它位于 OSI 参考模型的数据链路层(第二层),因此又称为二层设备。现在高档的交换机已经将路由功能整合在交换机内,形成了三层交换机,但核心功能还是在第二层。以太网交换机主要实现了 MAC 地址学习、数据帧的转发和过滤功能。当交换机检测到从接口发来的数据分组时,会识别其源地址和目的 MAC 地址,然后与系统内部的动态 MAC 地址表比较,这张表中有 MAC 地址与接口的映射关系。如果表中没有源地址和目的 MAC 地址,则将新的映射关系加入表中,形成主机 MAC 地址与交换机接口的对应关系,这种关系称为地址学习。

　　MAC 地址表实际上是一张存放在 CAM(Content Addressable Memory,包含地址的内存)中的列表,在启动初期它是空白的,当交换机与其他的主机(包括带有网卡的计算机主机或其他有 MAC 地址的网络设备)交互访问后,才会在主机 MAC 地址与交换机接口之间产生映射,当映射关系完成后形成主机与交换机接口的一一对应关系。形成 MAC 表的原则如下:

① 当主机通过交换机发送数据帧时,主机的源 MAC 地址被交换机读取,并使相连的交换机接口与这个 MAC 地址建立映射关系。

② 建立的映射关系形成 MAC 表,保存到交换机的 CAM 中。

③ 当主机发送的数据帧中的目的 MAC 地址能在 MAC 表的映射关系中找到对应的交换机接口时,数据发往这个接口,并到达接口映射的 MAC 地址对应的主机。

MAC 地址表形成的简单过程如图 4-1 所示。

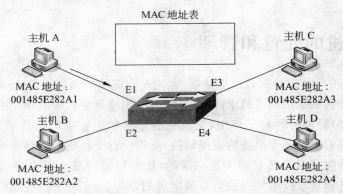

图 4-1　主机 A 发送数据给主机 D,在发送数据前 MAC 表是空的

如图 4-1 所示,在所有的主机没有发送数据之前,也就是说交换机刚启动时 MAC 地址表是空的。假设首先由主机 A 向主机 D 发送数据,数据帧送到交换机接口 E1 时,主机 A 发来的 MAC 地址被读取。虽然这时表是空的,但是交换机收到发来的数据帧源地址后,会建立起"E1:主机 A 的 MAC 地址(001485E282A1)"的映射关系,存在 CAM 中,这种方式称为交换机的学习功能。而对于数据帧目的地址,由于开始表中没有列出目的 MAC 地址与交换机接口的对应关系,尽管是发向主机 D 的,但还是以"泛洪"的方式向所有的接口发送数据帧,即如图 4-2 所示的三个箭头。只有主机 D 接收到数据帧后,查到与

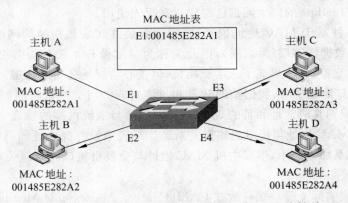

图 4-2　交换机从 A 发送的数据帧读取源 MAC 地址,接口 E1 映射到 MAC 地址表

目的 MAC 地址相吻合,接收数据帧,其他两个目的地址不相符,将数据帧丢弃。

主机 C 向主机 B 发送数据帧的情况如图 4-3 所示。由于开始时 MAC 表中没有 E3 与主机 C 的 MAC 地址的对应关系,数据帧通过交换机接口 E3 时,交换机根据数据帧中的源 MAC 地址确定两者的映射关系"E3:主机 C 的 MAC 地址(001485E282A3)"。而对于数据接收方主机 B,表中没有它的 MAC 地址与对应交换机接口的映射关系,主机 C 只好以"泛洪"的方式向其他主机发送数据帧,其他三个主机中只有数据帧中目的地址吻合的主机 B 接收数据,其他两个将数据帧丢弃。

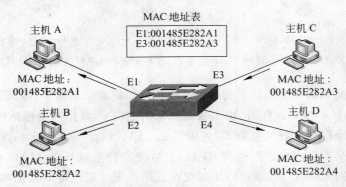

图 4-3   交换机从 C 发送的数据帧读取源 MAC 地址,接口 E3 映射到 MAC 地址表

如图 4-4 所示为主机 B 向主机 A 发送数据时的情况。当主机 B 向主机 A 发送数据帧时,MAC 表中没有 E2 与主机 B 的 MAC 地址的对应关系。数据帧通过交换机接口 E2 时,交换机根据数据帧中的源 MAC 地址确定两者的映射关系"E2:主机 B 的 MAC 地址(001485E282A2)"。而对于数据接收方主机 A,表中已经有了它的 MAC 地址与对应交换机接口的映射关系"E1:主机 A 的 MAC 地址(001485E282A1)",因此不用以"泛洪"的方式向其他主机发送数据帧,根据 MAC 表的对应关系将数据帧转发给主机 A。

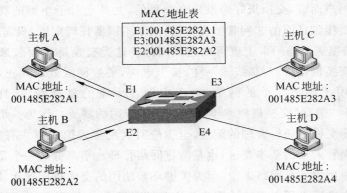

图 4-4   接口 E2 映射主机 B 到 MAC 地址表,并根据 E1 和主机 A 的映射将数据帧转发到 A

从图 4-5 中可以看出,假设主机 D 也发送数据帧到主机 C,交换机接口 E4 也在 MAC 表中建立了"E4:主机 D 的 MAC 地址(001485E282A4)"的映射关系,并将这种关系保存在 CAM 中。

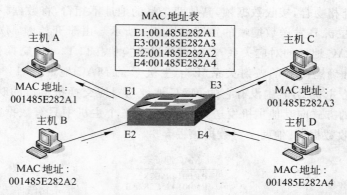

图 4-5　接口 E4 映射到主机 D 到 MAC 地址表,并根据 E1 和主机 A 的映射将数据帧转发到 C

至此,接在交换机 4 个接口上的 4 台主机的 MAC 表建立完毕,即交换机学习到了全部 4 台主机的 MAC 地址。同时,由于数据帧发向主机 C,数据帧中包括接收主机 C 的目的地址,因为已经存有映射关系"E3:主机 C 的 MAC 地址(001485E282A3)"在 MAC 地址表中,因此在交换机内将数据送到 E3 口,然后转发到主机 C 的 MAC 地址。一旦交换机的 MAC 表完全建立起来,就可以实现交换机的基于二层地址的数据帧转发/过滤。当数据帧发送到交换机时,它的目的 MAC 地址被读取,然后在 MAC 地址表中查找相应的映射关系,该数据帧的目的地址对应在数据到达的接口,向此接口转发,这就是交换机的数据帧转发功能。另外,当数据帧进入交换机后,若其目的地址在已经完全建立好的 MAC 地址表中没有确定的接口对应,或者该数据帧的目的地址连接的接口就是收到该数据帧的那个接口,即发送了本地帧,则该数据帧被忽略,该帧不会被转发,这称为交换机的过滤功能。

4.1.2　交换机的配置环境

对于普通用户而言,交换机好像没什么神秘的,尤其是对于小型的简单局域网,所使用的交换机都是接到桌面的非网管型交换机,根本不需要任何配置,只需将交换机接口接到 PC 或其他类型主机的网卡上就可以连接网络。这类交换机使用起来简单实用,一般称之为"傻瓜"交换机,它们与集线器一样,接上电源,插好网线就可以正常工作。但是这种交换机只适用于构造简单的网络,对于中型或大型的复杂网络,特别是需要接入 Internet 的网络,"傻瓜"交换机根本不能满足实际应用的需要。作为一个网络管理员,应该能够对中高端交换机进行合理的配置,至少应对其配置理论和方法有所了解。这不仅是对绝大多数网管人员的基本要求,也是衡量网络管理水平高低的一个重要标志。

对于一个中型或大型网络来说,因为关键环节使用的交换机档次比较高,特别是核心交换机或汇聚交换机必须根据整体网络的实际情况通盘考虑,除了考虑网络的使用功能,还要考虑管理功能,所以必须对这类交换机进行基于网络管理的配置,这种交换机称为可网管交换机或网管型交换机。大多数可网管交换机的详细配置过程比较复杂,具体的配置方法因不同品牌、不同系列的交换机而有所不同,而且交换机档次越高配置就越复杂,当然它的功能也越强。由于交换机的配置内容很多,技术也比较复杂,这里不可能涉及太深的内容,本章将主要介绍一些基本理论和基本的配置方法。通常对网管型交换机进行配置必须通过计算机和交换机相连,保证两者之间能够进行正常的通信。实现配置可以通过两种方法进行,一种是本地配置,即通过连接线与交换机直接连接实现配置,另一种是通过网络远程对交换机进行配置。应该注意的是本地配置是最基本的,而且后一种配置方法只有在前一种配置成功后才可进行,下面分别进行介绍。

1. 本地配置方式

本地配置是指在交换机连接后对交换机进行配置,因为交换机本身没有键盘也没有显示器,必须借助于计算机与它接好后才能配置。首先遇到的问题是要怎样实现物理连接,也就是先将计算机与交换机连接起来,然后再利用软件对交换机的运行状态进行配置。在软件配置方面,由于不同公司的产品配置的系统软件各有不同,但思科公司(CISCO)的 IOS 是主流网络管理系统软件,所以本书以最常见的思科的 Catalyst 2950 系列交换机为例进行讲述。下面分两步来说明配置的基本过程。

(1) 物理连接

理论上,用任何一台计算机都可以实现与交换机的物理连接,但是因为笔记本计算机现在普及性很高,因此配置交换机通常采用笔记本计算机进行,用 PC 也没有问题,只是不太方便。交换机背面(有的交换机放在前面)有一个标记为 Console 的接口,它专门用于对交换机进行配置和管理,因此只有网管型交换机才有。通过 Console 接口连接并配置交换机,是配置和管理交换机必须进行的操作。虽然除此之外还有其他若干种配置和管理交换机的方式(如 Web 方式、Telnet 方式等),但是这些方式必须依靠通过 Console 接口进行基本配置后才能进行。通过 Console 接口连接并配置交换机是最常用、最基本的,也是网络管理员必须掌握的管理和配置方式。

应该注意的是不同交换机的 Console 接口的类型有所不同,绝大多数都采用 RJ-45 接口,但也有少数交换机采用 DB-9 或 DB-25 串口接口。无论交换机采用 DB-9 或 DB-25 串行接口,还是采用 RJ-45 接口,都需要通过专门的 Console 线连接至配置用计算机(通常称作终端)的串行口。与交换机不同的 Console 接口相对应,Console 线也分为两种。一种是串行线,即两端均为串行接口,两端可以分别插入到计算机的串口和交换机的 Console 接口。另一种是两端均为 RJ-45 接头(RJ-45 to RJ-45)的扁平线。由于扁平线两端均为 RJ-45 接口,无法直接与计算机串口进行连接,因此,还必须同时使用一个 RJ-45 to DB-9(或 RJ-45 to DB-25)的适配器。通常情况下,在交换机的包装箱中会随机赠送一条 Console 线和相应的 DB-9 或 DB-25 适配器。

通过 Console 线将交换机与笔记本电脑的串行口相连的方式如图 4-6 所示。

(2) 软件配置

物理连接完成后即可打开计算机和交换机电源进行软件配置,下面以 CISCO 的一款常用的网管型交换机 Catalyst 2950 为例简述配置过程,以常见的 Windows XP 操作系统为例说明,一定要确保系统中装有"超级终端"组件,否则必

图 4-6　利用 Console 线将笔记本
电脑与交换机相连

须添加。步骤如下：

① 计算机启动后，单击"开始"→"所有程序"→"附件"→"通讯"→"超级终端"命令。

② 超级终端启动后的对话框如图 4-7 所示，要为建立的连接起个名字，如 CISCO 2950。

③ 选择 Console 连接到计算机上的接口，一般是 COM1 串口，如图 4-8 所示。

图 4-7 "连接描述"对话框

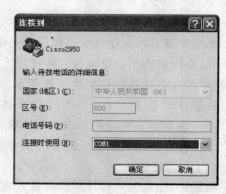
图 4-8 计算机通信接口的选择

④ 在 COM1 属性设置窗口中对连接的参数进行配置。一般正常连接的交换机应该采用每秒位数 9600，数据位为 8，奇偶校验是无，停止位是 1，数据流控制是硬件。如果通信正常会在超级终端打开如图 4-9 所示的主配置窗口，并会在这个窗口中显示交换机的初始配置情况。进入该环境后就可以对连接的交换机进行配置，具体的配置方法后面会详细讲解。

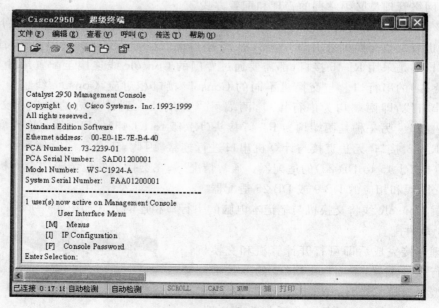
图 4-9 主配置窗口

2．网络远程配置方式

前面介绍过，除了通过交换机的 Console 接口与计算机直接连接外，还可以通过交换机的普通接口如 RJ-45 接口进行连接。在计算机网络日益普及的今天，通过网络远程对交换机进行配置可能是更为常用的手段。这时要通过普通的网络接口对交换机进行管理，以 Telnet 或 Web 浏览器的方式实现与被管理交换机的通信。在前面的本地配置方式中已经为交换机配置好了 IP 地址，可通过 IP 地址与交换机进行通信，完成配置。同样要注意的是，只有网管型交换机才具有这种管理功能。远程配置方式可以通过以下两种不同的方式来实现。

（1）Telnet 方式

Telnet 协议是一种远程访问协议，可以利用它登录到远程计算机或网络设备。Windows XP 内部已装有 Telnet 客户端程序，可以用它来实现与远程交换机的通信。

在使用 Telnet 连接至交换机之前，应做好一些准备工作。

① 管理用的计算机支持 TCP/IP 协议，网络通畅并且已配置好 IP 地址。

② 在被管理的交换机上已经配置好 IP 地址，允许提供 Telnet 服务。如果还没有配置 IP 地址信息，则必须通过 Console 接口进行设置。

③ 在被管理的交换机上建立具有管理权限的用户账户，并且设置线路（line）的登录密码，这是远程管理所必须的，以保证网管的安全。

在计算机上运行 Telnet 客户端程序，并登录至远程交换机。有两种方法实现登录，第一种是计算机启动后，单击"开始"→"运行"命令，弹出如图 4-10 所示的"运行"对话框，在"打开"文本框中输入 telnet 主机 IP 地址（图示为 202.101.68.132）。

如果能够连通交换机，则进入命令行环境的交换机主机名，然后输入密码，即可进入配置状态。

图 4-10　"运行"对话框

第二种方法是单击"开始"→"所有程序"→"附件"→"命令提示符"命令，进入命令行环境，直接输入 telnet 主机 IP 地址即可进入交换机的管理配置状态，当然要确定交换机的管理员的用户名和密码才能够进入。

Telnet 命令的一般格式如下：

```
Telnet Hostname Port
```

Hostname 是指交换机的主机名，但是因为交换机已配置了 IP 地址，所以更多的是直接输入交换机的 IP 地址。格式后面的 Port 是指 Telnet 通信所用的端口号，对于 Telnet 通信端口，在 TCP/IP 协议中规定默认为 23 号端口。可以不输入端口号，但是被连接的交换机的 23 号端口必须处于打开状态，否则不能实现远程配置。

输入完后，单击"确定"按钮或按 Enter 键，建立与远程交换机的连接。如图 4-11 所示为计算机通过 Telnet 与 2950 交换机建立连接时显示的界面。

在图 4-11 中显示包括两个菜单项的配置菜单：Menus、Command Line，然后就可以

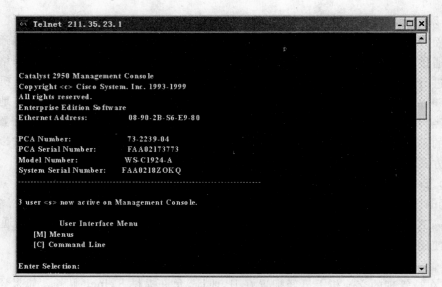

图 4-11　Telnet 连接成功

根据实际需要对该交换机进行相应的配置和管理。

（2）Web 浏览器方式

当利用 Console 接口为交换机设置好 IP 地址信息并启用 HTTP 服务后，即可通过 Web 浏览器访问交换机，并可通过 Web 浏览器配置和修改交换机的各种参数，对交换机进行管理。但是一般网管员很少使用这种方法，因为它需要的配置环境较高，而且要预先在交换机内做允许 HTTP 的设置。况且大多数网管员的命令行操作都比较熟练，Web 浏览器方式就显得不太重要了。但是，通过 Web 界面，可以利用更为方便的应用界面对交换机的许多重要参数进行修改和设置，并可实时查看交换机的运行状态。相对于命令行管理，这种方式显然要更加友好，还减少了许多 IOS 命令的使用，这也是目前许多产品都提供的管理方式之一。不过在利用 Web 浏览器访问和管理交换机之前，除了 Telnet 操作需要的条件之外，还应当做好以下准备工作。

① 被管理交换机的网络管理操作系统（一般为 IOS）支持 HTTP 服务，并启用 HTTP 服务。否则，应通过 Console 接口升级网络管理操作系统版本并启用 HTTP 服务。

② 用于管理的计算机的 Web 浏览器应对交换机的 Web 管理有良好的响应和支持，应采用较高的浏览器版本，如 Internet Explorer 6.0 及以上版本。

通过 Web 浏览器方式进行配置的方法如下：

① 通过网络将管理计算机连接到被管理交换机的一个普通接口上，在计算机上运行 Web 浏览器。在浏览器的地址栏中输入被管理交换机的 IP 地址（如 202.101.68.132）或为其指定的名称，按回车键，进入登录界面，输入用户名和密码。

② 单击"确定"按钮，即可建立与被管理交换机的连接，在 Web 浏览器中显示交换机的管理界面。接下来，就可以通过管理界面中的提示，一步步查看交换机的各种参数和运

行状态,并可根据需要对交换机的某些参数做必要的修改。

目前不少交换机厂家都配有非常好的 Web 管理界面,但是为了提高安全程度,有时需要 HTTPS 协议的支持。应该指出的是,通过本地直接对交换机进行配置和管理,并且熟练掌握交换机操作系统(IOS)的命令行(CLI)方式实现对交换机的复杂管理,是网络管理员应该掌握的基本功。

4.1.3 交换机配置时的常用命令

1. 交换机的启动

交换机中有 4 种重要的存储器,分别是 ROM,FLASH,RAM,NVRAM。其中 RAM 会随着交换机的断电或重新启动使内存中的数据丢失,类似于计算机中所谓的内存,它主要存放于正在运行的交换机配置,其他几种存储器是非易失性的,不会随断电而丢失数据。ROM 保存交换机的引导或启动软件,它是交换机运行的第一个软件,让交换机进入正常的工作状态,主要保存了加电自检程序,供交换机启动时用,保存了 Mini IOS,当设备没有 IOS 时使用,还保存了对硬件操作的机器语言代码。FLASH 用于保存 IOS 软件,它可以维持交换机的正常工作。NVRAM 用于保存交换机的启动配置数据,即常说的启动配置或备份配置。当交换机加电启动时,首先寻找和执行的就是这个配置,如果该配置存在,交换机启动后就成为运行配置。当修改运行配置并执行存储后,运行配置被复制到 NVRAM 中,当下一次交换机加电后该配置会被自动调用。

在交换机启动之前,首先要检查交换机的各种连线和插头是否完整及连接是否正确。大部分交换机接口是支持热插拔的,如 RJ-45 接口,但也要注意某些不支持热插拔的接口不能随意插拔,如某些管线模块插头。在检查完交换机连线正确后,可以将电源线接入交换机并接通电源,交换机就可以启动了。这是对中低档交换机而言,因为面板上没有专门的开关,但是高档的交换机面板上有专门的电源开关。

交换机启动时,各种状态指示灯会不停地闪烁,这是交换机在进行开机自检。自检完成后,交换机的各接口指示灯会依据接口是否处于使用状态亮或灭。绿色指示灯亮表示接口或模块正常工作,如果指示灯呈橘黄色,表示接口或模块硬件有问题。当发生严重故障时,指示灯为红色。

2. 交换机的基本命令

网管的交换机自身带有操作系统,比如著名的 CISCO 公司的网络设备的基本操作系统为 IOS,当然不同型号的设备的 IOS 内容略有不同,而三层交换机的 IOS 更具有路由功能的命令。用户命令行(CLI 方式)管理交换机是最基本的管理模式,它的基本模式有两种:用户模式(也叫做用户 EXEC 模式)、特权模式(也叫做特权 EXEC 模式)。

(1) 用户模式

交换机启动完成后,进入用户模式,如果交换机名为 Switch,那么进入用户模式后的命令行提示符为 Switch>。在这种模式下,用户权限级别较低,只能对设备运行情况做一些基本的检查,进行有限的命令操作,如 ping 其他的网络设备,不能够对设备进行配置和管理。

（2）特权模式

从用户模式到特权模式的操作命令如下：

```
Switch>enable
```

进入特权模式的格式如下：

```
Switch#
```

如果设备上配有 enable 密码，必须通过密码验证才能够进入特权模式。特权模式除了用户模式下拥有的权限之外，还拥有设备配置、修改配置的权限。在特权模式下，又分为 VLAN Database 模式——（vlan）♯和全局配置模式——（config）♯，其中全局配置模式又分为 4 种子模式，它们的总体模式结构如图 4-12 所示。

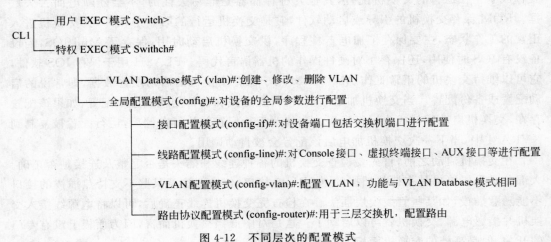

图 4-12　不同层次的配置模式

VLAN Database 模式主要用于虚拟局域网（Virtual Local Area Network，VLAN）的配置、构建和管理，这是交换机独有的一种模式。表 4-1 中列出了简单描述所有模式的操作和用途。

表 4-1　CLI 命令在不同模式下改变状态的命令

模　　式	进入模式的方法	提　示　符	退　出　方　法	用　　途
用户模式	开始一个进程	Switch＞	输入 logout 或 quit，退出设备	对设备进行基本检测，显示系统信息
特权模式	在用户模式中输入 enable 命令，并按 Enter 键	Switch♯	输入 disable，退出特权模式	输入该命令后，可以对设备进行配置
全局模式	在特权模式下输入：Conf t，并按 Enter 键（注：这是简化命令）	Switch(config)♯	输入 exit 或 end 或按 Ctrl＋Z 键，可返回特权模式	可以对整个交换机进行配置、管理并对配置进行修改

续表

模　　式	进入模式的方法	提　示　符	退　出　方　法	用　　途
对某个具体 VLAN 配置模式	在全局模式下输入：vlan *vlan ID* 号，并按 Enter 键	Switch （config-vlan)#	输入 exit，返回全局模式；按 Ctrl＋Z 键或输入 end，返回特权模式	对某个编号的 vlan 作配置，处于 vlan 局部设置状态
VLAN 配置模式	在特权模式下输入：vlan *database*，并按 Enter 键	Switch(vlan)#	输入 exit，返回特权模式	对交换机整体的 VLAN 进行配置和管理，可设置交换机的全局参数
交换机接口配置	在全局模式下输入：Interfaces *网络接口类型 插槽号/接口编号*	Switch （config-if)#	输入 exit，返回全局模式；按 Ctrl＋Z 键或输入 end，返回特权模式	为以太网或快速以太网等的接口配置参数
线路配置模式	在全局模式下输入：line *网络接口类型 插槽号/接口编号*	Switch （config-line)#	输入 exit，返回全局模式；按 Ctrl＋Z 键或输入 end，返回特权模式	对 Console 口、虚拟终端、AUX 接口等配置
路由配置模式(三层交换机才有)	在全局模式下输入：Router *协议*	Switch （config-router)#	输入 exit，返回全局模式；按 Ctrl＋Z 键或输入 end，返回特权模式	配置路由协议

3. 交换机的其他基本配置

除了上述交换机的配置命令外，还有几种类型的命令见表 4-2。

表 4-2　其他的 IOS 配置命令

显　示　命　令	
任　　务	命　　令
查看版本及引导信息	show version
查看运行信息	show running-config
查看开机设置	show startup-config
显示接口信息	show interface 接口类型 插槽号/接口号
显示路由信息	show ip router

网　络　命　令	
任　　务	命　　令
登录远程主机	telnet 主机名或主机 IP 地址
网络通否检测	ping 主机名或主机 IP 地址
路由跟踪	trace 主机名或主机 IP 地址

续表

基本设置命令	
任　务	命　令
全局设置	config terminal 或 conf t
设置访问用户及密码	username 用户名 password 用户密码
设置特权密码	enable secret 用户密码
设置交换机名	hostname 交换机名
设置静态路由(三层交换机用)	ip route 目标地址 子网掩码 下一跳地址
设置 IP 地址	ip address IP 地址 子网掩码
激活接口	no shutdown
系统配置文件备份	
保存配置文件到 NVRAM	Copy run start(或 write memory)
将配置文件从 NVRAM 调入内存	Copy start run (或 config memory)

4.2　交换机的配置和管理实例

　　交换机根据网络类型分为很多种,但由于目前构造局域网使用最多的是以太网,所以本书中提到的都是以太网交换机,包括以太网、快速以太网、吉比特以太网和 10Gbps 以太网。为了表述方便,统称为以太网交换机。交换机的配置和管理与路由器配置、防火墙配置、服务器配置等一样,都是网络管理员日常工作中必不可少的重要内容。一个网络系统工作状态的好坏,交换机的工作状态是最重要的因素之一。在简单的局域网中,低端的"傻瓜"交换机就能实现简单的网络构成。但是,对于复杂的大型网络,就必须配置可网管的交换机,包括二层和三层甚至三层以上的交换机。为了便于理解,下面通过对 CISCO 交换机的配置介绍常见的交换机配置方法。

　　例 4-1　配置接口速率和全双工模式(注:符号//后面是对命令含义的解释)。

　　假设交换机的某个接口位于 0 号插槽的第 5 个接口,为 10Mbps/100Mbps 的以太网接口,如果想让此接口的工作速率为 100Mbps,全双工模式,配置方式如下:

```
Switch# conf t                              //进入全局配置模式
Switch(config)# interface fastethernet 0/5  //进入对接口 0/5 的配置
Switch(config-if)# speed 100                //将接口 0/5 的工作速率配置为 100Mbps
Switch(config-if)# duplex full              //设置全双工模式
Switch(config-if)# end                      //返回特权模式
Switch# copy run start
或者
Switch# write                               //将配置保存到 NVRAM
```

特别要指出的是,CISCO 的 IOS 支持命令和参数的简写输入,无论是路由器还是交换机都是如此。它会将命令的前几个字母默认为是这个命令本身,如例 6-1 中将 conf 默认为 config,将 t 默认为 terminal,前提是只要没有重复的相同字母的命令,或者有相同的字母但对应的情况不可能发生。如果有两个以上相同字母的命令,依次向后输入,直到不重复为止。比如 login 和 logout 两个命令,当输入到 log 时 IOS 不能确定采用哪个命令,接着往下输,到 o 字母时,IOS 就会自动默认为 logout 命令。这个功能可以大大提高网管员输入命令的效率。

另外要注意的是,无论是路由器配置还是交换机配置,都要以 copy run start 或者 write 命令结束,否则不能保存在 NVRAM 中,机器重新启动后配置将丢失。

例 4-2　对交换机的几个基本配置。

交换机初始时默认的主机名为 Switch,在网络中实际应用时有时会根据需要更换其名称。现在要求将交换机名称更换为 SwitchA,并将 1 号千兆以太网插槽的第 3 个接口配置 IP 地址为 192.168.1.2,交换机的默认网关为 192.168.1.1,子网掩码为 255.255.255.0,为交换机配置密码以及两者 Console 线进入交换机的密码。具体配置如下:

```
Switch>enable                                          //进入特权模式
Switch#conf t                                          //进入全局配置模式
Switch(config)#hostname SwitchA                        //将交换机名称由 Switch 改为 SwitchA
SwitchA(config)#interface gigabitethernet 1/3          //进入对接口 gigabitethernet 1/3 的
                                                          配置
SwitchA(config-if)#no switchport                       //将此接口的交换机接口功能取消,变为
                                                          路由器接口(三层)
Switch(config-if)#ip address 192.168.1.2  255.255.255.0   //给接口配置 IP 地址
Switch(config-if)#no shutdown                          //将接口激活
Switch(config-if)#end                                  //返回特权模式
Switch(config)#ip default-gateway 192.168.1.1          //设定交换机的默认网关
Switch#copy run start                                  //将当前配置保存到 NVRAM,作为今后交换
                                                          机运行的基本配置
```

上述内容的含义是,由用户模式进入特权模式,然后进入全局模式对交换机进行配置。先将交换机名称改为 SwitchA,然后进入第一个插槽的第三个千兆以太接口,对此接口配置。no switchport 命令将此接口由二层接口升级为三层接口,接着为这个接口配置 IP 地址为 192.168.1.2,子网掩码为 255.255.255.0。no shutdown 命令将此接口打开启用,默认网关为 192.168.1.1,到此配置完毕。

例 4-3　几个常见的显示配置的命令。现在以 CISCO 的 4506 交换机为例,说明已经配置好的交换机的各种内容如何显示。

```
* 显示交换机当前运行状态的命令为 Show running-config
Switch#sh ru
Building configuration...
Current configuration : 11245 bytes
!
```

```
version 12.1
no service pad
service timestamps debug uptime
service timestamps log uptime
```
//为 log 和 debug 设置时间戳
```
no service password-encryption
service compress-config
```
//没有对服务加密,服务压缩配置
```
!
hostname 4506
```
//主机名
```
!
boot system flash bootflash:cat4000-i9s-mz.121-19.EW1.bin
logging monitor informational
```
//引导系统版本号,登录时有信息监视
```
!
ip subnet-zero
ip dhcp relay information trust-all
```
//允许 IP 零子网,支持 DHCP 中继
```
!
...
interface GigabitEthernet2/1
 switchport trunk encapsulation dot1q
 switchport mode trunk
```
//千兆端口 Gi2/1 做了 dot1q 封装,此端口用作干道通道
```
...
interface FastEthernet3/3
 switchport access vlan 10
 switchport mode access
```
//快速以太网端口 Fa3/3 并入 VLAN10,采用端口访问模式
```
...
interface GigabitEthernet4/15
 switchport trunk encapsulation dot1q
 switchport mode trunk
```
//千兆端口 Gi4/15 做了 dot1q 封装,此端口用作干道通道
```
...
access-list 120 permit tcp any any eq 8080
access-list 120 permit tcp any any eq 6501
```
//访问控制列表号 120,含义后面介绍
```
...
snmp-server community public RO
snmp-server community hhxy!@#RW
snmp-server enable traps vlan-membership
```
//支持 SNMP 的用于网络管理时的共同体号和 VLAN 成员
```
!
line con 0
```

```
password CISCO
login
//Console 口登录的密码
line vty 0 4
privilege level 15
password ffffff
login
//远程登录的优先级和密码
!
...
end
```

在结果中可以看到交换机的许多状态，如主机名、密码、接口号、接口是哪一类的，在干道模式下工作还是在访问模式下工作，以及访问控制列表等。

* 显示 VLAN 的命令为 show vlan

```
Switch#  sh  vlan
```

VLAN	Name	Status	Ports
1	default	active	Gi1/1, Gi1/2, Gi2/2, Gi3/1, Gi3/2, Fa3/8, Fa3/17, Fa3/18, Fa3/27, Fa3/29, Fa3/30 Fa3/31, Fa3/32, Gi4/2, Gi4/4, Gi4/5, Gi4/15, Gi4/16, Gi4/17, Gi4/21, Gi4/22, Gi4/23

...

//默认端口号，并且可以看到哪些端口是已经激活的

VLAN	Name	Status	Ports
2	VLAN0002	active	
10	uplink	active	Fa3/3, Fa3/4, Gi4/1, Gi4/37
20	bg	active	
30	west	active	Fa3/9, Fa3/19, Gi4/3
40	sy	active	
50	VLAN0050	active	Fa3/15

...

//2~50 显示了某些端口的名称或者 VLAN 号，可以了解哪些端口属于哪个 VLAN

VLAN	Type	SAID	MTU	Parent	RingNo	BridgeNo	Stp	BrdgMode	Trans1	Trans2
1	enet	100001	1500	-	-	-	-	-	0	0
2	enet	100002	1500	-	-	-	-	-	0	0
10	enet	100010	1500	-	-	-	-	-	0	0

...

VLAN	Type	SAID	MTU	Parent	RingNo	BridgeNo	Stp	BrdgMode	Trans1	Trans2
118	enet	100118	1500	-	-	-	-	-	0	0
119	enet	100119	1500	-	-	-	-	-	0	0
120	enet	100120	1500	-	-	-	-	-	0	0

//VLAN标号及其类型、最大传输单位值、父令牌号、网桥号、网桥方式、传输号等

在显示内容中可以看到这个三层交换机配置的 VLAN 的状态,如有多少个 VALN,编号怎样,每个接口是快速以太网(FastEthernet,用 Fa 表示)还是千兆以太网(GigabitEthernet,用 Gi 表示),接口是否被激活等。

* 显示交换机接口的 MAC 地址表的命令为 Show mac-address-table

```
Switch# show mac-address-table
Unicast Entries
vlan   mac address      type       protocols             port
-------+---------------+--------+------------------+-----------------
1      0002.5558.c41e   dynamic    ip                    GigabitEthernet4/33
1      000f.237c.aabf   static     ip,ipx,assigned,other Switch
1      000f.e207.f2e0   dynamic    other                 GigabitEthernet2/6
...
2      0001.6c88.b2e2   dynamic    ip                    GigabitEthernet2/6
10     0009.0f0c.7a94   dynamic    ip                    GigabitEthernet4/37
10     000f.237c.aabf   static     ip,ipx,assigned,other Switch
30     0005.3b0a.40b3   dynamic    other                 FastEthernet3/9
...
```

可以看到交换机每个接口对应的 MAC 地址是静态还是动态,采用什么协议等。其中 VLAN 是 VLAN 号,mac address 是交换机接口的 MAC 地址号,type 表明接口是动态还是静态,protocol 是对应的协议,port 是交换机接口号。

4.3　VLAN 的配置和管理

4.3.1　VLAN 基础概述

常规的基于物理连接的局域网由于结构简单、构建方便而成为形成小型简单网络的首选。局域网(LAN)通常局限于单个建筑或某个楼群内,它将距离相对较近的用户通过交换设备予以连接,实现简单的资源共享。局域网(LAN)中每台单独的 PC 或其他主机都是一个网络节点,这意味着许多用户可以共享昂贵的设备,如激光打印机、扫描仪以及数据、语音和视频等媒体。局域网(LAN)通常由某个组织拥有,如企业或学校,并且它们处于一个广播域中。但是在现在的形势下,网络结构越来越复杂也越来越大,不仅用户数量多、分布范围广、地理位置复杂,应用内容也更加多样化。因此纯粹通过传统物理连接实现的局域网已经不能满足需要,VLAN(Virtual Local Area Network)即虚拟局域网的概念已经成为企业网络十分常用的一种结构。

VLAN 是一种将局域网(LAN)设备从逻辑上划分而不是从物理上划分成更小的局域网,每一个小局域网称为一个网段,从而实现虚拟工作组的数据交换技术。VLAN 的主流应用还是在有 VLAN 划分能力的交换机之中,一般只有三层以上的交换机才具有此功能。

VLAN 与物理划分局域网相比有许多优势，主要包括以下 3 个方面：

① 接口通过逻辑划分分别属于不同的广播域。即便在同一个交换机上，处于不同 VLAN 的接口也是不能通信的。这样一台物理的交换机可以当作多个逻辑的交换机使用。

② 提高了网络的安全性。不同的 VLAN 之间不经过路由就不能直接通信，从而将安全隐患限制在 VLAN 的广播域中，降低了广播信息的不安全性。

③ 灵活的管理。更改用户所属的网络不必更换接口和连线，只更改软件配置就可以了。

VLAN 技术可以使管理员根据实际应用需求，把同一物理局域网内的不同用户逻辑地划分成不同的广播域，每一个 VLAN 都包含一组有相同需求的计算机工作站，与物理上形成的 LAN 有着相同的属性。由于它是从逻辑上划分，而不是从物理上划分，所以同一个 VLAN 内的各工作站没有限制在同一个物理范围中，即这些工作站可以在不同物理 LAN 网段。根据 VLAN 的特点，一个 VLAN 内部的广播和单播流量都不会转发到其他 VLAN 中，从而有助于控制流量、减少设备投资、简化网络管理、提高网络的安全性。VLAN 除了能将网络划分为多个广播域，有效地控制广播风暴的发生，以及使网络的拓扑结构变得非常灵活之外，还可以控制网络中不同部门、不同站点之间的互相访问。

如图 4-13 所示为 VLAN 的结构和应用。图 4-13 中一个公司位于一层、二层和三层，但各层都分别有属于总公司的财务部、工程部和市场部，每一层楼都有一个交换机，接有三台计算机主机，从物理连接上看它们属于一个局域网，但是从逻辑结构上看，也就是说从功能划分上区别的话，每个"局域网"分属于不同的楼层，因此不能用常规意义上的物理局域网实现，必须采取虚拟局域网即 VLAN 的方式实现。可以看出，必须通过一定的技术将财务部划分为一个"局域网"，将工程部划分为一个"局域网"，将市场部划分为一个"局域网"，才能达到公司的实际需求。

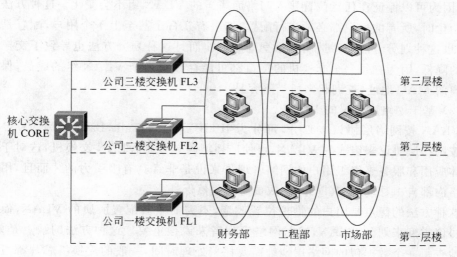

图 4-13　VLAN 结构

VLAN 在交换机上的实现方法,可以大致划分为以下 6 类。

(1) 基于接口的 VLAN

这是最常应用的一种 VLAN 划分方法,应用也最为广泛、有效,目前绝大多数有 VLAN 功能的交换机都提供这种 VLAN 配置方法。这种划分 VLAN 的方法是根据以太网交换机的交换接口来划分的,它是将 VLAN 交换机上的物理接口和 VLAN 交换机内部的永久虚电路接口分成若干个组,每个组构成一个虚拟网,相当于一个独立的 VLAN 交换机。这种方法划分的 VLAN 也称为静态 VLAN。

如图 4-13 所示,本部门人员互访时,相互处在一个 VLAN 内,并属于一个广播域。而不同部门需要互访时,则要通过路由器转发或者通过三层交换机的路由模块转发,并配合基于 MAC 地址的接口过滤。不同的 VLAN 之间是不能直接互访的,除非经过了路由的许可,这样就可以通过 VLAN 的隔离功能提高网络的安全性。

这种划分方法的优点是定义 VLAN 成员时非常简单,只要将所有的接口都定义为相应的 VLAN 组即可,适合于任何大小的网络。它的缺点是如果某用户离开了原来的接口,到一个新的交换机的某个接口,则必须重新定义。

(2) 基于 MAC 地址的 VLAN

这种划分 VLAN 的方法是根据每个主机的 MAC 地址来划分,即将每个 MAC 地址的主机都配置成属于某个 VLAN 组,它的实现机制就是每一块主机上的网卡都对应唯一的 MAC 地址,VLAN 交换机跟踪属于 VLAN 的主机的 MAC 地址。这种方式的 VLAN 允许网络用户从一个物理位置移动到另一个物理位置时,自动保留其所属 VLAN 的成员身份。这种方法划分的 VLAN 也称为动态 VLAN。

动态 VLAN 的划分方法的最大优点就是当用户的物理位置移动时,即从一个交换机接口换到其他的交换机接口时,VLAN 不用重新配置,因为它是基于用户主机本身网卡上的 MAC 地址,而不是基于交换机的接口。这种方法对于使用笔记本计算机的用户最有利,因为可以保证在任意位置接入网络而属于的 VLAN 组不会变化。这种方法的缺点是初始化时,所有的用户都必须进行配置,如果有几百个甚至上千个用户,配置是非常累的,所以这种划分方法通常适用于小型局域网。而且这种划分方法也导致了交换机执行效率的降低,因为在每一个交换机的接口都可能存在很多个 VLAN 组的成员,保存了许多用户的 MAC 地址,查询起来相当不容易。

(3) 基于网络层协议的 VLAN

VLAN 按网络层协议来划分,可分为 IP,IPX,AppleTalk,Banyan 等 VLAN 网络。这种按网络层协议来组成的 VLAN,可使广播域跨越多个 VLAN 交换机,这对于希望针对具体应用和服务来组织用户的网络管理员来说是非常具有吸引力的。而且,用户可以在网络内部自由移动,但其 VLAN 成员身份仍然保持不变。

这种方法的优点是用户的物理位置改变,不需要重新配置所属的 VLAN,而且可以根据协议类型来划分 VLAN,这对网络管理者来说很重要。这种方法的缺点是效率低,因为检查每一个数据包的网络层地址需要耗费处理时间,一般的交换机芯片都可以自动检查网络上数据包的以太网帧头,但要让芯片能检查 IP 帧头,需要更高的技术,同时也更费时。

以上 3 种是最常见的配置 VLAN 的方法,还有几种方法可以使用,只是用得比较少,下面简单介绍一下。

(4) 基于 IP 组播的 VLAN

IP 组播实际上也是一种 VLAN 的定义,即认为一个 IP 组播组就是一个 VLAN。这种划分的方法将 VLAN 扩大到了广域网,因此这种方法具有更大的灵活性,而且也很容易通过路由器进行扩展,主要适合于不在同一地理范围的局域网用户组成一个 VLAN,不适合局域网,因此在位置比较集中的企业内很少用此方法。

(5) 按策略划分的 VLAN

基于策略组成的 VLAN 能实现多种分配方法,包括 VLAN 交换机接口、MAC 地址、IP 地址、网络层协议等。网络管理人员可根据自己的管理模式和本单位的需求来决定选择哪种类型的 VLAN。这种方法相对比较复杂,需要网管人员有较高的技术水平和丰富的网络管理经验。

(6) 按用户授权权限划分的 VLAN

基于用户授权权限来划分 VLAN 是指为了适应特别要求的 VLAN 网络,尤其是对安全级别要求较高的场合。根据具体的网络用户的特别要求来定义和设计 VLAN,而且可以让不同 VLAN 群体的用户访问某个特定的 VLAN 时需要提供用户密码,在得到 VLAN 管理的认证后才可以加入另一个 VLAN。

4.3.2   配置 VLAN 的基本方法

配置 VLAN 需要一定的条件,不是任何交换机都能实现。应满足的基本条件为:交换机具备划分 VLAN 的功能;交换机支持“干道”(即 Trunk,也有的称为中继)机制,因为逻辑上的 VLAN 之间的通信必须通过干道实现;应有路由器或者支持路由的三层交换机。

下面通过图 4-14 和图 4-15 的简单图例说明。

如图 4-14 所视为一个简单划分了两个 VLAN 的环境。其中交换机 S1 的第一个端口划分给主机 A 接入到 VLAN1,第二个端口划分给主机 B 接入到 VLAN2,而交换机 S2 的第一个端口划分给主机 C 接入到 VLAN1,第二个端口也划分给主机 D 接入到 VLAN2。两个分属于不同 VLAN 的主机,如主机 A 与主机 C(属于 VLAN1)的通信及主机 B 与主机 D(属于 VLAN2)的通信从物理连接上应该各自通过另外的交换机端口连

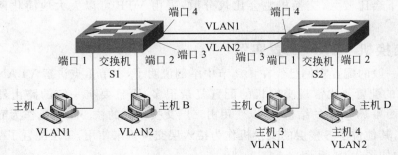

图 4-14   采用干道技术之前的 VLAN 模式

接 VLAN1 和 VLAN2 两条线。这仅仅划分了两个 VLAN,为了实现 VLAN 之间的通信用掉了两个端口。当划分的 VLAN 越多,占用的端口就越多,很多端口都用于搭建 VLAN 之间的通信这对交换机是极大的浪费。

那么,可不可以通过某种方法实现 VLAN 之间的通信只用各自交换机的一个端口,两个交换机之间只搭一条干道,所有的 VLAN 之间的通信在这个干道上互不干扰各行其道呢? 答案是肯定的。

把图 4-14 中交换机之间连接的两条线合并成一条,如图 4-15 所示,VLAN1 和 VLAN2 都通过一条干道。事实上,无论划分了多少个 VLAN,都可以通过这样一条只占用两个交换机接口的干道实现各自 VLAN 之间的通信,而不会占用过多的交换机端口,这种技术称为干道技术。

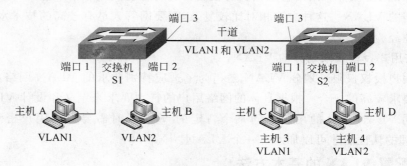

图 4-15　采用干道技术后的 VLAN 模式

对于交换机上的端口,如果这个端口是接入主机的,如交换机 S1 的端口 1 接入属于 VLAN1 的主机 A,那么把这种链路方式称为访问链路(Access Link)。如果交换机的端口接入另外一台交换机的端口,形成交换机之间连接的干道,如交换机 S1 的端口 3 连接交换机 S2 的端口 3,这种链路称为干道链路。简而言之,访问链路连接的一般是属于某个 VLAN 的终端或主机,干道链路实现的是交换机之间的连接和通信。

通过网管人员手动配置上述简单的 VLAN 结构是可行的,但是当网络很大很复杂时就不太现实。实际上,可以构造一种结构,使得在一台交换机上配置好 VLAN,其他交换机能够自动地学习到这些 VLAN 的配置。VTP(VLAN Trunking Protocol)是实现这种配置 VLAN 的另外一个重要的概念,也可以称为 VLAN 管理域。对于企业的交换网络,在许多情况下会比较大,交换机也会比较分散,采用 VTP 可以大大地简化网管人员的操作。

4.3.3　交换机 VLAN 配置实例

交换机一般的配置实例已经在 4.2 节中举例说明了,本节重点讲解 VLAN 配置的实例。VLAN 的配置要比常规交换机的配置复杂很多,而且要有一定的路由器配置的知识。对于如图 4-13 所示的结构,可以使用由三层交换功能的核心交换机作为配置 VLAN 的主交换机,其他位于各楼层的交换机作为接入层交换机来使用,每层配置了一台 2950G 交换机,结构如图 4-16 所示。

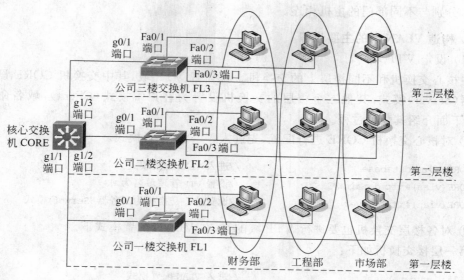

图 4-16　配置的 VLAN 结构

1. VLAN 构成的方式

（1）核心交换机选用 CISCO 4506。

交换机名称：CORE。

使用的 CORE 交换机端口：第一个插槽插入 3 个千兆光纤模块，端口号为 g1/1,g1/2,g1/3。

与其他交换机端口的连接方式：CORE 交换机的 g1/1→第一层楼交换机 FL1 光纤模块接口 g0/1；CORE 交换机的 g1/2→第二层楼交换机 FL2 光纤模块接口 g0/1；CORE 交换机的 g1/3→第三层楼交换机 FL3 光纤模块接口 g0/1。

（2）第一层楼交换机选用 CISCO 2950G

交换机名称：FL1。

使用的 FL1 交换机端口及连接方式：第 0 个插槽插入千兆光纤模块，端口号为 g0/1，与核心交换机 CORE 的 g1/1 相连。另外还启用 3 个快速以太网端口 Fa0/1,Fa0/2 和 Fa0/3，分别与不同部门的主机相连。

（3）第二层楼交换机选用 CISCO 2950G

交换机名称：FL2。

使用的 FL2 交换机端口及连接方式：第 0 个插槽插入千兆光纤模块，端口号为 g0/1，与核心交换机 CORE 的 g1/2 相连。另外还启用三个快速以太网端口 Fa0/1,Fa0/2 和 Fa0/3，分别与不同部门的主机相连。

（4）第三层楼交换机选用 CISCO 2950G

交换机名称：FL3。

使用的 FL3 交换机端口及连接方式：第 0 个插槽插入千兆光纤模块，端口号为 g0/1，与核心交换机 CORE 的 g1/3 相连。另外还启用三个快速以太网端口 Fa0/1,Fa0/2 和

Fa0/3,分别与不同部门的主机相连。

2. 构造 VLAN 时的主要步骤

(1) 设定 VTP 域

在核心交换机和不同楼层上的交换机上都设置 VTP 域,其中交换机 CORE 设置为服务器(Server)模式,其他三个楼层的交换机设置为客户端模式(Client),域名命名为 WG。下面介绍其配置过程。

① 对核心交换机 CORE 进行配置,先进入 VLAN 配置模式。

```
CORE# vlan database              //进入 VLAN 配置模式
CORE(vlan)# vtp domain WG        //设置 VTP 管理域名为 WG
CORE(vlan)# vtp server           //设置核心交换机为服务器(Server)模式
```

② 对各楼层交换机也要进行 VTP 域配置,在 VLAN 配置模式下。

第一层楼交换机如下:

```
FL1# vlan database               //进入 VLAN 配置模式
FL1(vlan)# vtp domain WG         //设置 VTP 管理域名为 WG
FL1(vlan)# vtp client            //设置第一层楼交换机为客户端(Client)模式
```

第二层楼交换机如下:

```
FL2# vlan database               //进入 VLAN 配置模式
FL2(vlan)# vtp domain WG         //设置 VTP 管理域名为 WG
FL2(vlan)# vtp client            //设置第二层楼交换机为客户端(Client)模式
```

第三层楼交换机如下:

```
FL3# vlan database               //进入 VLAN 配置模式
FL3(vlan)# vtp domain WG         //设置 VTP 管理域名为 WG
FL3(vlan)# vtp client            //设置第三层楼交换机为客户端(Client)模式
```

注意:核心交换机 CORE 和其他三个交换机都属于同一个域 WG,而设置的结果使得核心交换机成为 VLAN 的主管理方(Server),它可以添加、修改、删除 VLAN 及修改 VLAN 的参数,它的操作影响整个 VTP 域。服务器模式下的交换机对 VLAN 操作的作用范围是整个 VTP 域,还将对 VLAN 的操作保存到它的 NVRAM 中,同时向它所连接的所有干道链路发送 VTP 信息,在整个 VTP 域中通知其他客户端模式下的交换机对 VLAN 的操作。FL1,FL2,FL3 都是 VTP 的客户端,客户端模式下的交换机不可以添加、修改、删除 VLAN 及修改 VLAN 的参数,它只能学习到服务器模式下的交换机对 VTP 域中 VLAN 的添加、修改、删除信息,并把该信息向自己所有的干道链路接口转发。客户端交换机模式不保存 VLAN 的添加、修改、删除信息,但可以同步本 VTP 域中其他交换机传递来的 VLAN 信息。

(2) 配置干道(在核心交换机和各楼层的交换机双向都配置)

配置干道用于在管理域中形成交换机之间的通信干道,并保证能够覆盖所有分支交换机。对于以太网,CISCO 支持两种干道协议,一种是 IEEE 制定的 802.1Q,另一种是

CISCO 公司开发的私有技术 ISL。以核心交换机为主端,对各楼层交换机的连接称为下连,各楼层交换机对于核心交换机的连接称为上连。

① 对核心交换机干道进行配置

当用核心交换机的 g1/1 接入下连交换机为第一层楼的 g0/1 口时配置如下:

```
CORE(config)#interface gigabitethernet 1/1
//进入下连接口 g1/1,与第一层楼交换机 g0/1 口相连
CORE(config-if)#description link to FL1 g0/1
//描述与 FL1 的 g0/1 接口相连
CORE(config-if)#switchport
//指定 g1/1 为二层交换接口
CORE(config-if)#switchport trunk encapsulation dot1q
//指定接口为 802.1Q 协议封装
CORE(config-if)#switchport mode trunk
//将接口 g1/1 设置为干道模式
```

当用核心交换机的 g1/2 接入下连交换机为第二层楼的 g0/1 口时配置如下:

```
CORE(config)#interface gigabitethernet 1/2
//进入下连接口 g1/2,与第二层楼交换机 g0/1 口相连
CORE(config-if)#description link to FL2 g0/1
//描述与 FL2 的 g0/1 接口相连
CORE(config-if)#switchport
//指定 g1/2 为二层交换接口
CORE(config-if)#switchport trunk encapsulation dot1q
//指定接口为 802.1Q 协议封装
CORE(config-if)#switchport mode trunk
//将接口 g1/2 设置为干道模式
```

当用核心交换机的 g1/3 接入下连交换机为第三层楼的 g0/1 口时配置如下:

```
CORE(config)#interface gigabitethernet 1/3
//进入下连接口 g1/3,与第三层楼交换机 g0/1 口相连
CORE(config-if)#description link to FL3 g0/1
//描述与 FL3 的 g0/1 接口相连
CORE(config-if)#switchport
//指定 g1/3 为二层交换接口
CORE(config-if)#switchport trunk encapsulation dot1q
//指定接口采用干道封装的 802.1Q 协议
CORE(config-if)#switchport mode trunk
//将接口 g1/3 设置为干道模式
```

② 对第一层楼交换机 FL1 进行配置。

```
FL1(config)#interface gigabitethernet 0/1
//进入上连接口 g0/1
FL1(config-if)#switchport trunk encapsulation dot1q
```

```
//指定接口采用干道封装的 802.1Q 协议
FL1(config-if)# switchport mode trunk
//将接口 g0/1 设置为干道模式
```

③ 对第二层楼交换机 FL2 进行配置。

```
FL2(config)# interface gigabitethernet 0/1
//进入上连接口 g0/1
FL2(config-if)# switchport trunk encapsulation dot1q
//指定接口为 802.1Q 协议封装
FL2(config-if)# switchport mode trunk
//将接口 g0/1 设置为干道模式
```

④ 对第三层楼交换机 FL3 进行配置。

```
FL3(config)# interface gigabitethernet 0/1
//进入上连接口 g0/1
FL3(config-if)# switchport trunk encapsulation dot1q
//指定接口为 802.1Q 协议封装
FL3(config-if)# switchport mode trunk
//将接口 g0/1 设置为干道模式
```

至此,4 个互连的交换机相互通信的干道配置完毕。

(3) 在已经建好的管理域中创建 VLAN

包括两部分,第一部分,因为核心交换机 CORE 是管理域的服务器(Server),所以 VLAN 必须在核心交换机上创建,建好后通过 VTP 告知整个管理域中的其他交换机,包括各楼层交换机;第二部分,各楼层交换机是客户端,不能创建 VLAN,只需将对应的接口划入对应的 VLAN 即可。

① 核心交换机对 VLAN 进行配置和划分。

```
CORE# Vlan database
//进入 VLAN 配置模式
CORE(vlan)# vlan 10 name financial
//创建一个编号为 10 的名称为 financial 的 VLAN
CORE(vlan)# vlan 20 name engineering
//创建一个编号为 20 的名称为 engineering 的 VLAN
CORE(vlan)# vlan 30 name marketing
//创建一个编号为 30 的名称为 marketing 的 VLAN
```

这样三个编号分别为 10 号、20 号和 30 号的,并且有名称的 VLAN 即创建完成。

② 将各楼层交换机相连接的接口划入不同的 VLAN。

```
FL1(config)# interface fastehernet 0/1
//进入上连接口 Fa0/1
FL1(config-if)# switchport mode access
//指定接口为访问模式,接入一楼财务部主机
```

```
FL1(config-if)#switchport access vlan 10
```
//将接口 Fa0/1 设置为属于 VLAN 10

```
FL1(config)#interface fastehernet 0/2
```
//进入上连接口 Fa0/2
```
FL1(config-if)#switchport mode access
```
//指定接口为访问模式,接入二楼工程部主机
```
FL1(config-if)#switchport access vlan 20
```
//将接口 Fa0/2 设置为属于 VLAN 20

```
FL1(config)#interface fastehernet 0/3
```
//进入上连接口 Fa0/3
```
FL1(config-if)#switchport mode access
```
//指定接口为访问模式,接入三楼市场部主机
```
FL1(config-if)#switchport access vlan 30
```
//将接口 Fa0/3 设置为属于 VLAN 30

第一层楼交换机共有 4 个接口,一个接入干道与核心交换机相连,其他 3 个接口接入到划分为财务部、工程部和市场部 3 个部门的 VLAN。第二层楼和第三层楼的交换机 FL2 和 FL3 的 VLAN 配置方法与 FL1 一样,在此不再重复。

(4) 配置三层交换

划分完 VLAN 还不算最后完成任务,因为每个 VLAN 只能在自己内部互访,不能实现 VLAN 之间的相互访问,做到这一点必须要求实现三层交换。也就是说,要给各 VLAN 分配网络 IP 地址,而每个 VLAN 的 IP 地址又成为 VLAN 内连接主机的网关。给 VLAN 内的所有主机分配 IP 地址有两种方法,一种是静态 IP 地址分配,另一种是动态 IP 地址分配。

下面介绍 VLAN 的 IP 地址分配的方法。

对于 VALN 10,即财务部的 VLAN,配置如下:

```
CORE(config)#interface valn 10
```
//进入 VLAN 10 接口,对其进行配置
```
CORE(config-if)#ip address 192.168.1.1 255.255.255.0
```
//为 VLAN 10 配置 IP 地址

对于 VALN 20,即工程部的 VLAN 配置如下:

```
CORE(config)#interface valn 20
```
//进入 VLAN 20 接口,对其进行配置
```
CORE(config-if)#ip address 192.168.2.1 255.255.255.0
```
//为 VLAN 20 配置 IP 地址

对于 VALN 30,即市场部的 VLAN,配置如下:

```
CORE(config)#interface valn 30
```
//进入 VLAN 30 接口,对其进行配置

```
CORE(config-if)#ip address 192.168.3.1 255.255.255.0
//为 VLAN 30 配置 IP 地址
```

接入每个 VLAN 的主机的 IP 地址都在相应的 VALN 网段内,比如财务部接入的计算机主机设定的 IP 地址都应在 192.168.1.2～192.168.1.254 范围内,子网掩码为 255.255.255.0,网关为 192.168.1.1,即 VLAN 10 的 IP。另外两个 VLAN 也是如此。各 VLAN 内的主机确定自己的 IP 地址有两种方法:静态的和动态的。静态的需要手动设置 IP 地址和子网掩码,注意一定要将网关设置为所属 VLAN 的 IP。比如有一台财务部的计算机就可以设置成如图 4-17 所示,DNS 服务器应输入对应的域名解析服务器的 IP 地址。

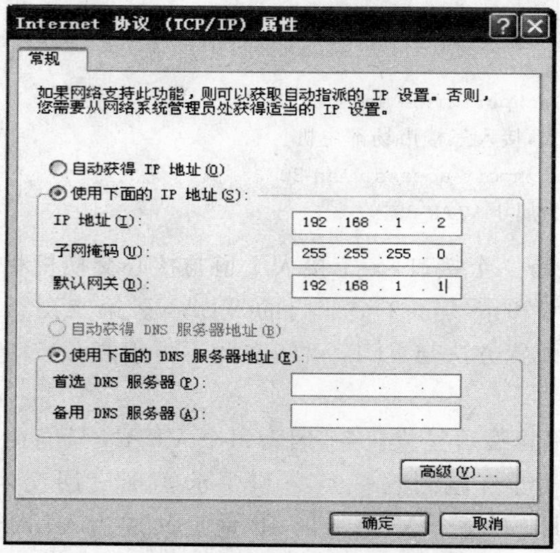

图 4-17　静态 IP 地址分配

还有一种方法是客户端不用设置 IP 地址,可以通过网络中的 DHCP 服务器(假设它的 IP 地址为 192.168.4.1)动态地给网络中的计算机主机分配 IP 地址,会划分对应的作用域,比如对 VALN 10 划分成作用域为 192.168.1.0,那么财务部内的主机就会自动获得 IP 地址和子网掩码,只要选中"自动获得 IP 地址"即可。应该指出的,必须在核心交换机 CORE 内加一条命令,比如对 VLAN 10 应对接口 g1/1 做如下操作:

```
CORE(config-if)#ip helper-address 192.168.4.1
```

4.4　思考和练习

1. 什么是交换机的 MAC 地址学习功能?
2. 交换机的远程配置方式有几种? 各有什么特点?
3. 可网管交换机有 4 种重要的存储器,请分别描述它们的作用。
4. 请简述基于接口的 VLAN 和基于 MAC 的 VLAN 各有什么特点,有什么区别?
5. 请简述干道技术的原理。

4.5 实训练习

实训练习 1：交换机的连接方法和 IOS 用于交换机的基本命令练习

实验室连接及 IP 地址分配如图 4-18 所示。

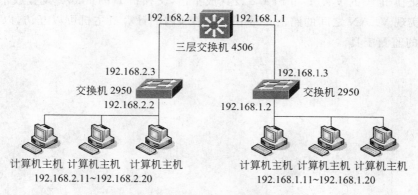

图 4-18 实验室连接和 IP 地址分配

要求：

（1）按图 4-18 所示用 Console 口先为三层交换机 4506 的两个接口配置 IP 地址（192.168.2.1 和 192.168.1.1）和子网掩码（255.255.255.0）。

（2）先用 Console 口为 2950 的某一个接口各配一个 IP（192.168.2.3 和 192.168.1.3）和子网掩码（255.255.255.0），然后通过 Telnet 命令登录到三个交换机，并配置各自的 IP 地址和子网掩码（255.255.255.0）。

（3）练习交换机几个模式之间的转换。

（4）在全局模式下执行 show running-config 命令，观察交换机所有的配置情况。

（5）执行 show ip，show interface，show vlan 命令，分析显示结果。

实训练习 2：交换机的 VLAN 配置练习

根据如图 4-19 所示的结构做 VLAN 划分及配置实验。

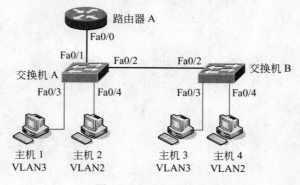

图 4-19 VLAN 结构

要求：

（1）路由器命名为 A，交换机命名为 A 和 B，支持 VLAN 划分功能。

（2）完成 VTP 设置，交换机 A 设置成 Server 端，交换机 B 设置成 Client 端。

（3）划分两个子网，其中 VLAN2 对应的网段为 192.168.1.0，255.255.255.0，VLAN3 对应的网段为 192.168.2.0，255.255.255.0。

（4）交换机 A 的 Fa0/1 和 Fa0/2 设置成干道，交换机 B 的 Fa0/2 设置成干道。

（5）实现 VLAN 之间的路由，不同的 VLAN 内的计算机主机可以互访，以 ping 作为是否连通的监测工具。

第 5 章

路由器的管理

5.1 路由器的配置和管理

路由器是工作在 IP 协议网络层实现子网之间转发数据的设备,路由技术就是通过路由器将数据包从一个网段传送到另一个网段的技术,这种网段之间的路径选择是通过路由器中的路由关系决定的。路由分为静态路由和动态路由。静态路由是由网络管理员手动配置路由器中路由表的路由,而动态路由则是路由器通过路由协议自动学习到的路由。网络管理员应该熟练地掌握配置路由器的静态路由技术,并能很好地管理和使用路由器。

简单地说,路由器可以分为软件转发路由器和硬件转发路由器。软件转发路由器通过软件实现数据转发,硬件转发路由器使用网络处理器硬件技术实现数据转发。

常见的路由器配置内容包括以下几部分。

1. 路由配置的条件

路由是指将来自一台网络设备如计算机主机的数据包穿过网络发送到位于另一个网段中设备上的路径信息。路由的配置就是通过路由器的操作系统合理配置,使通过路由器的数据包根据设定好的路径,在路由器的控制下向不同的网段传送数据。路由器还应该能够维护这些路由的完整和无差错。

配置路由应该具备的条件如下:

① 知道数据包的目的地址。一般是指目的 IP 地址。不知道数据包的目的地址,就不知道数据包传向何处。比如,你要向别人打听道路,如果不告诉你要去什么地方,别人怎样为你指路呢?

② 可能到达的目的网络的路径。配置的路径应该是可以通过已有的网络路径能够到达的,如果设置的路由路径根本不通,设置的路由将没有意义,通过这个路由发送的数据包也不能到达目的地。

③ 在可到达的目的 IP 地址路径中选择最佳路径。到达同一目的 IP 地址可以有多条路径,应该选择最佳路径。除了上述情况,对于动态路由还应该有可以学到路由的资源、管理和维护路由的信息。

2. 路由器的安全设置

对于黑客来说,利用路由器的漏洞发起攻击通常是一件比较容易的事情,这种攻击会浪费 CPU 周期,误导信息流量,使网络陷于瘫痪。高端路由器本身具有好的安全机制来保护自己,但仍然是远远不够的。保护路由器的安全需要网管员在配置和管理路由器的过程中采取相应的安全措施。堵住安全漏洞的措施之一是限制系统物理访问,这是确保路由器的安全最有效的方法之一。其他的安全措施就是禁用不必要的服务。提供较多的路由服务对用户来说是件好事,但近来许多安全事件的发生都说明了禁用那些不必要的本地服务的重要性。在路由器上,用户很少需要运行除了路由设置、访问控制等以外的其他服务,如 SNMP 和 DHCP,应尽量将这些服务配置在服务器上,让路由器专司其职,只做它特长的工作(与路由管理有关的工作),除非绝对必要的时候才启用这些服务。

限制逻辑访问是路由器另外一项与安全管理有关的内容,通过合理设置访问控制列表来实现。为了避免路由器成为黑客的攻击目标,应该拒绝以下流量进入:没有 IP 地址的包、有明确恶意地址的包、易产生不良后果的某些特定 TCP 服务端口的包、多播地址以及任何假冒内部地址的包。用户还可以利用出站访问控制限制来自网络内部的流量。这种控制可以防止内部主机发送 ICMP 流量,只允许有效的源地址包离开网络。这有助于防止 IP 地址欺骗,减少黑客利用用户系统攻击另一站点的可能性。

3. 监控配置更改

用户在对路由器的配置进行改动之后,需要对其运行状态进行监控。如果用户使用 SNMP(简单网络管理协议)进行远程管理和配置,要注意登录时的保密性。如果不通过 SNMP 管理对设备进行远程配置,用户最好将 SNMP 设备配置成只读,拒绝对这些设备进行写访问,这样就能防止黑客改动配置。但是,进入管理和配置状态时的安全性永远是首先要考虑的。为进一步确保安全管理,用户可以使用 SSH 等加密机制,利用 SSH 与路由器建立加密的远程会话。

4. 实施配置管理

配置好的路由器文件直接用于运行并影响运行效果,此外还必须保存好配置文档。应该有存放、检索及更新路由器配置的配置管理策略,并将配置备份文档妥善保存在安全的服务器或者可靠的存储介质上,以备新配置遇到问题时,用户需要更换、重装或恢复到原来的配置。

由于路由器配置文件是影响路由器工作的核心文件,除了要保证路由器的正常运行外,必须妥善保存。配置文件通常位于 RAM,NVRAM 或 TFTP 服务器上,RAM 中的配置文件影响当前运行状态,NVRAM 中的配置文件影响路由器启动后的运行状态,TFTP 则用于存放配置文件的备份。

注意:copy running-config startup-config 命令执行后会覆盖掉原来的旧配置文件,所以最好做好旧文件的备份。在进行任何更改之前,应细化操作规程,以防新的配置不正常时恢复为原来的状态。

5.1.1　路由器的常用命令

1. IP 路由过程简介

下面通过最简单的两个子网来说明 IP 路由的过程。在图 5-1 中可以看到,主机 A 的接口和路由器的 e0 接口都属于 192.168.1.0 的网段,而主机 B 的接口和路由器的 e1 接口都属于 192.168.2.0 的网段。配置之前路由器将两个网段隔开,经过合理的配置后将

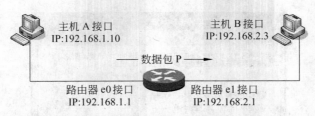

图 5-1　路由器连接两个不同的网段

两个网段连通。

当主机 A 发送数据包 P 时,其目的地址是主机 B。如果没有路由器指定路由或者通过三层交换机转发数据包,是不能够将数据包发送到主机 B 的,因为两个主机分属于不同的网段。当路由器内部设置好路由时,才能将两个网段连通。

下面简述数据包 P 被路由的过程。主机 A 首先在应用层上发送数据包,目的地指向主机 B,但是要先经过主机 A 送到传输层,并被分为数据段再送到下层的网络层。在网络层上,要将数据段封装为数据包,其中最重要的部分就是 IP 包头,源 IP 地址和目的 IP 地址都包含在内。路由器通过检查 IP 包头的源 IP 地址和目的 IP 地址,判断这个数据包从哪里来,到哪里去。这里对数据包 P 的源地址是主机 A 的 IP 地址 192.168.1.10,目的地址是主机 B 的 IP 地址 192.168.2.3。数据包从主机 A 向下送至数据链路层后,还要将数据封装成帧,其中包含源 MAC 地址和目的 MAC 地址。源 MAC 地址仍然是主机 A 的,但是应该引起注意的是,目的 MAC 地址却不是主机 B 的,这一点要格外清楚。因为两个主机在不同的网段,不可能通过链路直接送给主机 B,主机 A 发送的数据包传送的目的地址不在本网段,必须经过路由器才行,就将目的地指向本网段的网关,这个网关就是路由器的 e0 接口的 IP 地址,因此,数据包下一步传送的接口应该是路由器的 e0 接口,与其 IP 地址 192.168.1.1 对应的 MAC 地址也应该是路由器的 e0 口的 MAC 地址。在这个过程中进行数据帧的封装,即数据包加上了源 MAC 地址、目的 MAC 地址和校验码。

在主机 A 上应该进行如图 5-2 所示的配置,才能保证不在本网段的数据包通过网关送出去。当数据帧 P 送到路由器的 e0 接口后,先被放在缓存中进行校验以确定数据帧在传输过程中没有损坏,然后去掉数据帧头部的 MAC 地址和校验码,取出数据包 P。接着,路由器将数据包的包头送往路由处理器,路由处理器会读取其中的目的地址,然后在自己的路由表中查找是否存在它所在网段的路由。路由表是把数据传到目的地的依据,只有数据包将要发送到的目的网段存在于路由器的路由表中,数据包才能被发送到目的地。

当路由器中的路由表指明 192.168.2.0 网段是其中一个目标网段时,数据包可以到达这个网段对应的路由器的 e1 接口,并从这里发出去。真正发出的地址是 e1 的 IP 地址对应的 MAC 地址,也就是说数据包送到 e1 处的源 MAC 地址也是路由器的 e1 接口的 MAC 地址,而目的地址则是主机 B 的 MAC 地址,这个地址由路由器根据 ARP 协议解析得到存在缓存内。数据包向下进入数据链路层,构成了发向主机 B 的数据帧。

主机 B 收到数据帧后,将其目的 MAC 地址与自己的 MAC 地址对照,核对正确后,

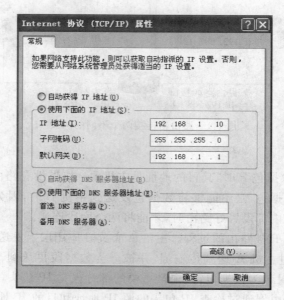

图 5-2　192.168.1.10 主机的配置

再校验数据帧是否被破坏,证明数据完整后,主机 B 会拆掉封装,将数据包取出,向上送给网络层处理,再逐层向上直至应用层。

整个过程简单总结为:在正常情况下,数据从一台主机传送到另一台主机时,数据包本身没有变化,源 IP 地址和目标 IP 地址也没有变化。但是,在数据链路层进行数据帧封装时,MAC 地址会在每经过一台路由器时发生变化,数据帧内的 MAC 地址直接与路由器接口有关,路由器的 MAC 地址决定了数据的走向。

2. 路由器的连接和启动

路由器的启动与交换机基本一样,但是路由器本身的接口较少,各个接口都有自己的特殊用途,在接入到网络之前应该仔细阅读设备说明书和使用方法。另外,路由器只有经过至少最基本的配置后才能用于连接网络,这一点与交换机不同,因为即便是可网管的智能交换机也可以不用配置作为"傻瓜"交换机使用。

在启动之前,必须使路由器与其他网络设备如交换机等连接,然后进行配置,才能启动电源开机。路由器与其他设备接口的连接方式已经在第 2 章中详细介绍,这里重点介绍配置接口的连接。

由于路由器必须进行配置才能使用,最基本的配置连接是用一条全反线(也称为反转线),将路由器端的 Console 接口(RJ-45,背板标有 Console)与另一端通过 RJ-45 到 DB-9 或 DB-25 的转换器接入到计算机或笔记本电脑的串行口,通过计算机对路由器进行配置。这种配置方法是所有路由器必须经过的过程,因为初始配置必须用这种方法,通过接入 Console 口的计算机或笔记本电脑的超级终端或其他终端仿真软件与路由器进行通信,完成路由器的配置。此外还可以用路由器的 AUX 口通过 Modem 配置路由器。如果路由器已经实现了基本配置,能够运行并接入网络或者至少有一个接口可以联网的话,一般采用远程运行计算机的 Telnet 程序或类似工具作为路由器的虚拟终端(VTY)与路由器建立通信,实现对路由器的配置。所以一般的原则是"初始配置用 Console,更改配置用 Telnet"。还有一种比较重要的配置就是 TFTP,这是一个 TCP/IP 的简单文件传输协议,可以将配置好的文件传送到 TFTP 服务器上,也可以将配置文件从 TFTP 服务器传送到路由器上,这非常有利于做配置文件的备份,否则,路由器内部的配置文件损坏将会带来巨大损失,做好备份是非常重要的。这几种配置方法如图 5-3 所示。

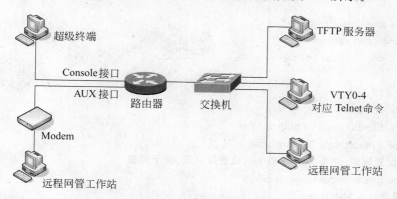

图 5-3　不同接口配置的连接

　　路由器的启动并不复杂,只是工作的前期准备或配置复杂一点。一定要注意各种连线是否正确,因为路由器都是接在网络主干上,而且接口大都是不可热插拔的,一旦拔下接口端,整个网络就会受到影响。在仔细检查完路由器连线无误之后,可以把电源线插头插入,并打开路由器的电源开关,接通路由器。接通后,在开机自检后,需要一段时间完成启动流程,可以通过 Console 口看到路由器的一些信息。路由器的启动流程如图 5-4所示。

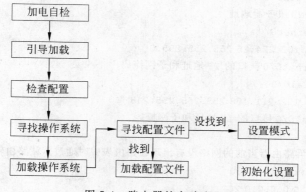

图 5-4　路由器的启动流程

3. 路由器的基本命令

路由器最为常见的基本命令有以下几个。

（1）config terminal 或 conf t

进入全局设置状态,原理与交换机相同。

（2）show running-config

此命令可简化为 sh ru（注：以下命令与此类似，不再一一举例，读者可以在实际操作时多练习以提高输入命令的效率）。此命令的功能是查看在路由器内存中运行的配置结果，这是一个经常使用的命令，因为能够了解路由器当前的运行状态，特别是在排除故障和了解设备的配置情况时使用得最多。例如：

```
Router#show running-config
Building configuration...
Current configuration:
!
version 12.0
service config
service timestamps debug uptime
service timestamps log uptime
//提供配置服务,并为 debug 和 log 设置时间戳,便于排错
service password-encryption
!//有设置口令加密功能
hostname CISCO2611
!//设置的路由器主机名为 CISCO2611
enable secret 5 $1$MJrb$o3NCu6DPwG/TGFBT7xiLv/
!//加了 enable 密文加密,路由器显示为乱码
ip subnet-zero
!//允许为 0 子网
ip domain-name noko.com
!//所在网络的域名
ip name-server 202.102.224.1
!//所在网络的 DNS 服务器地址
interface Ethernet0/0
ip address 202.102.224.25 255.255.255.0
!//路由器 Ethernet0/0 接口的 IP 地址和子网掩码
interface serial0/0
ip address 202.102.211.108 255.255.255.248
!//路由器 serial0/0 接口的 IP 地址和子网掩码
ip classless
!//无类路由,告诉路由器当前的网络没有出现在路由表中时通过默认路由转发数据包
ip default-network 0.0.0.0
ip route 0.0.0.0 0.0.0.0 202.102.211
!//在地址为 202.102.211 的路由器上建立默认路由
no ip http server
!//路由器禁用 HTTP 服务

line console 0
!//允许控制台 Console 配置模式
exec-timeout 1 0
```

```
!//为控制台 Console 连接设置超时时限为 1 分 0 秒
password 7061C0731
!//控制台连接登录密码为 7061C0731
login
!//允许控制台接口登录
line vty 0 4
!//进入 VTY(Telnet)接口配置模式
access-class 2 in
!//访问等级 2 级
password 7131F1F02
!//VTY(Telnet)连接登录密码为 7131F1F02
login
!//允许 VTY(Telnet)连接登录
end
```

以上是使用 show running-config 命令查看路由器的当前配置,为了便于理解,在符号!//后加了注释。此命令也可以简化为 show run。若要查看保存在 NVRAM 中的配置,需要使用 show startup-config 命令。

(3) show interfaces

使用这个命令可以查看路由器各个接口的状态,如果加了参数,可以查看某一个接口的状态。比如 show interface ethernet 0 是指查看路由器的 0 号以太网接口的状况。

(4) no shutdown

路由器接入网络的接口在没有配置时是没有被激活的,即处于 shutdown 状态。当然有时候网管人员为了需要也会将某个接口"关闭"而使其处于 shutdown 状态,这时接口不能使用。要想使用这个接口,就必须先进入这个接口,再将其激活。如对 ethernet0 的配置如下:

```
Router#conf t
Router(config)#interface ethernet 0
Router(config-if)#no shutdown
```

这样路由器的 ethernet 0 接口就被激活,可以使用了。

(5) hostname *name*

这个命令用来给路由器起一个网络上容易识别的名称,特别是网络中有较多路由器时就更加重要。例如:

```
Router(config)#hostname net1
net1(config)#
```

这样原来路由器默认的名称 Router 就被改为 net1,便于在网络上识别。

(6) enable password *word* 和 enable secret *word*

路由器的密码有两类,一类是 enable 密码,用于验证用户是否有配置路由器的权限,对应的是 enable 命令密码。另一类是配置线路上的密码,用于验证用户是否有通过该线路登录的权限,对应的是 password 命令密码。

enable 密码又有两种：明文的和密文的。前一种可以通过 show running-config 命令看到密码内容，对应于命令 enable password *word*；后一种用这个命令看到的是乱码，对应于命令 enable secret *word*。例如：

```
Router(config)#enable secret n3e5t7
```

给路由器施加密文密码为 n3e5t7，当从用户模式进入特权模式时会提示输入密码，而且加了密文密码后，明文密码就会失效。

Password 密码命令实例如下：

```
Router(config)#line console 0
Router(config-line)#login
Router(config-line)#password n3e5t7
```

这组命令用于控制从 Console 线配置路由器时，进入用户模式前必须输入密码 n3e5t7 才能获得通过这条线配置路由的权限。另外一个例子是针对远程配置（通过 Telnet）的，举例如下：

```
Router(config)#line vty 0 4
Router(config-line)#login
Router(config-line)#password n3e5t7
```

这组命令使得在远程的计算机上通过 Telnet 命令配置路由器时，必须输入密码 n3e5t7 才有权限配置路由器。

(7) ip address *address subnet-mask*

这个命令用于给某个接口添加 IP 地址和子网掩码。实例如下：

```
Router#conf t
Router(config)#interface ethernet 0
Router(config-if)#ip address 192.168.1.3 255.255.255.0
```

以上命令执行后为接口 ethernet 0 分配 IP 地址为 192.168.1.3，子网掩码为 255.255.255.0。命令也可以简化为：ip add 192.168.1.3 255.255.255.0，效果是一样的。

(8) ip route *destination subnet-mask next-hop*

这是静态路由配置命令，通过网络管理员手动配置路由器的路由表中的路由，静态路由比动态路由有更高的优先级别。其中 *destination* 是指通过本路由器连接到的下一个网段 IP，*subnet-mask* 是指这个网段的子网掩码，而 *next-hop* 是指由本路由器指向下一个路由器接口（下一跳）的 IP。下面举例说明。

例 5-1 如图 5-5 所示主机 A 是属于企业局域网（网段为 192.168.1.0 255.255.255.0）内部的计算机，要想访问外网必须通过路由器 B 的 s0 接口（172.16.1.2,255.255.255.252），它连接的另一端的接口是外网路由器 A 的接口 s0（172.16.1.1 255.255.255.252）。在配置路由器时应该注意的是，由于路由器连接的是两个不同的子网，所以必须对两个连接的路由器都要配置路由，即路由设置是双向的。

首先，在路由器 A 上为企业内部网配置静态路由，命令如下：

```
RouterA(config)#ip route 192.168.1.0 255.255.255.0 172.16.1.2
```

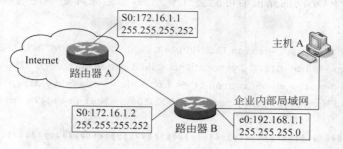

图 5-5　网络结构

以上命令的含义是：对路由器 A 而言，给定了一条路径，当数据包的目的地址是 192.168.1.0,255.255.255.0 网段时，通过下一跳的路由器 B 的接口 172.16.1.2 传送。

在另一侧的路由器 B 上也要配置静态路由，但是由于网段 192.168.1.0 内接了很多计算机，来自不同计算机传送的数据包的目的地址是不一样的，因此，虽然经由路由器 B 传送的下一跳是路由器 A(172.16.1.1)，但是目的地址不可能指定某一个网段，所以在路由器 B 上指定静态路由的命令如下：

```
RouterB(config)#ip route 0.0.0.0 0.0.0.0 172.16.1.1
RouterB(config)#ip classless
```

这组命令的含义是：第一句表示来自于企业局域网内部所有计算机主机发出的数据包，凡是在路由器 B 的路由表中没有找到应到达目的网段明确目的地址的，全都发向路由器 B 的默认网关路由器 A(172.16.1.1)，即选定了默认路由。在大多数专线企业一端的路由器上一般都会有这条配置，通常这是一种方便而实用的配置，相对来说路由的走向也比较确定，但是安全程度会差一些。第二句是一个无类路由命令，用来告诉路由器当前的网络没有出现在路由表中时，通过默认路由转发数据包。虽然一般情况下，没有这条命令默认路由也正常工作，因为大多数路由器的 IOS 都默认这条命令有效，但加了它保障性会更好。

在介绍了路由器的路由基本过程、启动和基本命令后，下面将结合路由器的配置实例讲解如何完成网管人员经常需要做的与路由器有关的配置方法。

5.1.2　路由器的配置

1. 路由器的初始配置

新购买的路由器是没有配置文件的，需要进行初始配置。在 Console 口通过计算机的 COM 口与路由器相连完毕，两者都打开电源，通过计算机的超级终端就可以对路由器进行初始配置。路由器开机的流程可以通过图 5-4 进行了解，但是初始使用时必须经过初始化配置。

如果是一台全新的机器，没有配置文件，路由器会进入一个自动对话式配置状态。这种配置方式称为对话式初始配置方式，它会向用户提出许多问题，回答完毕配置也就完成。也可以跳过它，以后自己再用命令一条条地配置。也可以在提示符下，输入 setup，再次进入对话式配置状态。

基本过程如下（不同的路由器可能会有所差别，但是原理是一样的，配置过程也一并说明）：

```
    System Bootstrap,Version 11.1(20)AA2,EARLY DEPLOYMENT RELEASE SOFTWARE (fc1)
Copyright(c)1999 by CISCO Systems,Inc.C3600 processor with 32768 Kbytes of main
memory Main memory is configured to 64 bit mode with parity disabled
program load complete,entry point: 0x80008000,size: 0x4ed478 Self decompressing
the image:
######################################################################
...
[OK]
Restricted Rights Legend
Use,duplication,or disclosure by the Government is
subject to restrictions as set forth in subparagraph
(c)of the Commercial Computer Software-Restricted
Rights clause at FAR sec. 52.227-19 and subparagraph
(c)(1)(ii)of the Rights in Technical Data and Computer
Software clause at DFARS sec. 252.227-7013.
CISCO Systems,Inc.
170 West Tasman Drive
San Jose,California 95134-1706


CISCO Internetwork Operating System Software
IOS(tm)3600 Software(C3640-I-M),Version 12.1(2)T,RELEASE SOFTWARE(fc1)
Copyright(c)1986-2000 by CISCO Systems,Inc.
Compiled Tue 16-May-00 12:26 by ccai
Image text-base: 0x600088F0,data-base: 0x60924000


CISCO 3640(R4700)processor(revision 0x00)with 24576K/8192K bytes of memory.
Processor board ID 25125768
R4700 CPU at 100Mhz,Implementation 33,Rev 1.0
Bridging software.
X.25 software,Version 3.0.0.
2 FastEthernet/IEEE 802.3 interface(s)
1 Serial network interface(s)
DRAM configuration is 64 bits wide with parity disabled.
125K bytes of non-volatile configuration memory.
8192K bytes of processor board System flash(Read/Write)
```
//以上是加电自检、版本号、装载 IOS 等信息，可以获得当前路由器的一些有用信息
//以上信息只供用户了解，初始化配置时不会更改
```
---System Configuration Dialog---
```
//开始进入初始化对话状态
```
Would you like to enter the initial configuration dialog? [yes/no]: y
```

//是否进入初始化配置对话,选 Y

At any point you may enter a question mark '?' for help.

Use ctrl-c to abort configuration dialog at any prompt.

Default settings are in square brackets '[]'.Basic management setup configures only enough connectivity

for management of the system,extended setup will ask you

to configure each interface on the system

//默认设置放在方括号内,扩展配置将根据每个接口设置

Would you like to enter basic management setup? [yes/no]: n

//是否进入基本管理设置,选 n

First,would you like to see the current interface summary? [yes]: y

//首先,是否看一下当前接口状态,选 y

Any interface listed with OK? value "NO" does not have a valid configuration

Interface IP-Address OK?Method Status Protocol

FastEthernet0/0unassigned NO unset up down

Serial0/0 unassigned NO unset down down

FastEthernet0/1unassigned NO unset up down

//以上显示当前路由器各接口状态

Configuring global parameters:

Enter host name [Router]: RouterA

//输入路由器的名字,本例为路由器起名为 RouterA

The enable secret is a password used to protect access to

privileged EXEC and configuration modes. This password,after

entered,becomes encrypted in the configuration.

Enter enable secret: R1o2u3terA

//输入密文的 enable 密码,设定为 R1o2u3terA,设定完后明文的 enable 密码会不起作用。

//密文的 enable 密码也可以不设定,只设定明文的 enable password 密码,但这样安全程度低。

The enable password is used when you do not specify an

enable secret password,with some older software versions,and

some boot images.

Enter enable password: RouterA123

//输入明文密码为 RouterA123

The virtual terminal password is used to protect

access to the router over a network interface.

Enter virtual terminal password: RouterC

//输入虚拟终端的密码为 RouterC,以备远程登录

Configure SNMP Network Management? [yes]: y

//是否配置简单网管协议支持的网络管理,选 Y

Configure IP? [yes]: y

//是否配置 IP,选 Y

Configure IGRP routing? [yes]: n

//是否配置 IGRP 路由选择协议,选 N

Configure RIP routing? [no]:

//是否配置 RIP 路由选择协议,选 N

Configure bridging? [no] :

//是否配置桥接,选 N

Async lines accept incoming modems calls. If you will have

users dialing in via modems, configure these lines.

Configure Async lines? [yes] : n

//是否配置异步线路,选 N

Configuring interface parameters:

Do you want to configure FastEthernet 0/0 interface? [yes] : y

//是否配置 fastethernet 0/0 接口,选 Y

Use the 100Base-TX (RJ-45) connector? [yes] : y

//是否用 RJ-45 的连接器,选 Y

Operate in full-duplex mode? [no] : y

//是否选用全双工模式,选 Y

Configure IP on this interface? [yes] : y

//是否在这个接口上配置 IP,选 Y

IP address for this interface: 192.168.0.1

//配置该接口的 IP 地址 (地址为 192.168.0.1)

Subnet mask for this interface [255.255.255.0] :

//配置该接口的子网掩码 (默认的是 255.255.255.0,可以手动输入修改)

Class C network is 192.168.0.0,24 subnet bits; mask is /24

Do you want to configure Serial 0/0 interface? [yes] : y

//是否配置 serial 0/0 接口,选 Y

Some supported encapsulations are

ppp/hdlc/frame-relay/lapb/x25/atm-dxi/smds

Choose encapsulation type [hdlc] :

//选择封装方式,默认的封装方式是 HDLC,可根据与路由器相连的封装类型来决定用什么样的封

//装类型

No serial cable seen.

Choose mode from (dce/dte) [dte] :

//因为没有连串口线,所以选择设备类型

Configure IP on this interface? [yes] : y

//在接口上配置 IP

IP address for this interface: 172.16.0.5

//配置该接口的 IP 地址 (地址为 172.16.0.5)

Subnet mask for this interface [255.255.0.0] : 255.255.255.252

//配置该接口的子网掩码 (默认的是 255.255.0.0,可以手动输入修改为 255.255.255.252)

Class B network is 172.16.0.0,30 subnet bits; mask is /30

//以下配置同上

Do you want to configure FastEthernet 0/1 interface? [yes] :

Use the 100Base-TX (RJ-45) connector? [yes] :

Operate in full-duplex mode? [no] : y

Configure IP on this interface? [yes] : y

IP address for this interface: 172.16.0.9

Subnet mask for this interface [255.255.0.0] : 255.255.255.252 Class B network is

172.16.0.0,30 subnet bits; mask is /30

The following configuration command script was created:

//配置结果显示如下

hostname RouterA

enable secret 5 1ul/V$ezbZFgvzGHD.YPSieC0Ew/

enable password RouterA123

line vty 0 4

password RouterC

no snmp-server

!

ip routing

no bridge 1

!

interface FastEthernet 0/0

media-type 100Base-X

full-duplex

ip address 192.168.0.1 255.255.255.0

!

interface Serial 0/0

encapsulation hdlc

ip address 172.16.0.5 255.255.255.252

!

interface FastEthernet 0/1

media-type 100Base-X

full-duplex

ip address 172.16.0.9 255.255.255.252

dialer-list 1 protocol ip permit

dialer-list 1 protocol ipx permit

!

end

//以下提示是否保存这次设置

[0] Go to the IOS command prompt without saving this config.

[1] Return back to the setup without saving this config.

[2] Save this configuration to nvram and exit.

Enter your selection [2]: 2

//选择 2 保存设置并存入 NVRAM 中

Building configuration...

[OK] Use the enabled mode 'configure' command to modify this configuration.

Press RETURN to get started!

//路由器重新启动

00:00:08: %LINK-3-UPDOWN: Interface Serial 0/0,changed state to down

00:00:08: %LINK-3-UPDOWN: Interface FastEthernet 0/0,changed state to up

...

//接口状态改为 down,表示关闭,up 为启动

```
00:03:18:%IP-5-WEBINST_KILL: Terminating DNS process
```
//终止 DNS 进程
```
00:03:24:%SYS-5-RESTART: System restarted-
```
//系统重启
```
CISCO Internetwork Operating System Software
IOS(tm)3600 Software(C3640-I-M),Version 12.1(2)T,RELEASE SOFTWARE(fc1)
Copyright(c)1986-2000 by CISCO Systems,Inc.
```
//IOS 的厂家和版本号
```
Compiled Tue 16-May-00 12:26 by ccai
```
//编译人和时间
```
RouterA>
```
//进入用户模式
```
RouterA>en
Password:
```
//输入设定的密码
```
RouterA#
```
//进入全局模式
```
RouterA#sh run
```
//查看现在运行的配置,这个命令是 show running-config 的简化
```
Building configuration...
Current configuration:
!
version 12.1
service timestamps debug uptime
service timestamps log uptime
no service password-encryption
!
```
//debug 和 log 时间戳,不用服务加密
```
hostname RouterA
```
//路由器名为 RouterA
```
!
enable secret 5 $1$ul/V$ezbZFgvzGHD.YPSieC0Ew/
enable password RouterA123
```
//密文密码和明文密码
```
!
memory-size iomem 25
ip subnet-zero
```
//内存大小,支持 0 子网
```
!
interface FastEthernet 0/0
ip address 192.168.0.1 255.255.255.0
speed auto
full-duplex
```
//Fa0/0 接口的 IP 地址和子网掩码、速率、全双工

```
!
interface Serial 0/0
ip address 172.16.0.5 255.255.255.252
clockrate 64000
//S0/0接口 IP 的地址和子网掩码,clockrate 设置对应 DCE 设备的时钟频率
!
interface FastEthernet 0/1
ip address 172.16.0.9 255.255.255.252
speed auto
full-duplex
!
ip classless
no ip http server
!
dialer-list 1 protocol ip permit
dialer-list 1 protocol ipx permit
!
line con 0
transport input none
line aux 0
line vty 0 4
password RouterC
login
!
end
```

至此已完成了一个新路由器的初始状态下的基本配置。这里比较详细地介绍了初始配置的步骤,一方面有助于读者了解对完全没有配置的路由器如何开始操作,另一方面,掌握每个步骤对以后的应用过程中路由器配置的更改和重新配置都有一定的好处。初始配置完成后满足了路由器工作的最基本条件,但实际上路由器在网络环境中的工作状态是比较复杂的,必须针对实际情况做具体而又详尽的进一步配置,这就要求网管人员有较扎实的网络技术和较高的 IOS 应用能力,在实际工作中更多的是要掌握这种能力。下面将介绍路由器配置方面的常用技术。

2. 配置以太网接口、静态路由、动态路由

与初始配置相比较,路由器在管理过程中的配置是网管人员需要经常操作的内容。由于路由器的配置比较复杂,尤其对于拓扑结构复杂的多路由器网络,路由器配置更需要较高的网络管理技术水平,而且要求有比较丰富的实际工作经验才能够解决配置、调试和运行过程中的许多问题,不过常规的几项配置是必须掌握的。

(1) 配置以太网接口

路由器连在网络中最常见的接口有以太网接口(ethernet)和串口(serial),配置的方法大同小异,下面以以太网接口为例说明。

```
Router# conf t
Router(config)#interface ethernet 0
Router(config-if)#ip add 202.112.16.13 255.255.255.0
Router(config-if)#no shutdown
Router(config-if)#end
```

以上命令用于配置路由器的以太网接口,将其 IP 地址设置为 202.112.16.13 255. 255.255.0,并将 e0 口激活。

（2）配置静态路由

参见图 5-5 对应的实例。

（3）配置动态路由（以 RIP 协议为例）

```
Router# conf t
Router(config)#router rip
Router(config- router)#net 172.16.1.0
Router(config- router)#net 192.168.1.0
```

以上命令用于配置基于 RIP 的动态路由协议,后两句分别对应路由器的两个接口连接的网段。完整的配置动态路由的过程后面会详细讲述。

3. 调试

当路由器配置完毕后,要注意进行一次综合调试,内容如下:

① 将所有准备接入网络的以太网接口和串口激活。方法是进入对该口的配置状态,执行命令 no shutdown,避免接口不能使用。

② 注意接入网络的主机连在路由器的哪个接口,那么这个接口的 IP 地址作为主机接入网络的网关。

③ ping 连好的路由器的各个接口,分析检查状态,不通的要排除故障。

④ 用 Trace 命令跟踪路由,分析不通的网段。

5.1.3　路由器的维护

1. 配置文件的备份与恢复

路由器有几种重要的芯片。RAM 是路由器的内存,设备启动后的 IOS 放在其中,配置文件的执行也从这里调用,但断电后会消失。ROM 是路由器的只读存储器,它存储了加电自检程序、Bootstrap 码、ROM monitor 监视程序和一个简单的 IOS。FLASH 是闪存,IOS 存放在该芯片中。NVRAM 存放路由器的启动配置,一般执行 copy run startup 命令可以将设置好的配置存入 NVRAM,另外,它还保存了配置注册码。Interfaces 芯片主要控制路由器接口。

对路由器的维护,要求运行中保证设备的电源稳定,运行环境良好,连接状态良好,网管人员需要检查设备状态。此外,因为运行状态经常根据需要变化,路由器的配置也会改变,一旦改变配置,系统配置文件也发生变化,如果不做好这方面的维护,会造成不必要的损失。当然,对交换机的类似维护也是基本相近的。

① 无论是初始配置还是管理性配置,配置好的文件经检验确实是将要运行的后,务

必做 copy run startup 或 write 的操作,将结果存到 NVRAM 中,才能保证万一断电或者路由器重新启动后配置好的内容不会丢失。

② 在更改原来的配置之前,应该对原来的配置进行备份,并进行记录。因为在实际运行中,复杂的系统有可能因某一个小小的失误造成整个网络不能正常运行。万一新的配置不能正常运行而必须恢复原来的配置,留有备份文件就显得非常重要。

③ 设置好新的配置之后,也应做文件的备份,以防万一路由器发生问题后恢复系统。

2. 常用的保存和备份配置文件的方法

TFTP 服务器是基于 TFTP 协议(Trivial File Transfer Protocol)的一个 TCP/IP 下的简单文件传输协议,在网络管理机上可以构造一个这种服务器,把配置好的协议传送到这里,作为文件的备份。向 TFTP 服务器上复制文件时应该确认路由器或交换机与 TFTP 服务器的访问是否良好,TFTP 服务器是否有足够的空间,并且给要复制的文件开辟专门的文件夹,并确定要复制的文件存放的文件夹名称和要保存的文件名称。

除了 TFTP 服务器可以作为配置文件存放的地方外,还有几个经常存储配置文件的地方,就是 FLASH,NVRAM 和 RAM,只不过存储的效果和内容不一样。有几种与配置文件有关的存储方式。

① 将内存中的配置保存到 NVRAM 中,作为启动路由器后的配置,以便重新启动时可以运行。命令如下:

```
Router#copy running-config startup-config
```

或者

```
Router#copy running start
```

有时经常会用 write 命令,但路由器必须支持这个命令才行。

② 把 NVRAM 中存储的启动配置复制到内存中,覆盖正在运行的配置文件。但要注意的是,这种方式启动配置中有的并且存在于内存中的命令会被覆盖,但是启动配置中没有的而内存中已有的命令不会被覆盖。

```
Router#copy startup-config running-config
```

或者

```
Router#copy start running
```

③ 还有几种将不同的配置文件复制到 TFTP 服务器的方法,命令如下:

```
Router#copy running-config TFTP      //将内存中的配置备份到 TFTP 服务器上
Router#copy startup-config TFTP      //将 NVRAM 中的启动配置备份到 TFTP 服务器上
Router#copy flash TFTP               //将闪存 FLASH 中的 IOS 备份到 TFTP 服务器上
```

当设备出现问题时,有时需要从网络中的 TFTP 服务器上把备份的配置文件复制到路由器或交换机上,操作的命令如下:

```
Router#copy TFTP running-config      //将 TFTP 服务器上备份的配置文件复制到内存中
Router#copy TFTP startup-config      //将 TFTP 服务器上备份的配置文件复制到 NVRAM 中
```

```
Router#copy TFTP flash          //将 TFTP 服务器上备份的 IOS 复制到闪存 FLASH 中
```

以上几个互相复制的命令不仅仅是为了将配置文件进行备份,防止配置文件的损坏后设备不能正常运行,更重要的是保存完整的设备资料是网络管理的必要条件,还可以为设备运行的故障处理、系统升级提供基础。比如,CISCO 公司的 IOS 经常会升级。如果需要升级,其中一个方法就是从网上下载新版本的 IOS。必须先下载到 TFTP 服务器,然后再用命令 copy TFTP flash 存入闪存,才能完成升级过程。

有时候需要清除 NVRAM 或 FLASH 中的文件,命令如下:

```
Router#erase start
Router#erase flash
```

但是因为这两个命令会清除路由器运行的配置或 IOS 文件,操作时要格外小心,在执行这两个命令之前一定要先做好配置文件的备份。

为了更加简洁、清晰地描述几个备份命令的操作方法,可以通过图 5-6 了解它们之间的关系。

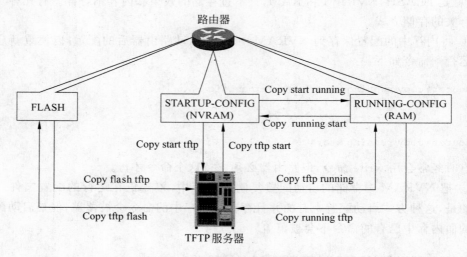

图 5-6   保存和备份配置文件的命令

5.2   路由器配置实例

5.2.1   用路由器将两个局域网连接的方法

下面举例说明两个局域网用路由器并通过 DDN(数字数据网)专线互连后实现两个局域网之间的通信,这里假设 DDN 中间没有其他的路由器。结构如图 5-7 所示,局域网 LAN_A 在 172.16.10.0/24 网段(24 表示子网掩码为 255.255.255.0),通过交换机 SwitchA 连接局域网 LAN_A,PC_A 是此网中的一台计算机主机。局域网 LAN_B 在 172.16.11.0/30 网段(30 表示子网掩码为 255.255.255.252),通过交换机 SwitchB 连接局域网 LAN_B,PC_B 是此网中的一台计算机主机。两个路由器接入的接口分别为 Fa0 和 s0,即为快速以太网口和串行口。

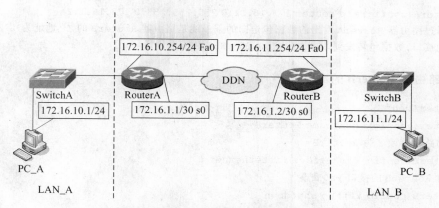

图 5-7　用路由器将两个局域网连接及路由器配置方法

由于 LAN_A 和 LAN_B 不在一个网段,不能直接通过交换机通信,虽然中间经过了 DDN 专线,但是实际实现两个网络互联必须经过路由器 RouterA 和 RouterB 才能保证两个网络有效通信。

配置静态路由必须对两个路由器都进行才行,也就是说要配置某个路由器指向远端或另一端的路由,也要在远端或另一端的路由器上配置返回的路由,因为通信是双向的。下面分别对这两个路由器进行配置,虽然这两个路由器配置的格式有点类似,但是内容却是不一样的,尤其是静态路由设置的命令需要仔细体会。

1. 路由器 RouterA 的配置

```
Router# conf t
Router(config)#hostname RouterA
//为路由器改名为 RouterA
RouterA(config)#interface fastethernet 0
//对接口 Fa0 配置
RouterA(config-if)#no shutdown
//激活启用 Fa0 接口
RouterA(config-if)#description link to LAN_A
//对此接口加入描述性文字,知道此接口接入 LAN_A,但这一句不被执行
RouterA(config-if)#ip address 172.16.10.254 255.255.255.0
//为接口 Fa0 配置 IP 地址和子网掩码
RouterA(config-if)#interface serial 0
//转换为串行口 s0 配置,注意虽然提示符仍然是 RouterA(config-if),但接口变为 s0
RouterA(config-if)#no shutdown
//激活启用 s0 接口
RouterA(config-if)#ip address 172.16.1.1 255.255.255.252
//为接口 s0 配置 IP 地址和子网掩码
RouterA(config-if)#encapsulation ppp
//此接口与另一个路由器 RouterB 相连采用 PPP 的链路封装协议
RouterA(config-if)#exit
//退回到全局配置模式
```

```
RouterA(config)#ip router 172.16.11.0 255.255.255.0 172.16.1.2
```
//通过路由器 RouterA 发出的数据包走向的下一跳是路由器 RouterB 的 IP 地址为 172.16.1.2
//的接口,数据包转发到 172.16.11.0,255.255.255.0 网段

2. 路由器 RouterB 的配置

```
Router#conf t
Router(config)#hostname RouterB
```
//为路由器改名为 RouterB
```
RouterB(config)#interface fastethernet 0
```
//对 RouterB 的接口 Fa0 配置
```
RouterB(config-if)#no shutdown
```
//激活启用 Fa0 接口
```
RouterB(config-if)#description link to LAN_B
```
//这一句不被执行,只是对此接口加入描述性文字,知道此接口接入 LAN_B
```
RouterB(config-if)#ip address 172.16.11.254 255.255.255.0
```
//为接口 Fa0 配置 IP 地址和子网掩码
```
RouterB(config-if)#interface serial 0
```
//转换为串行口 s0 配置,注意虽然提示符仍然是 RouterB(config-if),但接口变为 s0
```
RouterB(config-if)#no shutdown
```
//激活启用 s0 接口
```
RouterB(config-if)#ip address 172.16.1.2 255.255.255.252
```
//为接口 s0 配置 IP 地址和子网掩码
```
RouterB(config-if)#encapsulation ppp
```
//此接口与另一个路由器 RouterA 相连采用 PPP 的链路封装协议
```
RouterB(config-if)#exit
```
//退回到全局配置模式
```
RouterB(config)#ip route 172.16.10.0 255.255.255.0 172.16.1.1
```
//通过路由器 RouterB 发出的数据包走向的下一跳是路由器 RouterA 的 IP 地址的 172.16.1.1
//的接口,数据包转发到 172.16.10.0,255.255.255.0 网段

以上命令完成了与路由器接口和静态路由设置有关的基本配置。配置完成后不要忘记将配置文档保存到 NVRAM,并且测试连接的通畅性,比如用 PC_A 和 PC_B 互相 ping,查看是否连通。在实际网络配置中,与路由器配置有关的内容还有很多,比如访问控制列表、路由器上的网络服务如 DHCP(动态主机配置协议)、DNS(域名解析系统)、HTTP(超文本传输协议)、NAT(网络地址转换)等的设置都是网络管理中经常涉及的内容,后面将陆续讲到。

5.2.2　用路由器接入 Internet 的方法

前面的例子是针对两个局域网通过路由器互连实现互通,但是对于大多数企业或校园网来说,本单位的网络可以看成是一个大的局域网,然后再将这个网络的出口与外面的网络服务提供商(ISP)的接口相连,再接到 Internet 上。为了描述方便,如图 5-8 所示的 LAN_A 是简化后的企业局域网或校园网。

从图 5-8 中可以看出,与前面的例子不同的是网管人员只需要对 LAN_A 端的路由

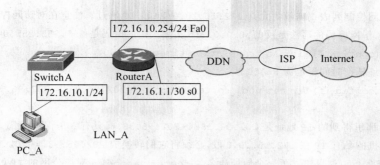

图 5-8　企业网或校园网 LAN_A 用路由器接入 Internet

器进行配置即可,而另一端的路由器配置由网络服务提供商(ISP)的网管人员配置,但要 LAN_A 端提供必要的路由 IP 地址。还有就是这里对 NAT 进行了配置,因为大多数情况下 ISP 提供给用户的公共 IP 地址数量是非常有限的,访问控制列表的简单使用在本例中也可以了解到。

LAN_A 端路由器 RouterA 的配置方法如下:

```
Router# conf t
Router(config)#hostname RouterA
//将路由器改名为 RouterA
RouterA(config)# interface fastethernet 0
//对接口 Fa0 配置
RouterA(config-if)#no shutdown
//激活启用 Fa0 接口
RouterA(config-if)#description link to LAN_A
//描述性文字说明此接口接入 LAN_A
RouterA(config-if)#ip address 172.16.10.254 255.255.255.0
//为接口 Fa0 配置 IP 地址和子网掩码
RouterA(config-if)#ip nat inside
//将 Fa0 接口配置为地址转换(NAT)的内接口,从此口向内网对应内部的私有 IP 地址
RouterA(config-if)#interface serial 0
//转换到为串行口 s0 配置
RouterA(config-if)#no shutdown
//激活启用 s0 接口
RouterA(config-if)#ip address 172.16.1.1 255.255.255.252
//为接口 s0 配置 IP 地址和子网掩码
RouterA(config-if)#ip nat outside
//将 s0 接口配置为地址转换(NAT)的外接口,从此口向外对应公网的公共 IP 地址
RouterA(config-if)#encapsulation ppp
//此接口与另一个路由器 RouterB 相连采用了 PPP 的链路封装协议
RouterA(config-if)#no access-list 1
//取消原有的访问控制列表 1,这是为了防止新建的访问控制列表 1 功能不能按设置执行而做的
//预防性措施
RouterA(config-if)#access-list 1 permit 172.16.10.0 0.0.0.255
```

//定义访问控制列表 1 内容为允许 172.16.10.0/24 段 IP 通过。注意在对访问控制列表进行
//定义时,子网掩码的写法是反的,0.0.0.255 实际上指的掩码是 255.255.255.0
RouterA(config-if)#ip nat translation timeout 86400
//动态地址转换时间设定为 86400 秒
RouterA(config-if)#ip nat pool router-natpool-1 202.96.38.4 202.96.38.6 255.255.
255.248
//从 ISP 那里得到的 IP 地址是 202.96.38.4~202.96.38.6,只有 3 个,不够用。但局域网内部
//众多主机的私有 IP 在 172.16.10.0 段,必须将它们转换成 202.96.38.4~202.96.38.6 段的
//IP 地址才行。这里建立了一个地址池名为 router-natpool-1 对应公网的 IP 段,当它与访问
//控制列表关联时就可以实现内部地址向外部地址的转换
RouterA(config-if)#ip nat inside source list 1 pool router-natpool-1 overload
//这一句通过调用访问控制列表 1,将 172.16.10.0 网段的 IP 都转换成 pool router-natpool-1
//定义的地址段 202.96.38.4~202.96.38.6,overload 的含义是,如果有多于地址池中定义的
//地址数量(比如 30 个用户)的用户访问外部,那么多个内网地址可以被转换成同一公网地址,不
//同的内网地址之间可以通过不同的接口来识别,这样利用地址定义的三个公网地址就可以使所
//有的内网用户上网
RouterA(config-if)#exit
//退回到全局配置模式
RouterA(config)#ip router 0.0.0.0 0.0.0.0 serial 0
//配置默认路由,所有经过 s0 的数据包都发向下面的任何地址

5.2.3 动态路由的配置方法

在中小型网络中,如果接入的路由器不多,则只需要掌握静态路由的配置方法即可,对一般的企业网或者校园网的网管员来说,掌握静态路由配置技术是基本要求。但是,在大型网络中,会有很多路由器接入网络,被管理的路由器可能多达几百台甚至更多。如此大型的网络如果还靠网管员一台一台地配置静态路由,那将是不可想象的,工作量会大得惊人,而且有可能使路由设置不完整而影响网络状态。

在学习网络基础知识时已经了解到,实现动态路由有几种协议,如 RIP,OSPF,IGRP等,它们的工作原理根据采取的路由算法和适用范围大小有所不同。在同一种动态路由协议下,相邻的路由器之间可以互相学习路由。距离矢量路由协议(RIP)是最常见的一种动态路由协议方法。下面以 RIP 为例简单地介绍有助于了解动态路由的原理和方法。

运行 RIP 的路由器并不知道整个网络的拓扑结构,它们之间是通过相互传递路由表来学习路由的。路由器不能从相邻的路由器那里学到整个网络的拓扑,路由表中只记载了目的地的方向和距离,也就是说路由器从相邻的路由器那里学来的路由,只能知道方向和距离,所以这个协议被称为距离矢量路由协议。

RIP 有两种版本:Version1 和 Version2,前者通过广播 UDP 报文来交换路由信息,后者使用组播交换路由信息。而衡量路由距离的指标是跳数(hop),它是指数据包到达目标所必须经过的路由器的数目,RIP 支持的最大跳数是 15。

对动态路由配置方法可以通过如图 5-9 所示的例子说明其用法。

下面说明对应的动态路由的配置方法。

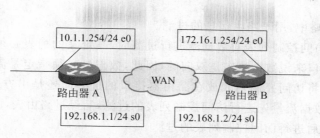

图 5-9 动态路由配置示例

对路由器 A：

```
RouterA(config)#router rip
//采用 RIP 的动态协议
RouterA(config-router)#version 2
//RIP 版本 2
RouterA(config-router)#network 192.168.1.0
//指定与 RouterA 相连的网络段
RouterA(config-router)#network 10.0.0.0
//指定与 RouterA 另一个相连的网络段
```

对路由器 B：

```
RouterA(config)#router rip
RouterA(config-router)#version 2
RouterA(config-router)#network 192.168.1.0
RouterA(config-router)#network 172.16.0.0
```

5.3 访问控制列表(ACL)和网络地址转换(NAT)

路由器是构成 IP 网络的核心产品,其最基本的功能是连接不同类型、不同网段的网络,选择最佳的信息传送路径并转发数据包,尤其企业网或校园网接入 Internet 时更是离不开路由器。但实际上它的功能远不止这些,它还可以实现访问控制和地址转换(NAT)。前者是网络安全和防火墙构成的基本要素,而后者是扩大公共 IP 地址使用范围的有效途径。

5.3.1 访问控制列表

访问控制列表(ACL)是一系列允许和拒绝条件的集合,通过访问控制列表可以过滤进入和送出的数据分组的请求,实现对路由器和网络的安全控制。访问控制列表的主要功能有以下几个方面:

① 限制特定网段、主机或特定类型的网络流量,提高网络性能。

② 在路由器接口处决定哪种类型(如 HTTP,DNS)的通信量被转发或丢弃,从而提高网络的安全。防火墙就利用了这个原理。

③ 用于地址转换(NAT),定义哪些数据分组需要进行地址转换。

④ 在路由策略中,用于路由信息的过滤。

在路由器中访问控制列表对数据流进行过滤时,其定义的列表必须作用于相应的接口上,而且对于接口来说数据流向是双向的,因此,数据流必须指定是流入接口还是流出接口。也就是说,将访问控制列表放在路由器接口的进方向还是出方向上,效果是不同的。因为一个是数据流量先进行访问控制列表的过滤,后经过路由表,而另一个是数据流量先经路由表,后进行访问控制列表的过滤。

如图 5-10 所示,数据流进入路由器后,先经过访问控制列表(ACL)的过滤,只有满足过滤条件的数据包才能允许寻找路由表,找到合适的路径后继续数据包的传送。而如图 5-11 所示,数据流从接口进入路由器后先选择路由,然后才经过访问控制列表的过滤。这两种方法要根据使用目的的不同选用。一般来讲,如果要防范外来攻击和不良信息,应该采用图 5-10 所示的策略,因为它采用了先过滤后路由的策略,可在数据包查询路由之前把不良数据流过滤掉,提高安全系数,也提高数据流速率。有时候内网为了防止本身的不良信息流出路由器,就会采用图 5-11 所示的策略。总之,无论是采用进口的访问控制策略还是出口的访问控制策略都要根据网络的实际情况和应用需要决定。

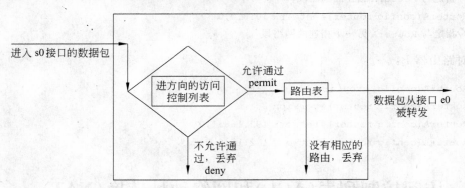

图 5-10   路由器数据流在接口进时访问控制列表的工作流程

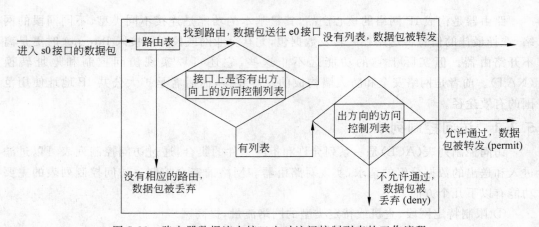

图 5-11   路由器数据流在接口出时访问控制列表的工作流程

由于访问控制列表技术不仅是路由器的一项基本技能,而且在网络服务器、网络防火墙等管理和操作中也经常要用到，所以掌握这方面的内容是很重要的。下面介绍几个应该了解的方面。

1. 访问控制列表的原理

访问控制列表（Access Control List，ACL）是网管员在路由器上设置的一系列允许和拒绝条件的集合，可以对送来的数据流进行过滤，实现对路由器和网络的安全控制。当某个数据包传送到调用访问控制列表的语句时，路由器根据其编号找到对应的访问控制列表组，路由器将按如图 5-12 所示的规则一个一个地检测数据包与访问列表的条件。先判断是否满足第一条语句，如果满足，就不再进行下一步的判断，直接进行"拒绝（deny）"或"允许（permit）"操作，即执行列表语句丢弃该数据包或者继续发送该数据包。如果第一条语句不满足，就进行下一步的判断，看设定的第二条语句是否满足，如果满足就进行"拒绝（deny）"或"允许（permit）"操作，即执行列表语句丢弃该数据包或者继续发送该数据包，否则再判断第三条语句。以此类推，如果一个数据包与所有语句的条件都不能匹配，那么在访问控制列表的最后有一条隐含的语句，可强制性地将这个数据包丢弃。访问控制列表中的"拒绝（deny）"或"允许（permit）"是网管人员设置的，它能控制哪些类型的数据包允许被发送，哪些被拒绝（过滤掉），所以一系列 ACL 的组合使用得当就可以起到控制数据流是否能通过路由器的作用，也是控制网络安全的常用手段。

如图 5-12 所示为数据流经过访问控制列表的过程。

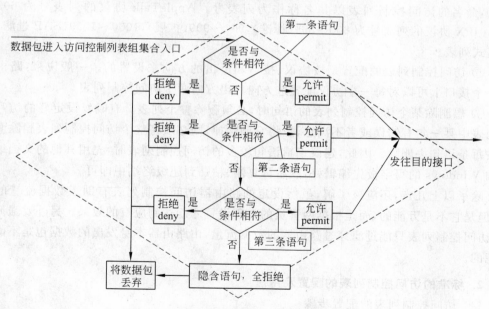

图 5-12　数据流经过访问控制列表的执行过程

访问控制列表虽然是路由器常用的配置之一，但是它比静态路由和动态路由的配置要复杂很多，一旦配置不好会直接影响整个网络的正常运行。因此，必须格外谨慎。在配置访问控制列表时应该注意以下几个方面。

① 一定要注意访问控制列表的语句的先后顺序。访问控制列表是由一系列的语句

所组成的。当数据包进入路由器被 ACL 判断时,是从上到下按顺序执行的,一旦数据包的信息符合某一条件,数据包就会执行该语句规定的操作,在访问控制列表中列出的其他语句不再进行比较。如果语句顺序不当,有可能执行的效果不是所希望的。

② 最有限制性的语句应该放在访问控制列表语句组的首行。访问控制列表有一个特性,一旦前面的判断条件被满足而将数据包放过,下面的语句就不会被执行,所以最有限制性的语句应该放在访问控制列表语句组的首行或前面,可以防止应该拒绝的数据包被放过,在设定与网络安全有关的语句时更要注意这一点。

③ 要在全局模式下先建立好访问控制列表,才能对某个路由器接口施加过滤功能。如果想对路由器的某个接口,比如 e0 口在进的方向施加访问控制的约束,但是并没有写好访问控制列表的判断组合与之对应,则无法执行。

④ 在访问控制列表的最后有一条隐含的全部拒绝的命令,所以访问控制列表中应该至少有一条允许的命令。这一点也很容易理解,因为不管怎样,数据包经过最后的判断后都不满足就会被全部拒绝,如果一句允许的语句都没有,那么整个路由器就什么数据都不能转发,路由器处于"封闭"状态。

⑤ 根据 ACL 的列表号可以判断是哪种协议的访问控制列表。各种协议都有自己的访问控制列表,编号也不同。如 IP 协议的编号有几类,第一类是标准的访问控制列表,列表号为 1～99,第二类是扩展的访问控制列表,列表号为 100～199,1300～1999,2000～2699,命名的访问控制列表以其名称作为列表号。AppleTalk 协议的列表号为 600～699。IPX 协议的列表号为 800～899(标准),900～999(扩展),1000～1099(SAP 过滤)及命名式列表。

⑥ 访问控制列表的配置是按协议、接口和进出的方向来设置的。一般说来,路由器的一个接口上可以对每一个协议配置进方向和出方向两个访问控制列表。

⑦ 想删除某个访问控制列表的语句时,必须删除整个列表。有时候设定好的访问控制列表中某一句有错误或者不满意,想将它删除掉,则必须将整个访问控制列表删除而不能按每条语句去删除。因此,建议编辑语句较多的访问控制列表时,先用其他的文档编辑器如 Windows 的写字板先编辑好,然后再复制、粘贴到超级终端中即可。

除了以上几点,还应该了解,虽然设定的路由器访问控制列表有助于数据流量的过滤,但是它不是万能的,而是根据网管员的合理设置才能达到应有的效果。另外要强调的是,访问控制列表只能过滤穿过路由器的数据流量,由路由器本身发出的数据包是不能被过滤的。

2. 标准的访问控制列表的配置及用法

(1) 访问控制列表的配置步骤

配置访问控制列表的步骤并不复杂,主要有两个步骤。

① 在路由器的全局配置模式下,用下列命令格式创建访问控制列表。

```
Router(config)#access-list access-list-number{permit|deny}source{source-
wildcard}
```

其中,*access-list-number* 是 ACL 序列号,标准的 IP 协议的 ACL 为 1～99 号,*source*

为源 IP 地址,*source-wildcard* 为通配符掩码。

② 进入某个路由器接口,在接口配置模式下使用 access-group 命令将前面创建的 ACL 应用到某一接口上。

```
Router(config-if)#ip access-group access-list-number{in|out}
```

从以上两句命令可以看出,第(1)步的 ACL 句式列出的若干句称为 ACL 组或集合,这一组设定相同的列表号供某个接口调用。第(2)步是接口实际应用 ACL 的操作。下面举例进行介绍。

如图 5-13 所示,路由器有三个接口 e0,e1,e2,其接口的 IP 地址和几个网段图 5-13 中已有标示。现在要设置的访问控制列表要求位于 172.16.3.0 网段的主机不能访问 172.16.1.0 网段的主机。另外要求位于 172.16.2.0 网段的主机可以访问位于 172.16.1.0 网段的主机,但是要求主机 B 不能访问 172.16.1.0 网段的主机。如果再联其他网段,允许访问 172.16.1.0 网段的主机。

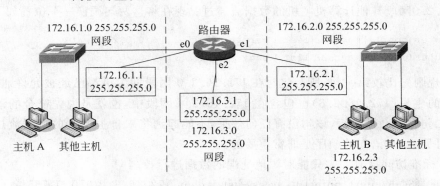

图 5-13　标准的访问控制列表的配置

(2) 访问控制列表的配置方法

对各个接口的 IP 地址配置等基本配置前面已经介绍过,下面只讲解访问控制列表的配置方法。

① 配置访问控制列表组。

```
Router(config)#access-list 1 deny 172.16.3.0 0.0.0.255
//拒绝172.16.3.0,255.255.255.0网段的主机访问,注意通配符掩码的写法与子网掩码相反
Router(config)#access-list 1 deny 172.16.2.3 0.0.0.255
//拒绝172.16.2.0,255.255.255.0网段的172.16.2.3主机B的访问
Router(config)#access-list 1 permit 172.16.2.0 0.0.0.255
//除了172.16.2.3主机以外,172.16.2.0,255.255.255.0网段其他的主机都允许访问
Router(config)#access-list 1 permit any
//除了上述条件限制之外的其他任何主机都允许访问
```

② 在 e0 接口上应用以上的访问控制列表。

```
Router(config)#int e0
//换到e0接口,对e0应用访问控制列表
```

```
Router(config-if)#ip access-group 1 out
//对接口 e0 施加访问控制列表 1,并作用在出的方向上
```

（3）配置访问控制列表要注意的问题

以上的配置实现了对接口 e0 施加访问控制的功能,限制条件是编号为 1 的访问控制列表,在 e0 接口出的方向上 ACL 不允许(deny)来自于 172.16.3.0 网段和主机 B 的数据流通过,所以限制了它们流出 e0 端口。如果读者细心观察就会发现下面的两个问题,处理不好会影响网络的运行。

① 访问控制列表语句的顺序问题

先看原来的两个 ACL 语句:

```
Router(config)#access-list 1 deny 172.16.2.3 0.0.0.255
Router(config)#access-list 1 permit 172.16.2.0 0.0.0.255
```

这两条命令可以实现对来自 172.16.2.3 的主机 B 的数据流的拒绝,但是允许172.16.2.0网段其他计算机主机的数据流通过。现在将这两句调换一下位置如下:

```
Router(config)#access-list 1 permit 172.16.2.0 0.0.0.255
Router(config)#access-list 1 deny 172.16.2.3 0.0.0.255
```

按规则先比较第一句,所有包含在 172.16.2.0 网段的主机都已经被允许通过,而第二句中的主机(172.16.2.3)也包含在 172.16.2.0 网段中,也就是说先符合的语句先执行,第二句就不会被执行,该句没有任何效果,不能起到将来自主机 B 的数据流过滤掉的作用,可见 ACL 语句的顺序是非常重要的。

② 标准访问控制列表只能对源地址端的数据进行控制

还是通过 Router(config)# access-list 1 deny 172.16.3.0 0.0.0.255 命令进行说明。这一句限制了来自 172.16.3.0 网段所有主机的数据流流过路由器的 e0 接口,但是e0 口通过交换机会接入许多主机,也就是说所有接入 e0 接口的主机就算是联了几百台都不能接收来自 172.16.3.0 网段主机的信息。比如说,只要求主机 A 不接收来自172.16.3.0网段主机的数据流,但是 172.16.1.0 网段的其他主机却允许接收,怎么办?显然,标准访问控制列表是不够用的。要想解决这个问题必须用扩展的访问控制列表,因为它既能指定源地址,也能指定目的地址,所以语句更具体清晰。

3. 扩展访问控制列表的配置及用法

标准访问控制列表的语句比较简单,它标示数据流的参数只有一个源地址,相对而言,扩展的访问控制列表可以标示的参数就详细很多,包括源地址、目的地址、协议号、源端口和目的端口,所以这种方式的功能更强也更灵活。以图 5-14 为例,假设主机 A 的 IP地址和子网掩码为 172.16.3.2 和 255.255.255.0,配置任务为禁止 172.16.3.0 的计算机主机访问 172.16.4.0 网段的 FTP 服务器,不过可以访问 IP 地址为 172.16.4.13 的Web 服务,而其他服务不能访问。

下面讲解扩展访问控制列表的配置。

```
Router(config)#access-list 101 permit tcp any 172.16.4.13 0.0.0.255 eq www
```

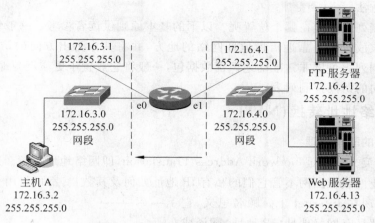

图 5-14 扩展的访问控制列表的配置

```
//设置扩展的 ACL101,允许源地址为任意 IP 的主机访问目的地址为 172.16.4.13 主机的 80 端
//口,即 WWW 服务,协议为 TCP。
Router(config)#access-list 101 deny tcp 172.16.3.0 0.0.0.255 172.16.4.12 0.0.0.
255 eq ftp
//拒绝 172.16.3.0,255.255.255.0 网段的主机对 172.16.4.12 的 FTP 服务器进行 FTP 协议操
//作,限制此网段用 FTP 协议做上传和下载的可能性
```

由于 CISCO 路由器默认添加 deny any 命令,所以所有其他不满足的都在拒绝之内。然后进入对路由器接口 e1 的配置。

```
Router(config)#int e1
//进入 e1 端口配置
Router(config-if)#ip access-group 101 out
//将编号为 101 的扩展访问列表设定的约束条件施加给接口 e1,方向为出去。因为是约束
//172.16.3.0 网段主机访问 172.16.4.0 网段,所以对 e1 接口来说指向是出的方向
```

设置完毕后,172.16.3.0 的计算机就无法访问 172.16.4.0 的计算机,即使服务器 172.16.4.12 开启了 FTP 服务也无法访问,可以访问的只是 172.16.4.13 的 WWW 服务。因为 101 号扩展访问控制列表对 e1 来说是单向的,那么 172.16.4.0 的计算机访问 172.16.3.0 的计算机主机没有任何问题。

扩展访问控制列表有一个最大的好处就是可以保护服务器。例如很多服务器为了更好地提供服务都是暴露在公网上的,这时为了保证服务正常提供,所有的端口都对外界开放,很容易受到黑客和病毒的攻击,通过扩展 ACL 可以将除服务端口以外的其他端口都封锁,降低了被攻击的几率。比如本例就是仅将 80 端口对外界开放。

扩展访问控制列表的功能很强大,它可以控制源 IP、目的 IP、源端口、目的端口等,并能实现对协议等的精确控制。扩展 ACL 不仅读取 IP 包头的源地址/目的地址,还读取第四层包头中的源端口和目的端口的 IP。不过扩展访问控制列表也有一个缺点,就是在没有硬件 ACL 加速的情况下会消耗大量的路由器 CPU 资源。所以使用中低档路由器时应尽量减少扩展 ACL 的条目数,将其简化为标准 ACL 或将多条扩展 ACL 合并简化是

较为有效的方法。

访问控制列表放置在哪个位置呢？以下的基本原则供读者参考。一般情况下将标准访问控制列表放置在更靠近目标地址网络的地方，并将其作为出方向的访问控制列表。扩展访问控制列表可以非常准确地识别数据包，一般将它放置于更靠近源地址的地方，并且作为进方向的访问控制列表。

5.3.2   网络地址转换(NAT)

1. NAT 的基本原理

NAT 的英文全称是 Network Address Translation，即网络地址转换。这种技术可以允许一个企业网或校园网不管它们的私有 IP 地址如何及其数量，都可以用一个或一段公用 IP 地址出现在 Internet 上。顾名思义，它是一种把内部私有网络地址(IP 地址)翻译成合法的网络公共 IP 地址的技术。NAT 的原理如图 5-15 所示。

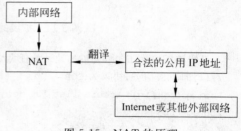

图 5-15   NAT 的原理

简单地说，NAT 就是在局域网的内部网络中使用内部地址，当内部节点要与外部网络进行通信时，就在网关处把内部 IP 地址转换成公用 IP 地址，从而在外部公网(Internet)上正常使用。NAT 可以使多台计算机共享 Internet 连接，这一功能很好地解决了公共 IP 地址紧缺的问题。通过这种方法，用户可以只申请一个合法或极少的公共 IP 地址，把整个局域网中的计算机接入 Internet 中。这时，NAT 屏蔽了内部网络，所有内部网中的计算机对于公共网络来说是不可见的，而内部网中的计算机用户也不会意识到 NAT 的存在，如图 5-16 所示。这里提到的内部地址是指在内部网络中分配给节点的私有 IP 地址，这个地址只能在内部网络中使用，不能被路由。内部地址通常使用的是：10.0.0.0～10.255.255.255(A 类)、172.16.0.0～172.31.255.255(B 类)和 192.168.1.0～192.168.255.255(C 类)。NAT 将这些无法在互联网上使用的保留 IP 地址翻译成可以在互联网上使用的合法 IP 地址。而全局地址是合法的公共 IP 地址，它是由 NIC(网络信息中心)或者 ISP(网络服务提供商)分配的地址，是全球统一的可寻址的地址。

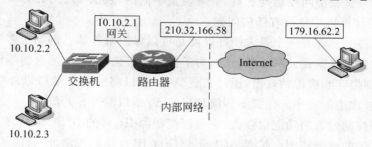

图 5-16   网络地址转换应用

NAT 功能通常被集成到路由器、防火墙或者单独的 NAT 设备中。CISCO 路由器中具有这一功能，网络管理员只需在路由器的 IOS 中设置 NAT 功能，就可以实现对内部网络的屏蔽。比如防火墙将 Web 服务器的内部地址 192.168.1.1 映射为外部地址 202.96.23.11,外部用户访问 202.96.23.11 地址实际上就是访问 192.168.1.1,实现对 Web 服务器的屏蔽。

2. NAT 的类型

NAT 有 3 种类型:静态 NAT(Static NAT)、动态地址 NAT(Pooled NAT)、网络地址端口转换 NAPT(Network Address Port Translation)。

静态 NAT 是设置起来最简单和最容易实现的一种,内部网络中的每个主机都被永久映射成为外部网络中的某个合法的地址。而动态地址 NAT 则是在外部网络中定义了一段合法的 IP 地址,采用动态分配的方法将内部网络的大量私有地址映射到外部公网的一段 IP 地址。NAPT 则是把内部地址映射到外部网络的一个 IP 地址的不同端口上。根据不同的需要,这三种 NAT 方案各有利弊。

动态地址 NAT 只是转换 IP 地址,它为每一个内部的 IP 地址分配一个临时的外部 IP 地址,主要应用于拨号上网。对于频繁地远程连接也可以采用动态地址 NAT。当远程用户连接上之后,动态地址 NAT 会分配给它一个 IP 地址,用户断开时,这个 IP 地址就会被释放而留待以后使用。

网络地址端口转换 NAPT 是人们比较熟悉的一种转换方式。NAPT 普遍应用于接入设备中,它可以将中小型的网络隐藏在一个合法的 IP 地址后面。NAPT 与动态地址 NAT 不同,它将内部连接映射到外部网络中的一个单独的 IP 地址上,同时在该地址上加上一个由 NAT 设备选定的 TCP 端口号。

5.4　思考和练习

1. 配置路由器应该具备哪些条件?
2. 路由器的密码有几种? enable password *word* 与 enable secret *word* 命令有什么不同?
3. 简述路由器配置文件的备份和恢复方法。
4. 什么是访问控制列表? 配置标准访问控制列表有几个步骤?
5. 什么是网络地址转换(NAT)? 简述其原理。

5.5　实训练习

实训练习 1:路由器的连接方法和 IOS 用于路由器的基本命令练习

用 Console 口或在已有的局域网环境中启动 CISCO 2600 系列路由器,用 IOS 的命令行进行路由器的基本配置。

要求:

(1)熟练掌握在用户模式和特权模式之间的转换,并进入全局配置模式。

(2)为路由器起一个新的名称,并为 Telnet 登录访问路由器设定一个登录密码。提示:全局模式下,采用命令 line vty 0 4;login;password。

（3）为 fastethernet 0/1 接口制定一个 IP 地址。

（4）用 show 命令显示正在运行的配置，显示 fastethernet 0/1 接口状态。

实训练习 2：实现局域网之间路由器的互连

构造两个局域网，该结构如图 5-17 所示，要求实现局域网之间通过路由器的互连。

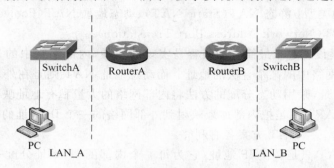

图 5-17　实现局域网之间路由器的互连

要求：

（1）将两个局域网划分为不同的网段，自己规划子网的拓扑结构。

（2）分别给路由器、交换机和 PC 配置合理的 IP 地址和子网掩码，最好将两个子网先列表进行对比，避免搞错。

（3）连通后验证网络的通畅性。

实训练习 3：配置 VLAN

根据如图 5-18 所示的网络拓扑结构配置 VLAN。

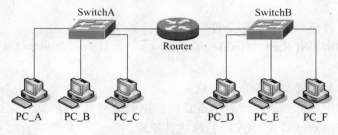

图 5-18　配置 VLAN

要求：

PC_A 和 PC_D 属于 VLAN1，PC_B 和 PC_E 属于 VLAN2，PC_C 和 PC_F 属于 VLAN3。

第 **6** 章

网络数据存储的管理

在当今的信息社会中,数字化信息已经成为工作和生活中天天相伴的一部分,尤其是网络技术和移动通信的普及应用,更使人们日常接触的各种信息量呈爆炸式增长。面对称之为"海量"的信息,一方面庆幸这个时代能带给社会越来越多的共享信息,也能够提供更好、更多、更便捷的服务;另一方面也带来了更多的困惑,人们常常不知道如何应对各种有益的或无益的信息。对于网络管理员来说,他们不仅是大量信息的使用者,还是信息的提供者和保护者,因此责任非常重大。而传统的以服务器为中心的存储网络架构面对大量的数据流已显得力不从心,人们希望可以找到一种新的数据存储模式,将存储设备相对独立于其他网络设备,具有良好的扩展性、可用性、可靠性,以满足数据存储的要求。

数据存储技术的发展,使得以服务器为中心的数据存储模式逐渐向以数据为中心的数据存储模式转变。网络用户对存储的需求在以下几个方面的要求越来越高。

① 用户希望更加快速地从网络获取他们所希望得到的数据信息,各种宽带网络服务和无线网络服务不仅扩大了用户享用信息的范围,而且信息的享用更加快捷。

② 用户对网络数据存储量的要求越来越大。比如网络视频、网络游戏、大容量电子邮箱、大容量网络 U 盘或硬盘等都是典型的例子,国内著名的门户网站如搜狐、新浪、网易等提供的网络存储量更是惊人的。

③ 网络技术的现状和发展趋势对网络数据的有效管理提出了更高的要求,不仅要求网络海量数据保存的完整性、数据更新的快速性,还要保证数据的良好备份,并能在系统发生问题或故障的情况下及时准确地恢复系统信息数据。因为有时候一旦数据丢失或损坏,损失将是惨重的、无法弥补的。可以想象,如果哪个银行或者证券公司的数据被损坏,而你的存款户头或股票信息恰恰在这里丢失而不能恢复,那将是怎样的后果? 所以,现代信息化发展的基本要求包括完善的数据存储、备份和管理解决方案。为网络系统设计统一的数据存储系统,可以简化管理,减少投资,还可以为高质量的数据管理打下基础。

数据存储管理技术和方案是系统生命力持续的保障措施。网络管理员掌握好数据存储和管理的技术,不仅是做好网络管理,从某种意义上讲也是把握着工作单位的核心命脉。"企业的数据就是命脉",这句话一点也不夸张。

6.1 网络存储管理技术

有 3 种方式可以把数据信息存放于存储设备中,即在线存储、近线存储和离线存储。在线存储是指把数据存放在被主机的文件系统直接管理的磁盘存储设备中,其特点是利用了系统底层的 I/O 技术,优点是可以实时访问和改变数据,性能出色,能够满足应用对 I/O 性能的要求。近线存储是指把数据存放在另外一套主机的文件系统直接管理的磁盘存储设备中,这种方式通常借助一定的软件和网络来实现不同系统间的数据异地存放,以及需要时的数据回迁。其优点是数据存放在正加电运行的系统上,能够保证数据存放和回迁的传输性能。离线存储是指系统运行的情况下,把数据存放在可随时脱离系统的磁带设备中,其最大的特点是借助了磁带技术,优点是可以在系统运行时得到一份脱离系统的数据副本,便于存放在异地。这 3 种方式的组合应用,可以给不同需要的用户带来各自需要的数据存储和管理方案。

6.1.1 网络数据存储管理的内容

网络数据存储管理的内容按应用方式分为以下几个方面。

1. 数据备份

数据备份是指用一定的方式形成数据副本,在源数据遭到破坏的情况下,可以恢复数据。备份有离线备份和在线备份两种方式。离线备份把数据备份到磁带或其他存储介质中,但它和设备运行不同步。它的特点是存储备份与系统运行状态的关系不太密切,投资较少,但是恢复数据需要的时间长。在线备份属于同步数据备份,也称为数据复制,即同时有两份完全一样的数据存在,一旦发生问题可以马上将备份的数据投入使用。所以这种备份的恢复时间非常短,但投资比较大。

根据不同的规模和不同的存储模式,备份有单机备份、网络备份、Server Free 备份(免服务器备份)和 LAN Free 备份(无局域网备份)等几种方式。比较而言,单机备份仅适用于单一的应用系统,同一网络下的多个应用系统适合采用网络备份。在采用 SAN(Storage Area Network,存储区域网络)存储模式的环境下,Server Free 和 LAN Free 备份则更有效率。另外,这两种备份方式适用于一般企业,而对于一些关键行业,如金融、证券、电信等则要采用远程备份,将数据和应用存到异地,发生问题时可以依靠异地系统马上恢复数据并启动应用。

2. 数据复制

关于数据复制读者可能经常做这一类的操作,但是在网络管理中远不是一般的文件复制那么简单。它是指将系统主磁盘设备中的数据复制到其他系统内,数据复制有同步复制和异步复制两种。通过不同的软件和硬件设备的结合,可以实现基于网络环境的数据复制。数据复制软件和近线存储结合,可以形成高性能的较为完整的数据备份解决方案。这种方式可以做到数据更新时的实时备份;还可以在源数据丢失后,短时间内完全恢复数据。同步数据复制软件和高性能的备份软件结合,可以实现一定程度的系统容灾。

3. 容灾管理

系统容灾听起来好像与网络灾难有关,有点可怕,但是实际上在目前的网络环境下,网络管理员经常要面对各种各样的系统灾难,比如系统突然停电、设备遭遇雷击、系统突然崩溃、系统被攻击而不能运行、系统被病毒感染而停止工作等。如何解决这些问题就是容灾管理的内容。

容灾是指在主应用系统之外,在异地建立一套备份系统,通过数据复制软件把数据同步复制到备份系统中,并通过高可用集群软件,监控主系统的运行状态,一旦主系统因为各类灾难而停止工作,备份系统即可接替主系统的工作,保证系统实时在线可用。容灾可以带来很高的系统可靠性和可恢复性,但容灾的建设投入非常大,而且网络系统应用的部门越重要,对容灾的要求越高。

4. 数据迁移

在信息中心的存储设备中往往是分级管理的,主存储设备一般存储经常使用和调用的数据,而更多的不经常使用的数据没有必要也存储在主存储设备中,往往将它们放在下一级的存储设备中,但这种存储不是静态的,一旦需要调用就必须将数据迁移出来。具体地讲就是将高速、高容量的存储设备(如非在线的大容量磁带库、在线的磁盘设备)作为主磁盘设备(磁盘阵列)的下一级,把主磁盘设备中不常用的数据按照存储策略自动迁移到二级存储设备上。当需要这些数据时,自动把这些数据调回主磁盘设备中。通过数据迁移,可以实现把大量不经常访问的数据放置在离线或近线设备上,而只在主磁盘设备上保存少量高频率访问的数据,从而提高存储资源利用率,大大降低设备和管理成本。数据迁移技术通常适用于大型数据中心,如气象、地震、水文、传播、保险、图书、银行、档案管理行业等。

5. 内容管理

内容管理是数据管理中的新兴技术。近年来,在网络环境中传送的数据内容越来越复杂和多样化,以前传统的数据管理系统多采用结构性的关系数据库,仅能处理结构化数据。但是现在绝大多数的信息已经不能简单地用结构化数据来描述,例如各种形式和格式的文件、视频、音频、照片、传真等都是非结构化的。如何对不同结构、不同内容的数据进行管理成为当前网络数据管理的重要内容,也是为用户提供更丰富服务内容的要求,所以内容管理技术由此而产生,它要求解决结构化和非结构化数字资源的采集、管理、利用、传递和增值等工作。

6.1.2 网络数据存储管理技术

在简单的小型网络环境中,数据量比较小,一般都将数据存放在服务器的硬盘上或者磁盘阵列上(RAID),但是作为有一定规模的信息中心仅仅靠服务器自有的存储量是远远不够的,必须有单独的大存储量设备才能满足数据存储量日益增长的需要。数据存储技术发展的主要趋势有几个特点,网络已成为主要的数据存储环境和信息处理模式,存储的数据类型日益多样化以及数据量大大增加,企业的数据尤其是核心数据的完整性构成了它们生存的命脉。因此,随着网络中心或数据中心提供的网络服务内容越来越多,存储的数据在地理位置上也越来越分散,在不同地域提供存储数据的复制和同步存储服务就非常重要。要想实现这一点从技术上来讲是相当有难度的,首先数据的分散性导致管理的困难,有效地将位于不同地点的数据准确无误地在统一管理下存储、备份和数据更新,没有特殊的技术是难以实现的,依靠纯粹的人工管理更不可能实现。下面的几种技术是网络环境下实现数据存储的常用方法。

1. RAID 技术

在目前的网络存储管理中,最简单、最方便、最容易实现扩充存储量的方法就是RAID 技术。RAID 是英文 Redundant Array of Independent Disks 的缩写,中文含义是"独立磁盘冗余阵列",也简称磁盘阵列(Disk Array)。

简单地说,RAID 是一种把多块独立的物理硬盘按不同的方式组合起来组成一个硬盘组形成逻辑硬盘,从而提供比单个硬盘更高的存储性能,并提供数据备份技术。可能喜欢组装 PC 的发烧友都有这样的体会,如果机器的硬盘存储量不够,那么就可以在主机上另外再加一块硬盘。也就是说,主机内有两块物理硬盘,但是可以用分区软件将它们分成若干个逻辑硬盘(比如 8 个)。在服务器上使用相似的原理构成了 RAID,但是 RAID 更为复杂一些。因为它不仅扩充了计算机的存储量,还具有冗余功能,可以利用冗余信息将被损坏的数据恢复。组成磁盘阵列的不同方式称为 RAID 级别(RAID Levels)。数据备份的功能是在用户的数据一旦发生损坏后,利用备份信息可以使损坏的数据恢复,从而保障用户数据的安全性。在用户看来,组成的磁盘组就像是一个硬盘,用户可以对它进行分区、格式化等,并不觉得是在对许多块硬盘进行操作,对磁盘阵列的操作好像与单个硬盘一样。不同的是,RAID 形成的磁盘阵列的存储速度要比单个硬盘组合起来的硬盘组合高很多,因为它的组成结构和数据线都是特殊设计的。RAID 还可以通过专门的软件提供硬盘管理和自动数据备份。

RAID 技术有三大特点:一是速度快,二是存储量大,三是比较安全。由于这几个优点,RAID 技术早期被应用于高级服务器中的 SCSI 接口的硬盘系统中。随着近年来计算机技术的发展,PC 的 CPU 的速度已进入工作主频 GHz 的时代,IDE 接口的硬盘也开发出了 RAID 系列的硬盘,相继推出了 ATA66 和 ATA100 硬盘,使得 RAID 技术被应用于中低档服务器甚至 PC 上成为可能。RAID 通常是由在硬盘阵列塔中的 RAID 控制器或计算机中的 RAID 卡来实现的。

RAID 技术经过不断的发展,现在已拥有从 RAID 0～6 的 7 种基本的 RAID 级别。另外,还有一些基本 RAID 级别的组合形式,如 RAID 10(RAID 0 与 RAID 1 的组合)、RAID 50(RAID 0 与 RAID 5 的组合)等。不同的 RAID 级别代表着不同的磁盘阵列组合方式、阵列存储性能、数据安全性和存储成本,但最常用的是下面的几种 RAID 形式。

(1) RAID 0

RAID 0 又称为 Stripe(条带化)或 Striping,因为它使用了一种称为"条带"的技术把数据分布到各个磁盘上。每个"条带"被分散到连续的块上,RAID 0 至少用两个磁盘驱动器,并将数据分成从 512 字节到数兆字节的若干块,这些数据块被交替写到磁盘中。它的特点是分割数据,将输入/输出负载平均分配到所有的驱动器。由于驱动器可以同时读或写,因而性能得到提高,所以它代表了所有 RAID 级别中最高的存储性能。也就是说,RAID 0 提高存储性能的原理是把连续的数据分散到多个磁盘上存取,这样系统有数据请求时就可以被多个磁盘并行地执行,每个磁盘执行属于它自己的那部分数据请求。这种数据上的并行操作可以充分利用总线的带宽,显著提高磁盘整体存取性能。

　　如图 6-1 所示,系统向 3 个磁盘组成的逻辑硬盘(RAID 0 磁盘组)发出的 I/O 数据请求被转化为三项操作,其中的每一项操作都对应于一块物理硬盘。从图 6-1 中可以清楚地看到,通过建立 RAID 0,原先顺序的数据请求被分散到 3 块硬盘中同时执行,即顺序为 Disk 0(D0),Disk 1(D1),Disk 2(D2),Disk 0(D3),Disk 1(D4),Disk 2(D5)…。从理论上讲,3 块硬盘的并行操作使同一时间内磁盘读写速度提升了 3 倍。但由于总线带宽等多种因素的影响,实际的提升速率可能会低于理论值,但是大量数据的并行传输与串行传输比较,能够提高传输速率是肯定无疑的。

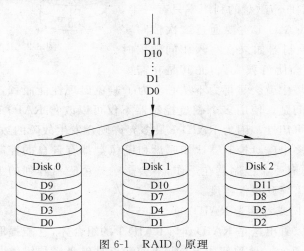

图 6-1　RAID 0 原理

　　由于 RAID 0 的存储数据是将数据分散地放在各个磁盘上,而且存储是没有冗余的,所以它的最大缺点就是数据难以恢复。也就是说,一旦阵列中的某个磁盘损坏或数据被损坏,阵列中的整体数据信息都会受到破坏,损坏的数据将无法得到恢复,除非被损坏的数据留有备份。

　　RAID 0 具有的特点是,特别适用于对存储性能要求较高、存储量较大的场合,相对而言对数据安全的要求不高,如图形工作站等。对于个人用户,RAID 0 也是提高硬盘存储性能的绝佳选择。

　　(2) RAID 1

　　RAID 1 又称为 Mirror 或 Mirroring(镜像),它的目的是最大限度地保证用户数据的完整性和可修复性。RAID 1 磁盘镜像的原理是把一个磁盘的数据镜像到另一个磁盘上,也就是说数据在写入一块磁盘的同时,会在另一块闲置的磁盘上生成镜像文件,在不影响性能的情况下最大限度地保证系统数据的可靠性和可修复性。只要系统中任何一对镜像盘中至少有一块磁盘可以使用,甚至在一半数量的硬盘出现问题时系统都可以正常运行,当一块硬盘失效时,系统会忽略该硬盘,转而使用剩余的镜像盘读写数据,具备很好的磁盘冗余能力。虽然这样对数据来讲绝对安全,但是成本也会明显增加,磁盘利用率实际上只有一半,以四块 80GB 容量的硬盘为例,可利用的磁盘空间仅为 160GB。另外,出现硬盘故障的 RAID 系统不再可靠,应及时更换损坏的硬盘,否则剩余的镜像盘一旦出现问题,那么整个系统就会崩溃。更换新盘后还要做镜像,而原有数据需要很长时间同步镜像,会使整个系统的性能有所下降,但是外界对数据的访问不会受到影响。因此,RAID 1 多用于保存关键性重要数据的场合。

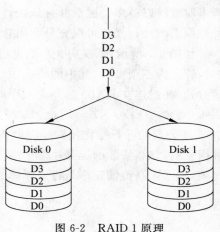

图 6-2　RAID 1 原理

从图 6-2 中可以看出,数据写入时同时向两个磁盘写入了相同的数据 Disk 0-D0,Dsik 1-D0;Dsik 0-D1,Disk 1-D1…,磁盘的利用率只有一半,但是数据有冗余。RAID 1 主要通过二次读写实现磁盘镜像,磁盘控制器如果在写入相同数据时向两个磁盘操作就会使负载太大,尤其是在需要频繁写入数据的环境中就会显得力不从心。为了避免出现性能瓶颈,常常使用多个磁盘控制器来解决这个问题。使用多个磁盘控制器不仅可以改善 RAID 1 的性能,还可以提高数据的安全性和可用性。因为 RAID 1 最多允许硬盘发生故障的数目不超过阵列总数的一半。如果采用多个磁盘控制器比如原盘和镜像盘都有各自的控制器,则无论是哪个控制器发生故障,总有一个控制器在工作,不会影响整个磁盘阵列的工作,这样可以把故障或意外带来的损害降到最低程度。

（3）RAID 0＋1（或者称为 RAID10）

从名称上就可以看出这是 RAID 0 与 RAID 1 的组合体,它能提取 RAID 0 和 RAID 1 两者的优点,取长补短。单独使用 RAID 1 的缺点是磁盘必须镜像,不能充分利用所有的资源。为了解决这一问题,可以采用 RAID 0 存储量大的优势,在磁盘镜像中建立带区集提高磁盘利用率。因为这种配置方式综合了带区集和镜像的优势,所以被称为 RAID 0＋1。把 RAID 0 和 RAID 1 技术结合起来,数据除分布在多个盘上外,每个盘都有其物理镜像盘,提供了足够的冗余能力,可以允许一个以下的磁盘故障而不影响数据的可用性,并具有快速读/写能力。RAID 0＋1 要在磁盘镜像中建立带区集至少需要 4 块硬盘。

以 4 个磁盘组成的 RAID 0＋1 为例,其数据存储方式如图 6-3 所示。Disk 0 和 Disk 1 是一组 RAID 1 镜像组合,Disk 2 和 Disk 3 是一组 RAID 1 镜像组合,而（Disk 0＋Disk 1）与（Disk 2 ＋Disk 3）又组成了 RAID 0,因为存储的顺序为 D0D0,D1D1,D2D2,D3D3,…,与 RAID 0 相同。这显然是一个 RAID 0＋1 方案,是存储性能和数据安全兼顾的方案。它在提供与 RAID 1 同样的数据冗余和安全保障的同时,也提供了与 RAID 0 近似的存储性能。

由于 RAID 0＋1 也通过数据的 100％备份功能提供数据安全保障,同一份数据要保存两份,因此,RAID 0＋1 的磁盘空间利用率下降,与 RAID 1 相同,而且磁盘需要量增加,使存储成本提高。但由于它兼有 RAID 0 和 RAID 1 的优点,还是很受用户欢迎的。

RAID 0＋1 的特点使其特别适用于既有大量数据需要存取,同时又对数据安全性要求严格的领域,如银行、金融、商业超市、仓储库房、各种档案管理等。

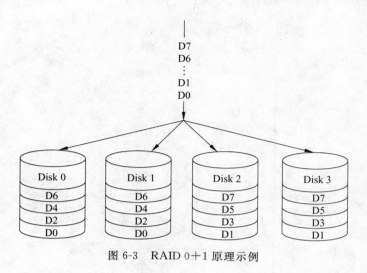

图 6-3　RAID 0＋1 原理示例

（4）RAID 3

RAID 3 是把数据分成多个"块"，按照一定的容错算法，存放在 N＋1 块硬盘上，实际数据占用的有效空间为 N 块硬盘的空间总和，而第 N＋1 块硬盘上存储的数据是校验容错信息。当这 N＋1 块硬盘中的其中一个硬盘出现故障时，根据其他 N 块硬盘中的数据也可以恢复原始数据。这样仅使用这 N 块硬盘也可以继续工作（如采集和回放素材），当更换一块新硬盘后，系统可以重新恢复完整的校验容错信息。但是如果存储校验容错信息的硬盘坏了，会影响数据的恢复，尤其是在同时发生数据硬盘也坏了的情况下影响更大。不过在一个磁盘阵列中，多于一块硬盘同时出现故障率的几率太小，所以一般情况下使用 RAID 3 安全性是可以得到保障的。与 RAID 0 相比，RAID 3 在读写速度方面相对较慢。因为 RAID 3 不仅可以像 RAID 1 那样有容错功能，而且磁盘阵列的整体开销由 RAID 1 的 50％下降为 25％以下，与 RAID 1 相比提高了利用率，磁盘阵列数越多利用率提高越多。使用的容错算法和分块大小取决于 RAID 使用的应用场合，在通常情况下，RAID 3 比较适合大文件类型且安全性要求较高的场合，如视频编辑、硬盘播出机、大型数据库等。

（5）RAID 5

RAID 5 是一种存储性能、数据安全和存储成本兼顾的存储解决方案。以 4 块硬盘组成的 RAID 5 为例，其数据存储方式如图 6-4 所示。P0 为 D0，D1 和 D2 的奇偶校验信息，其他以此类推。可以看出，它不像 RAID 3 那样单独用一块硬盘作为校验信息的存放处，而是把校验信息放在每个磁盘的一部分空间上。也就是说，RAID 5 不对存储的数据进行备份或镜像，而是把数据和相对应的奇偶校验信息存储到组成 RAID 5 的各个磁盘上，比如图 6-4 中每块硬盘都有代表校验信息的 P 块和数据 D 块。当 RAID 5 的一个磁盘数据发生损坏后，利用剩下的数据和相应的奇偶校验信息就能恢复被损坏的数据。

RAID 5 可以理解为是 RAID 0 和 RAID 1 的折中方案，它的特点是既避免了 RAID 0 没有冗余而使数据不能恢复的缺点，又避免了 RAID 1 由于冗余而占用磁盘空间太多的缺点。RAID 5 可以为系统提供数据安全保障，但保障程度要比 RAID 1 低，而磁盘空间利用率要比 RAID 1 高。RAID 5 具有和 RAID 0 相近的数据读取速度，只是多了一个奇偶校验信息，写入数据的速度比对单个磁盘进行写入操作稍慢。同时由于多个数据对应

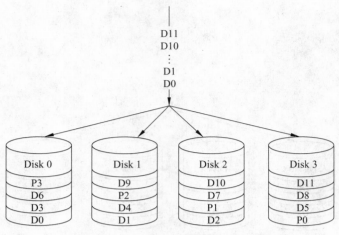

图 6-4   RAID 5 原理示例

一个奇偶校验信息,RAID 5 的磁盘空间利用率要比 RAID 1 高,存储成本相对较低。

表 6-1 简单总结了几种 RAID 技术的特点和应用。RAID 级别的选择有 3 个主要因素:可用性(数据冗余)、存储性能和存储成本。如果不要求可用性,选择 RAID 0 可以获得最佳性能。如果可用性和存储性能是重要的而成本不是主要的因素,则根据硬盘数量选择 RAID 1。如果可用性、成本和性能都同样重要,则根据一般的数据传输要求和硬盘的数量选择 RAID 3 或 RAID 5。

表 6-1   各种 RAID 的特性及用法

RAID 级别	RAID 0	RAID 1	RAID 3	RAID 5	RAID 10
别名	条带	镜像	专用奇偶位条带	分布奇偶位条带	镜像陈列条带
容错性	没有	有	有	有	有
冗余类型	没有	复制	奇偶校验	奇偶校验	复制
热备盘选项	没有	有	有	有	有
读性能	高	低	高	高	中间
随即写性能	高	低	最低	低	中间
连续写性能	高	低	低	低	中间
需要的磁盘数	一个或多个	只需两个或 $2 \times n$ 个	3 个或更多	3 个或更多	只需 4 个或 $2 \times n$ 个
可用容量	总的磁盘容量	只能用磁盘容量的 50%	$(n-1)/n$ 的磁盘容量。其中 n 为磁盘数	$(n-1)/n$ 的总磁盘容量。其中 n 为磁盘数	磁盘容量的 50%
典型应用	无故障的迅速读写,要求安全性不高,如图形工作站	随机数据写入,要求安全性高,如服务器、数据库存储领域	连续数据传输,要求安全性高,如视频编辑、大型数据库等	随机数据传输要求安全性高,如金融、数据库、存储等	要求数据量大,安全性高,如银行、金融等领域

2. NAS 系统存储技术

NAS(Network Attached Storage)含义是网络附加存储技术。它的主要作用就是把存储设备尤其是海量存储设备连接到现有的网络上,通过网络环境提供数据和文件服务。NAS 的优点是其产品是真正的即插即用的产品,其设备支持多计算平台,支持多种网络协议。还有,NAS 设备的放置位置很灵活,常规的应用服务器可以管理它们,但是它们又相对独立。NAS 不仅可以存储数据,还可以在网络上取得数据。这样既可以减少应用服务器的负荷,也有助于改善网络的性能。

下面通过图 6-5 来了解 NAS 的原理。企业网内有两台数据库服务器,分别存储基于 Windows 的和基于 UNIX 的数据库,核心基础数据存放在这两个服务器内,但是可以将大量的数据存放在网络相连的 NAS 设备中,当需要调用数据时可以从 NAS 中取用及存入(数据迁移)。NAS 设备中还可以同步备份两个服务器的数据。还可以看出,用户端无论是内网还是外网用户,都在系统的统一管理下从服务器或 NAS 中存取数据,而他本人并不会感觉到从何处存取数据。

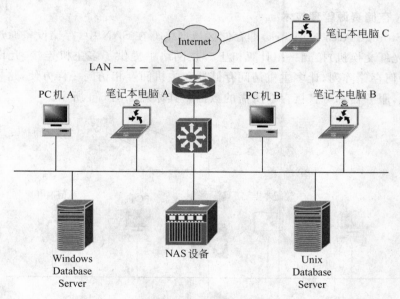

图 6-5　NAS 存储示例

使用 NAS 技术方案有如下优点:

① 以以太网为中心,具备良好的网络应用技术基础。区别于存储区域网络(SAN)的设计方案,网络接入存储(NAS)的模式以网络为中心。大多数现有的网络都具备以太网接入能力,NAS 能利用现有的以太网网络资源来接入专用的网络存储设备,而不用另接入较高费用的光纤交换机来连接传统的存储设备,用户对以太网的投入得到充分的利用。

目前千兆以太网的传输带宽已经非常普及,而且万兆以太网的技术日趋成熟,因此,NAS 在传输速率方面应该能够满足普通用户的需求。尤其是以太网的技术已经商业化运营多年,用户对它非常了解,运营成本也不高,具有最优的性价比。

② 真正的数据共享。采用 NAS 模式的文件系统放置于存储设备上,可以实现真正的数据共享。用户的数据只要保存一个副本,即可被前端的各种类型的主机所使用,因此具备主机无关性,并且对于异构操作系统 Unix 和 Windows 同样可以保证数据的共享,各自的访问权限也可得到相应的保证。

③ 部署简单快捷。NAS 只要现有的网络具有空闲的网口即可接入,从而被前端众多的主机使用,系统的设置也非常简单,比较容易让用户学习上手。

④ 扩展性好,性价比高。NAS 由于采用网络接入模式,因此具备更好的扩展性。要解决存储容量不足的问题,首先可以在系统内通过即插即用的方法进行在线容量的扩展,即增加存储盘。当系统的存储容量达到最大时,用户只需要将新的 NAS 接入网络内即可立刻扩充容量,系统前端服务器无须关机,网络的正常运行可以继续,保证了系统容量的增加而又不影响系统对外提供服务。

NAS 设备本身相对价格不高,尤其是可以利用现有网络设备实现 NAS,使得性价比比较好。

3. SAN 存储资源管理技术

SAN(Storage Area Network)即存储区域网络。在 SAN 中,存储设备通过专用交换机(一般是光纤交换机)接到一组计算机上。在网络中提供了多主机连接,允许任何服务器连接到任何存储阵列,让多主机访问存储器和主机间互相访问一样方便,这样不管数据放置在哪里,服务器都可直接存取所需的数据。其原理如图 6-6 所示。

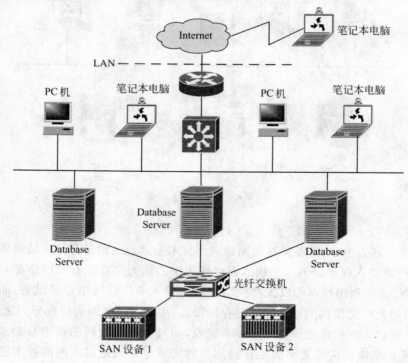

图 6-6　SAN 原理

从图 6-6 中可以看出,SAN 的支撑技术是以光纤交换机为核心的光纤通道——Fiber Channel(FC)技术,它的最大特点是将网络设备的通信协议与传输物理介质隔离开,多种协议可在同一个物理连接上同时传送,高性能存储体和宽带网络使用单 I/O 接口,使得系统的成本和复杂程度大大降低。光纤通道支持多种拓扑结构,主要有点到点(Links)和交换式网络结构(FC-XS),图 6-6 采用了后者。

实现 SAN 的硬件基础设施是光纤通道,用光纤通道构建的 SAN 由三部分构成:①存储和备份设备,包括磁带库、磁盘阵列和光盘库等;②光纤通道网络连接部件,包括主机总线适配卡(Host Bus Adapter,HBA)和驱动程序、光缆(线)、光纤交换机、光纤通道与 SCSI 间的桥接器(Bridge)等;③应用和管理软件,包括备份软件、存储资源管理软件、设备管理软件。可以看出,在 SAN 解决方案中,除了存储设备以外,其关键部件就是网络连接部件——光纤交换机,可以实现数据的高速可靠的交换。

SAN 的特点如下:

① 采用了千兆位速率的网络,它依托光纤通道(Fiber Channel)为服务器和存储设备之间的连接提供更高的吞吐能力,支持更远的距离和更可靠的连通。

② 它不仅可以提供更大容量的数据存储,而且可以实现地域上的分散存储,允许任何服务器连接到存储阵列,这样不管数据放置在哪里,服务器都可以直接存储所需要的数据。

③ SAN 有较好的独立性,可以将它的存储功能脱离出网络系统,也就是说万一网络系统发生故障也不会对 SAN 有致命的影响,当运行备份操作时也不用考虑它对网络总体性能的影响。

④ SAN 采用了为大规模数据传输而专门设计的光纤通道技术,不仅可以保证数据快速稳定的交换,还有利于对远距离数据的交换存储。

相比较而言,NAS 和 SAN 都各有特点。NAS 简单实用,可以利用原有的网络环境,成本较低,便于管理,是中低端用户的首选。而 SAN 配置较高,性能较好,而且除了 SAN 设备之外还必须另行配置光纤交换机及与之配合的配件,大大提高了运营成本,多为高端用户或大型重要企业使用,如银行、大型数据中心等。不过,目前也有逐渐趋于中间路线的趋势,比如将 SAN 的光纤交换机用高速以太网代替,构成所谓的 IP-SAN,既能完成 SAN 的功能,又能降低成本。

6.2　数据的备份和恢复

6.2.1　基于 Windows 操作系统的备份实例

Windows 操作系统是使用范围最广的操作系统,无论是基于个人的 Windows XP、Windows Vista 还是用于服务器的 Windows Server 2003,都有自己的备份和恢复工具。掌握好这个工具,不仅作为网管员是必须的,对于一个使用计算机的人学会经常做文件的备份也是很有用的。因为现在个人使用计算机被病毒感染或被别人攻击的机会越来越多,很多人都遇到过由于病毒感染或系统故障而使重要的文件丢失的情况,一旦文件丢失,往往痛心疾首,悔不堪言,为自己没有事先做好文件备份而懊恼。所以,对于比较重要的文件一定不要怕麻烦,经常备份,留有余地,万一计算机上或服务器上的文件被损坏或丢失就可以很快地恢复,使损失降到最低。

下面以 Windows XP 的备份工具为例说明备份的原理和操作,Windows 其他版本的操作方法是一样的。本例的要求为:将 PC 硬盘的逻辑盘 C 盘上的"毕业设计"文件夹备份到优盘,然后将优盘上备份的数据恢复到 PC 硬盘的逻辑盘 E 盘上。

启动 Windows XP 后,单击"开始"→"所有程序"→"附件"→"系统工具"→"备份"命令,将备份工具启动。Windows XP 为了方便用户使用,提供了备份向导,可以根据它一步一步操作。备份向导启动后如图 6-7 所示。如果不愿意使用向导,可以取消选择"总是以向导模式启动(W)"复选框。

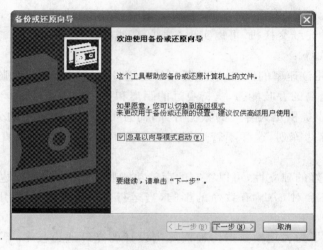

图 6-7   备份工具使用向导

单击"下一步"按钮,在如图 6-8 所示的对话框中,选择要进行的操作,做文件的备份还是文件备份后的还原。此处单击"备份文件和设置"单选按钮。

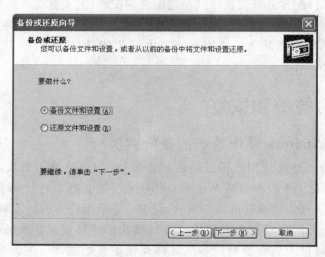

图 6-8   选定备份文件操作

单击"下一步"按钮,在如图 6-9 所示的对话框中,选择备份文件的内容,这里单击"让我选择要备份的内容"单选按钮。

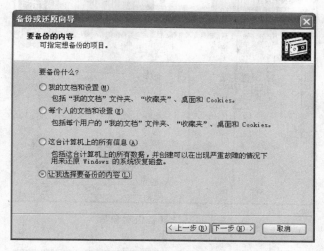

图 6-9　选择备份哪一部分内容

单击"下一步"按钮,在如图 6-10 所示的对话框中,可以任意选择需要进行备份操作的计算机中任何位置的任何文件夹和文件。

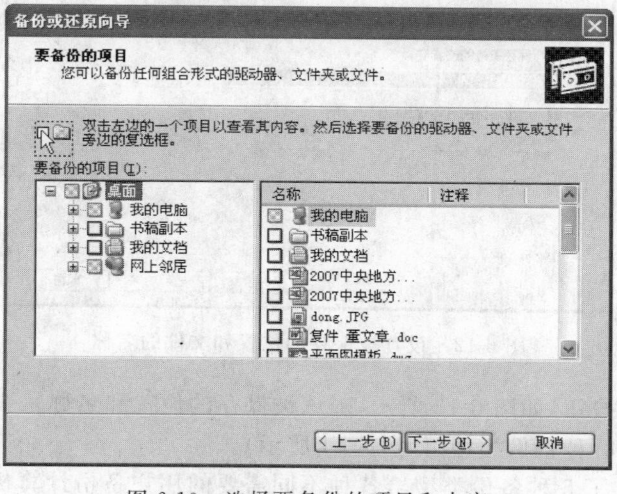

图 6-10　选择要备份的项目和内容

选择完要备份的对象和内容后如图 6-11 所示。此处选择了 D 盘的"毕业设计"文件夹作为备份的内容。选中后,被选中的对象前显示"√"标记。两个列表框中都显示被选中的内容,以免将备份内容搞错。

单击"下一步"按钮,选择要将备份的文件夹保存到的位置,并且给它起个名称。这里选择被保存的位置是可移动磁盘(H:),即优盘,被保存的文件名称为"毕业设计",如图 6-12 所示。

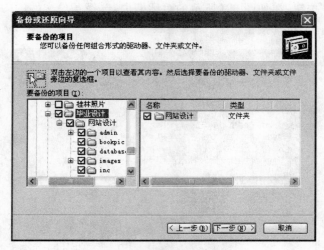

图 6-11　选择备份对象后

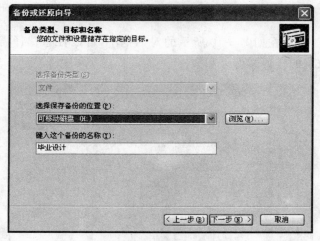

图 6-12　设置被保存的位置和文件的名称

单击"下一步"按钮,如图 6-13 所示,确认被保存的位置和名称是否正确。再单击"高级"按钮,选择采用哪种备份类型(如图 6-14 所示)。

Windows 提供了 5 种备份类型给各种不同需要的用户备份计算机或网络上的数据,下面分别进行介绍。

(1) 正常备份

正常备份用于复制所有选定的文件,并且在备份后标记每个文件(也就是说,清除存档属性)。使用正常备份,只需备份文件或磁带的最新副本就可以还原所有文件。通常,在首次创建备份集时执行一次正常备份。

(2) 副本备份

副本备份可以复制所有选定的文件,但不将这些文件标记为已经备份(不清除存档属性)。如果要在正常和增量备份之间备份文件,复制是很有用的,因为它不影响其他备份

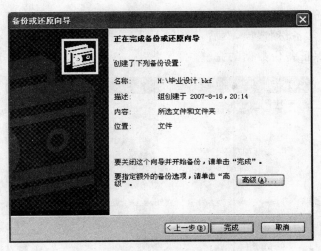

图 6-13 确认被保存的位置和名称

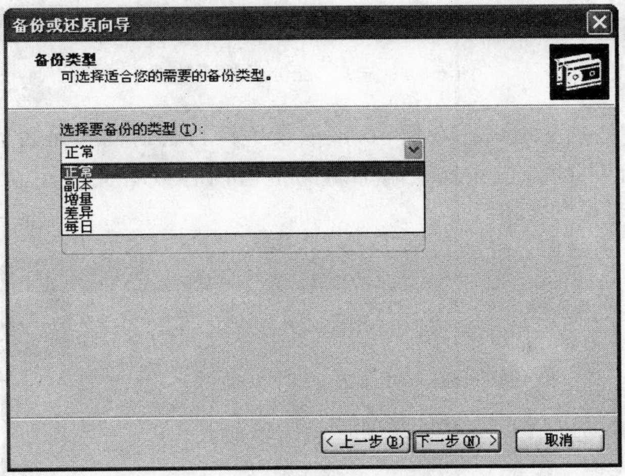

图 6-14 选择备份类型

操作。

（3）增量备份

增量备份仅备份自上次正常或增量备份以来创建或更改的文件。它将文件标记为已经备份（清除存档属性）。如果将正常和增量备份结合使用，需要具有上次的正常备份集和所有增量备份集才能还原数据。

（4）差异备份

差异备份用于复制自上次正常或增量备份以来所创建或更改的文件。它不将文件标记为已经备份（不清除存档属性）。如果要执行正常备份和差异备份的组合，则还原文件和文件夹需要上次已执行过的正常备份和差异备份。

（5）每日备份

每日备份用于复制执行每日备份的当天修改过的所有选定文件。备份的文件将不会被标记为已经备份(不清除存档属性)。

这里选择"正常备份"选项,然后,单击"下一步"按钮,如图 6-15 所示,选中"备份后验证数据"复选框,保证备份数据的完整性。

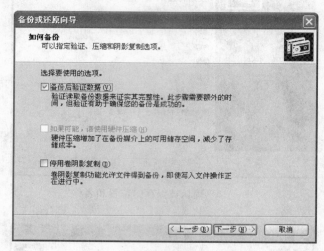

图 6-15　选择"备份后验证数据"

单击"下一步"按钮,如图 6-16 所示,该项设置针对备份内容是否已经有原有备份,如果有,可以选择在原来的备份数据上附加新的备份内容或者完全用新的备份替换原有的备份。

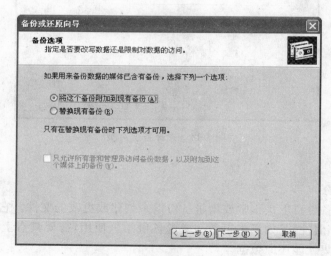

图 6-16　选择新加的备份方式

单击"下一步"按钮,如图 6-17 所示,选择备份的时间,可以设置为现在或在指定的时间备份。

完成备份设置后,如图 6-18 所示,显示出要备份的详细信息。

备份过程的开始及结束,如图 6-19 和图 6-20 所示。

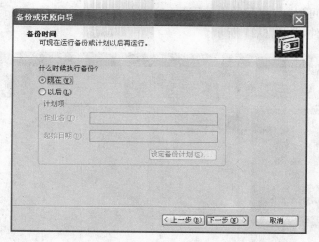

图 6-17　选择备份的时间

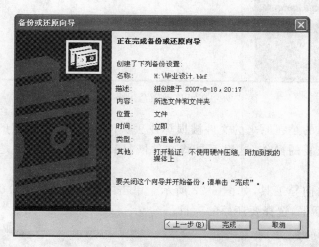

图 6-18　备份设置完成

图 6-19　备份过程

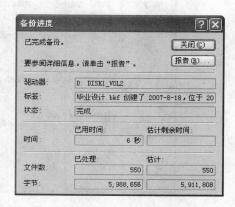

图 6-20　备份结束

备份结束后,可以通过"我的电脑"验证确实在可移动磁盘上生成了一个名为"毕业设计.bkf"的备份文件,如图 6-21 所示。

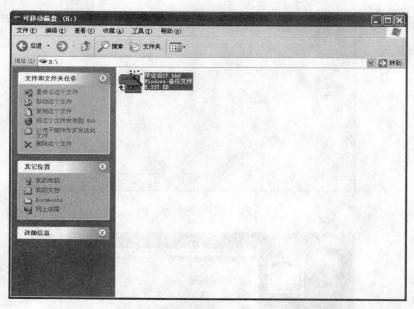

图 6-21　在可移动磁盘上备份的文件

文件备份的目的是在原来的文件被损坏或丢失时,可以将备份好的文件恢复。下面介绍将备份文件恢复的操作,这里不是将文件恢复到原来的位置,而是恢复到计算机的D 盘。

同样运行备份向导工具,如图 6-22 所示。单击"还原向导(高级)(R)"按钮,弹出如图 6-23 所示的对话框,选择要还原的项目。

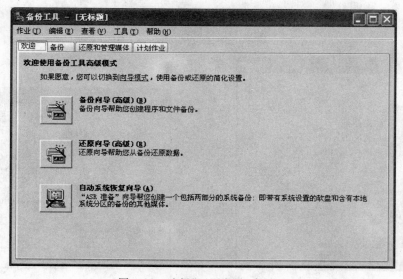

图 6-22　选择"还原向导(高级)"

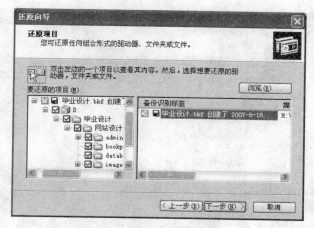

图 6-23 选择要还原的项目

单击"下一步"按钮,如图 6-24 所示,显示还原内容的提示。这里是还原一个文件,名称为"毕业设计.bkf",默认还原到原来的位置,如果不是则单击"高级"按钮可以更换还原的位置,如图 6-25 所示。

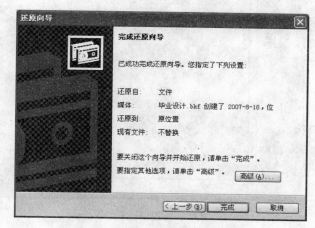

图 6-24 显示还原内容的提示

还原的过程如图 6-26 所示,还原完毕后如图 6-27 所示。

还原完毕后,可以验证确实在 D 盘上恢复了"毕业设计.bkf"文件,如图 6-28 所示。以上是利用备份和还原向导完成数据备份和数据恢复,也可以直接利用备份和还原工具完成。方法是:单击"开始"→"所有程序"→"附件"→"系统工具"→"备份"命令,启动后取消选择"总是以向导模式启动"或者切换到"高级模式"就可以手动完成备份和还原工作,不过这种方式要求操作者比较熟练地掌握备份和恢复技术。

(6)组合备份

如果组合使用正常备份和增量备份来备份数据,需要的存储空间最少,并且是最快的备份方法。然而,恢复文件可能比较耗时,而且比较困难,因为备份集可能存储在不同的磁盘或磁带上。如果组合使用正常备份和差异备份来备份数据,会耗时较长,尤其当数据经常更改时。但是它更容易还原数据,因为备份集通常只存储在少量磁盘和磁带上。

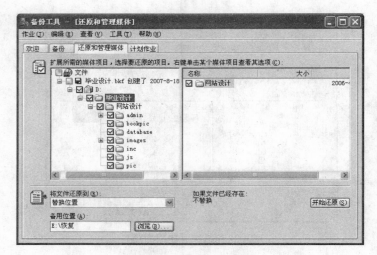

图 6-25　更改还原的位置

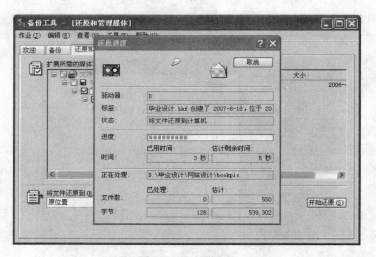

图 6-26　还原过程

图 6-27　还原完毕

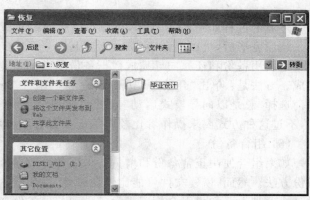

图 6-28　文件备份恢复到计算机的 E 盘

6.2.2　其他数据备份和数据恢复技术简介及实例

微软公司的 Windows 系列操作系统和 Office 软件几乎人人都在用,它们的确给人们的工作和学习带来了极大的方便,可以说它们已经是日常生活中必备的系统软件和应用工具。但遗憾的是,微软的操作系统并不是十分完美,相信有不少人都遇到过操作系统莫名其妙地不能工作,甚至崩溃无法使用的情况,一旦发生这类问题,许多人都束手无策。如果是网络操作系统崩溃,损失会更大,会导致众多用户不能享用网络服务。当然,可以重新安装系统和应用软件,但是这种方法并不是最好的解决方式。因为一是重装系统和应用软件速度太慢,二是完全重装不一定能将系统的状态完全恢复,尤其是网络操作系统的一些配置也要重新设置,万一没有留有配置的备份,恢复原来的状态是很难的。因此,怎样才能尽快而又完整地恢复系统的运行状态是对网管员的一个考验。下面介绍两个非常实用的有关数据备份和数据恢复的软件。

1. Norton Ghost 软件

现在的备份软件非常多,但是最为著名的大概就是 Symantec 公司的 Norton Ghost。它是一个非常出色的硬盘“克隆”工具软件,它可以用较短的时间对硬盘数据给予完整的保护。它不仅可以把一个硬盘中的全部内容完全相同地复制到另一个硬盘中,还可以将一个分区中的全部内容复制为一个分区映像文件备份到另一个分区中,可以很方便地用映像文件还原系统或某个分区的数据,最大限度地减少安装操作系统和恢复数据的时间。

（1）Norton Ghost 的用途

Norton Ghost(以下简称 Ghost)的用途如下:

① 作为灾难恢复的备份程序。如果磁盘或分区由于磁盘的系统区域或文件系统损坏而无法访问,而以前用 Ghost 创建了磁盘映像或分区映像文件,那么就可以使用该文件还原磁盘或分区。如果磁盘或分区受到物理性损坏,则可以使用映像文件将该磁盘或分区还原到另一个硬盘。

② 作为文件恢复的备份程序。如果丢失了文件而且没有文件备份,但以前创建了磁盘映像或分区映像文件,那么就可以使用 Ghost 浏览器从磁盘映像或分区映像中提取该文件。

③ 作为将计算机的操作系统、程序和数据文件复制到新计算机或新硬盘的一种方法。Ghost 不同于其他类型的备份程序,它被设计为复制整个磁盘或分区,而不是这些分区中的特定文件夹或文件。Ghost 复制磁盘或分区的速度比同类的其他程序要快。

当使用 Ghost 创建和保存映像文件时,Ghost 可以将该映像文件直接保存到其他设备(例如 CD-R 或 CD-RW 驱动器、Zip 磁盘、U 盘、SCSI 磁带机等)、本地计算机上的硬盘或远程计算机上的硬盘上。

下面简单介绍 DOS 版 Ghost 的用法,因为一般情况下系统被破坏后 Windows 不会再启动,而 DOS 很容易启动,所以 Ghost for DOS 更为实用。Windows 版的用法和原理基本上是一样的,但是界面更加友好方便。先介绍几个有关的术语,以便学习如何应用 Ghost。

（2）几个重要术语

① 映像文件，这里是指 Ghost 软件制作的以 .gho 为后缀的压缩文件。

② 源盘是指即将要备份的磁盘，一般情况下泛指操作系统盘 C 盘。

③ 映像盘是指存放备份映像的磁盘，一般情况下指备份文件存放盘，如 D 盘或 E 盘等。

④ 打包是指制作映像文件，通常是指将操作系统盘 C 盘经压缩后存放在其他盘如 D 盘。

⑤ 解包是指还原映像文件，通常是指在系统盘 C 盘出现错误或系统崩溃后，将存放在其他盘中的映像文件还原到系统盘，以恢复正常良好的操作系统。

（3）使用 Ghost 之前的准备工作

Ghost 虽然是一个非常好的"克隆"软件，但是如果不小心还是容易发生问题，万一操作不正确会使问题更加复杂。所以，在进行任何 Ghost 操作之前，应做好下面的工作。

① 在备份系统时单个的备份文件最好不要超过 2GB，虽然大于它也能完成备份，但是会麻烦一些。因此，在备份系统前最好将一些无用的文件删除，以减小 Ghost 文件的大小。映像文件应尽量保持"干净"和"瘦身"，也就是说，备份的源文件要无病毒并且应用软件要尽可能少。

② 在备份系统前最好对源盘和镜像盘进行磁盘碎片整理，以加快备份速度。

③ 在备份系统前及恢复系统前应对源盘和镜像盘进行磁盘错误检查，如果有，先修复磁盘错误系统。

④ 备份之前一定要升级杀毒软件后仔细完全查杀一次病毒，如有可能，下载好各种系统安全补丁并打好补丁。

⑤ 在恢复系统时，最好先检查一下要恢复的目标盘是否有重要的文件还未转移；否则，恢复后目标盘上的原有数据将全部被覆盖，重要文件就会丢失。

⑥ 在选择压缩率时，建议不要选择最高压缩率，因为会耗时较大，中间等级的压缩比较好。

（4）系统盘的备份方法

下面以对系统盘（逻辑盘 C 盘，分区为 C 区）进行备份/恢复为例说明 Ghost 的用法。Ghost 的启动很简单，在 DOS 环境下运行 Ghost 命令，或者有的专用工具盘启动后有 Ghost 选项，选中后即可启动。启动后进入 Ghost 界面，如图 6-29 所示。

单击 OK 按钮后进入操作界面，如图 6-30 所示。

这里的 Local 是对本地硬盘进行操作，子菜单中包括对硬盘的操作（Disk）、对分区（Partition）的操作和检查功能（Check）。因为操作系统的备份大多是对 C 盘的备份，所以单击 Partition 命令。它的子菜单中有 3 个命令：To Partition，是指分区对分区的复制，将一个分区的内容复制到另一个分区，是所有文件的复制，不会形成一个映像的整体文件。To Image 是指备份后形成一个映像文件，即将整个分区（本例是 C 区）备份成一个单一的映像文件，后缀为 gho（比如命名为 windows.gho）。本例中选择该选项，因为 C 区是将要备份的分区。另一个选项 From Image 是指将备份好的映像文件（如 windows.gho）还原到原来的分区，如果备份的是系统盘就能恢复 Windows 的正常运行。

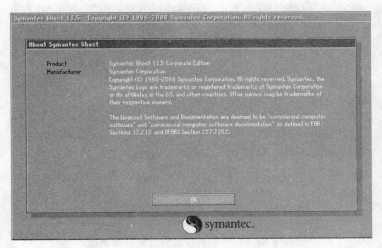

图 6-29　Ghost 的启动界面

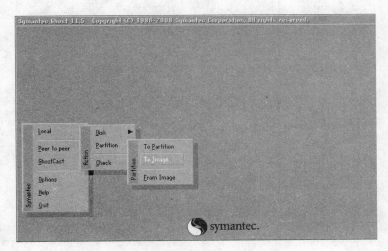

图 6-30　Ghost 的操作界面

此时,单击 Local(本机)→Partition(分区)→To Image(到映像)命令,如图 6-31 所示,打开 Select local source drive by clicking on the drive number 对话框,用于选择本地计算机中要备份的分区所在的硬盘,一般情况下 PC 只有一块硬盘,选中即可。有的服务器会有两块以上的硬盘,选择的时候要格外小心,不要选错,尤其不要选择存放有重要数据的硬盘,以免造成数据损失。

单击 OK 按钮,打开 Select source partition(s) from Basic drive:1 对话框,如图 6-32所示,选择将要备份的分区,本例选择要备份的第一个分区,因为系统文件一般都放在这里。按键盘上的 Tab 键选中,再单击 OK 按钮。

在如图 6-33 所示的 File name to copy image to 对话框中,选择生成的映像文件的存放位置(放在 E:\ghost\ 下),并为生成的映像文件命名(此处为 windows. gho)。

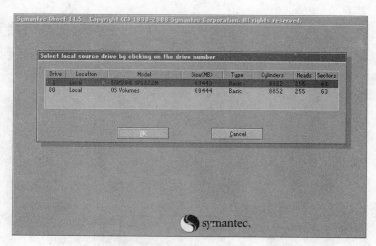

图 6-31 选择要备份的分区所在的硬盘

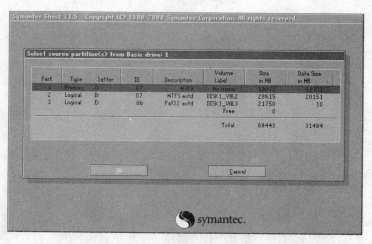

图 6-32 选择将要备份的分区

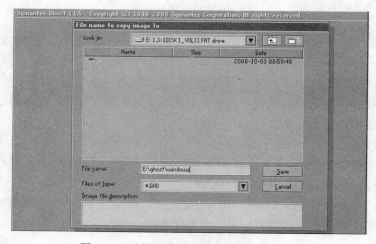

图 6-33 选择生成的映像文件的存放位置

接下来选择压缩模式,即是否对映像文件压缩,No 表示不进行压缩,Fast 表示小比例压缩但备份工作很快,High 表示高压缩比但备份速度相对较慢,占用空间小。这里选择 Fast 做适量压缩,如图 6-34 所示。

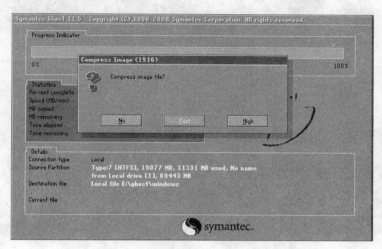

图 6-34　选择映像文件的压缩类型

接下来确认是否开始备份,单击 Yes 按钮,如图 6-35 所示。

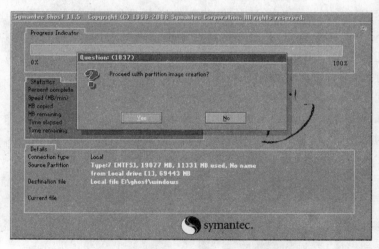

图 6-35　确认 Ghost 备份过程开始

然后开始进行备份直至显示备份完成的提示,如图 6-36 所示为打包过程完成。

（5）系统盘恢复方法

将备份的操作系统还原虽然是做系统备份的逆过程,但是仍有一些要注意的地方。当操作系统遇到以下的情况之一时,考虑用 Ghost 还原系统。

① 怀疑或确定操作系统中了病毒或木马,系统运行半个月以上会出现无故死机。

② 不明原因的操作系统变慢,甚至影响正常工作。

③ 操作系统由于各种原因而崩溃,根本不能启动或运行。

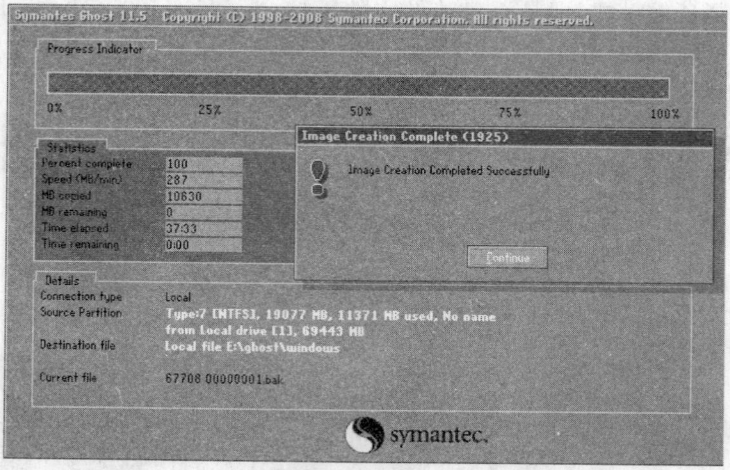

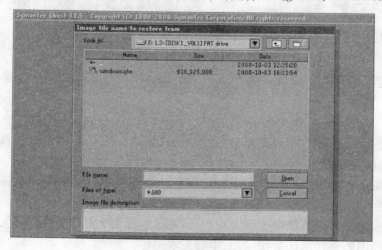

图 6-36　Ghost 备份过程完成

④ 当还原系统映像文件以保证系统运行状态更好，并且认为确实需要重新恢复系统时。

需要注意的是在使用 Ghost 软件还原操作系统时，切勿中途停止。如果在还原过程中中断了 Ghost 恢复过程或重新启动了计算机，那么系统将无法启动，系统备份或备份还原会前功尽弃。当然也有解救的办法，只要知道备份的系统映像文件存在哪个逻辑盘的哪个路径下，并且知道备份的文件名，就能够恢复系统，只是难度大一些。所以应该尽量避免发生还原系统时突然中断的情况，注意不能断电，恢复系统时不要离开，不要随意按动鼠标和键盘，不要在此过程中重启计算机。

还原过程如下：

① 启动 Ghost 后，单击 Local(本机)→Partition(分区)→From Image 命令，打开如图 6-37 所示的对话框，在备份的分区中选择备份好的文件 E:\ghost\windows.gho。

图 6-37　选择备份好的文件

② 选择好文件后按回车键,打开 Select source partition from image file 对话框,选择映像文件存放的分区,单击 OK 按钮,如图 6-38 所示。

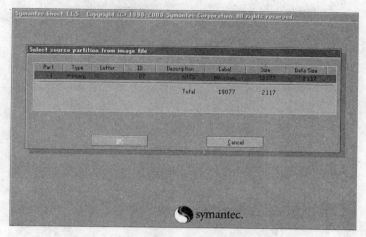

图 6-38 选择映像文件所在的分区

③ 在打开的如图 6-39 所示的 Select destination partition from basic drive:1 对话框中,通过选择驱动器号选择要恢复到的目标驱动器。注意,保存有映像文件的驱动器显示为红色,不要选择。因为此处要恢复到 C 盘,所以选择 1。

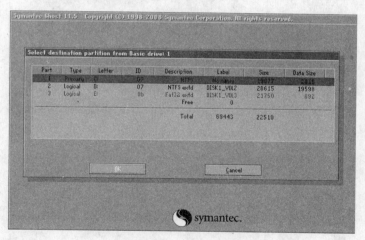

图 6-39 选择驱动器号

④ 单击 OK 按钮后接着询问是否开始还原到要装载的分区,并提示此分区的数据将被永久性覆盖,所以在单击 Yes 按钮之前要想清楚再操作,如图 6-40 所示。

⑤ 然后 Ghost 开始还原映像文件,进度条显示执行进度,如图 6-41 所示。

还原过程中不要进行任何操作。此时需要注意:

① 不要做任意操作,否则会带来不可预见的后果,包括系统不能启动。

② 不要按键盘,不要关机,耐心等待到还原结束。

还原完成后如图 6-42 所示。

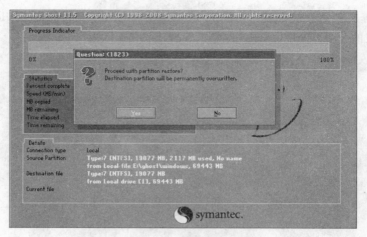

图 6-40　是否开始还原到要装载的分区

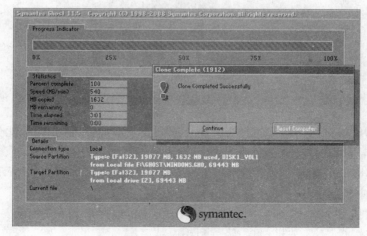

图 6-41　开始还原映像文件

图 6-42　还原完成

操作完成后按回车键,重新启动计算机后系统就恢复了,而且与原来的系统被损坏之前完全一样。

Ghost 不仅能够备份分区,还能实现整个硬盘的复制,可以将整个硬盘备份成一个映像文件,以便在需要时将这个硬盘恢复。特别值得一提的是,它能实现两块硬盘之间的对拷,这有助于在机房中为许多台同种类型的计算机快速安装操作系统,只需要一块硬盘备份好要装的系统及应用程序,利用 Ghost 工具可节约实验室工作人员的很多时间。总之,Ghost 是一个非常有用的分区和硬盘备份/恢复工具,用好它会受益无穷。但是,最好在真正做重要备份之前进行反复练习,以免不小心操作错误导致数据意外丢失。

无论是 Windows 的备份工具还是"克隆"工具 Ghost,都有一个共同的特点,就是防患于未然。它们都是预防在先,先做好备份,妥善保管好,需要时再恢复,不能等数据损坏了再去弥补,这是最好的措施。重在预防应该是网管人员所秉持的原则。但是,任何人都不能保证不会发生数据被损坏而恰恰没有备份的情况。比如某个文件被意外删除,或者某个硬盘被意外格式化,或者有数据的分区被意外重新分区而使数据丢失等,都是在没有备份文件的情况下发生的。一定要尽量避免发生这些情况,但是万一发生了也不要绝望,一定要记住在做完删除或格式化操作之后尽量不要做进一步的其他操作,以免被删除或格式化的那部分硬盘扇区被新的文件覆盖,这样会加大数据恢复的难度,然后找一些比较知名的恢复软件就有可能将丢失的文件找回来。下面简单介绍一个非常知名而又好用的数据恢复软件 EasyRecovery。

2. EasyRecovery 软件

（1）EasyRecovery 简介

EasyRecovery 是 Ontrack 公司著名的数据恢复和文件修复软件。它启动后的界面如图 6-43 所示,可以看到有几个菜单项,包括磁盘诊断、数据恢复、文件修复、邮件修复、软件更新和救援中心。后两个与数据恢复和文件修复没有直接关系,主要用于软件更新以及用 EasyRecovery 解决不了问题时向 Ontrack 公司求助。

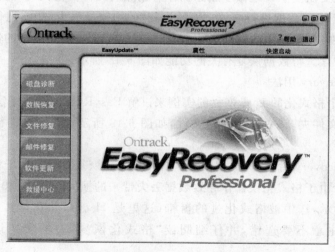

图 6-43 EasyRecovery 的操作界面

　　前 4 项的子功能如图 6-44～图 6-47 所示。

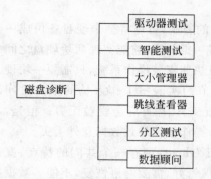

图 6-44　磁盘诊断及其子功能

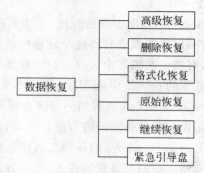

图 6-45　数据恢复及其子功能

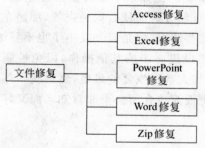

图 6-46　文件修复及其子功能

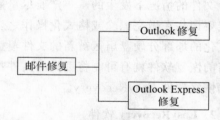

图 6-47　邮件修复及其子功能

　　由此可以看出,EasyRecovery 的主要功能有磁盘诊断、数据恢复和文件修复。它是一个功能非常强大的工具软件。由于不可能把所有的功能都详细地讲解,下面主要以"数据恢复"为例进行说明。该功能包括"高级恢复",主要以自定义的文件格式恢复丢失的数据;"删除恢复"主要恢复意外地做了删除操作后删除的文件;"格式化恢复"针对被格式化的硬盘、软盘或 U 盘的数据进行恢复;"原始恢复"的功能最强大,能够把很久以前丢失的文件尽可能多地恢复,但是用的时间会比较长;"继续恢复"完成中断了的恢复;"紧急引导盘"用于创建引导盘。与数据恢复有关的功能如图 6-48 所示。

　　(2) EasyRecovery 用法

　　下面通过一个格式化的 U 盘恢复的实例来讲解 EasyRecovery 的用法。现在 U 盘中存有"网站设计"文件夹,其中存有一些文件,如图 6-49 所示,对 U 盘进行格式化后文件会丢失。

　　运行 EasyRecovery 后选择"数据恢复"中的"格式化恢复"选项,用于将经过格式化的 U 盘恢复,以减少由于格式化误操作导致数据丢失带来的损失,如图 6-50 所示。

　　如图 6-51 所示,选中被格式化过的盘符(这里是 H 盘),并选择文件格式,此处为 FAT 16 格式。注意不要选错,并仔细阅读"格式化恢复"中的文字说明,以免操作失误。

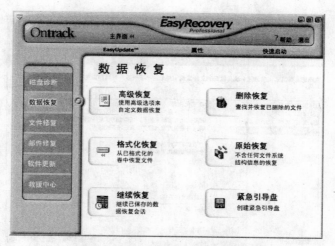

图 6-48　与数据恢复有关的功能

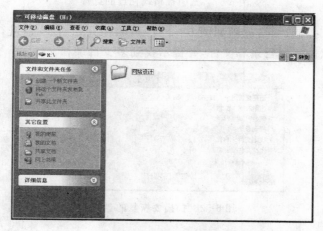

图 6-49　格式化前的 U 盘

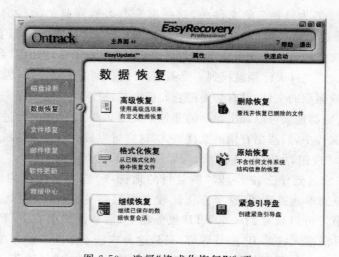

图 6-50　选择"格式化恢复"选项

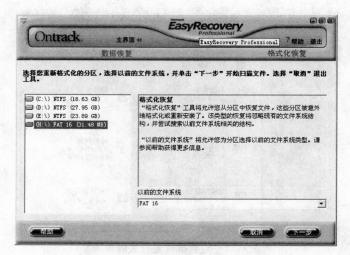

图 6-51　选中被格式化过的盘符

单击"下一步"按钮,扫描过程如图 6-52 所示,软件开始对 H 盘进行文件扫描,这个过程用于寻找可以恢复的目录和文件,并提示找到多少目录和文件。

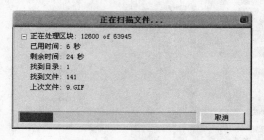

图 6-52　扫描要恢复的盘符

扫描完成后结果如图 6-53 所示,其中在文件夹 LOSTFILE 下可以看到许多以 DIR0、DIR1、DIR2 等为目录名的文件夹,这些都是有可能恢复的文件夹,分别打开这些文件夹,就可以看到被格式化过的文件夹或文件。比如本例是由于对 H 盘进行格式化而导致"网络设计"文件夹及其文件夹中的文件丢失,经过恢复操作,可以看到在恢复的 DIR0 文件夹下"网络设计"文件夹已经被找到。当然,有可能找到的文件很多,因为有的可能是很久以前被格式化或删除的文件,没有必要把它们都恢复,只恢复想要的那一部分即可。另外还要注意的是,过滤器选项可以选出想要的那种格式的文件(以后缀名为过滤项),有的格式不必列到选出的文件中,只选出有用的文件格式,这样可以减少恢复文件所用的时间。

单击"下一步"按钮,如图 6-54 所示,需要注意以下几方面内容。

① 想把文件恢复到什么位置,即"恢复目的地选项"选项区域中的设置。有两个方法,第一可以恢复到本地驱动器,这个方法比较方便也容易实现,本例就是想恢复到 E:\ 恢复\目录下。第二可以恢复到一个 FTP 服务器上,假如网络中有 FTP 服务,也可以恢复到该服务器,只需输入它的 IP 地址即可,只是这种方法不如前一种方法方便可行。

② 是否想生成一个 ZIP 格式的压缩文件,如果是可以选中"创建 Zip"复选框,并限定

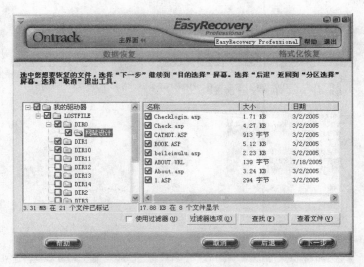

图 6-53　找到要恢复的文件夹和文件

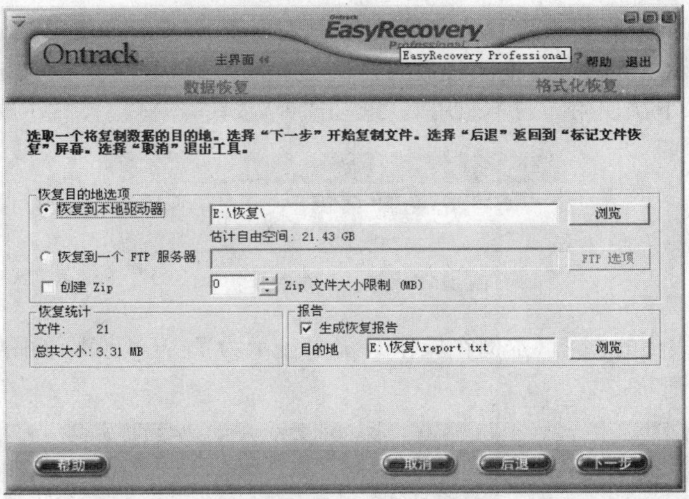

图 6-54　设置恢复后的文件参数

文件的大小。本例不做压缩文件。

③ 是否想生成一个关于恢复的报告,如果是选中"生成恢复报告"复选框,软件会用 txt 文档将恢复目录和文件的所有信息清楚地列在报告中,这是很有好处的。本例要生成一个恢复文档,放在 E:\恢复\report.txt 中。

单击"下一步"按钮,开始将要恢复的文件夹和文件复制到选择的目录中,如图 6-55 所示。

复制完成后,如图 6-56 所示为一个简单的恢复报告,这个报告没有前面存储的那个报告文件详细。

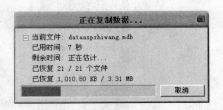

图 6-55　将要恢复的文件夹和文件复制到目的地

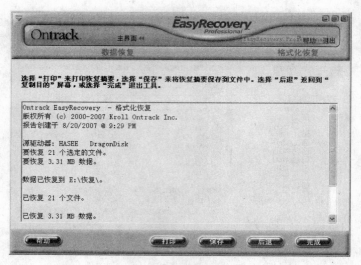

图 6-56　恢复后的报告

　　系统接着询问是否保存恢复状态以便今后使用(见图 6-57),也就是说在恢复过程中设定的参数,比如过滤的文件格式等可能会在下一次用到,则单击"是"按钮,把它作为一个文件保存起来下次使用。若不想用则可单击"否"按钮,本例选择"否"按钮。

图 6-57　是否保存恢复状态

　　至此,被格式化的 U 盘(本例在操作系统中显示为 H 盘)上的文件夹和文件已经被恢复,如图 6-58 所示。

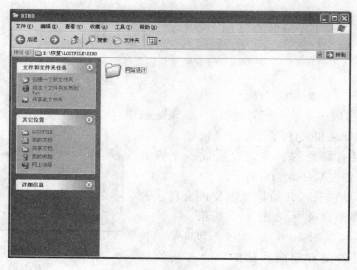

图 6-58　恢复的文件夹和文件

　　通过这个例子可以得到启发,网络管理员应该把数据保护的重要性放在极为重要的地位,尤其对于系统文件和重要场合的重要数据更是不能大意,有时可能会因为一点小的疏忽造成很大的失误,后果会很严重。所以,一定不要怕麻烦,先做好备份是保证万无一失的最好手段。但是,万一数据被损坏了而又没有备份,也不要万分沮丧,因为还有解救的办法,这里只介绍了一种工具 EasyRecovery 的应用,实际上还有不少可用的恢复数据的工具可以试试,虽然不是每个都有用,但总比束手无策强。还要注意的是,虽然有一些软件可以恢复数据,但是没有一个可以保证万无一失,百分之百地完全恢复是不可能的,网管人员应该把防范放在首位。如果尝试后仍不能恢复原来的数据,最后的方法就是请专门的数据恢复公司帮忙。

6.3　思考和练习

1. 按应用方式分,网络数据存储管理的内容可以分为几个方面?
2. RAID 技术的含义是什么?
3. RAID 1 和 RAID 5 各有什么特点? 分别用于什么场合?
4. 简述 NAS 技术的原理和特点。
5. 简述 SAN 技术的原理和特点。
6. Windows Server 2003 有几种备份类型?
7. Norton Ghost 的主要用途是什么?
8. EasyRecovery 的主要用途是什么?

6.4　实训练习

实训练习 1

利用 Windows XP 或 Windows Server 2003 进行数据备份的练习。

要求:

(1) 将硬盘 D 盘上某个文件夹备份到 U 盘上,注意 U 盘的容量应足够大。

(2) 将 D 盘上备份出来的那个文件夹删除,然后将备份在 U 盘的文件夹还原到原来的位置。

实训练习 2

尝试用 Ghost 为计算机的 C 盘做一个在 D 盘或 E 盘上的系统备份文件(备份成映像文件 win. gho)。

要求:

(1) 操作之前应搞清楚哪个是要备份的源分区和目标分区,放备份文件的目标分区应把重要的文件先复制出来,以免操作不慎造成重要文件丢失。

(2) C 盘空间不要占用太多,以免生成的备份文件大于 2GB,会增加备份和还原的复杂度。

(3) 仔细阅读第 6 章关于 Ghost 使用方法的描述,按步骤操作。

(4) 备份完成 win. gho 文件后,作 C 盘的还原操作,并且让系统重新启动,验证是否将 C 盘完整还原。

第 7 章

网络安全管理

7.1 Windows Server 2003 的安全设置

Windows Server 2003 是典型的多用户操作系统,每个用户拥有自己的系统配置以及权限、许可。Windows Server 2003 通过识别不同的用户账号,赋予用户不同的权限。

通过用户账号可以完成以下操作:

① 确定当前计算机的使用者,把计算机使用者和用户联系起来,每个使用者有属于自己的一个用户账号。

② 可以赋予用户不同的权限(right)及许可(permission),控制用户对资源的访问。

③ 每个用户都应该使用属于自己的用户账号进行登录,为了保证用户账号不被其他用户冒用,为账号设定密码。

当用户登录系统时,系统会弹出一个登录验证框,进行验证。用户需要输入自己的用户名和密码,计算机将信息与 SAM(Security Account Manager)中存储的条目进行比较并确定符合条件后,用户才能通过身份验证,从而登录到计算机,获得对资源的访问权限。

7.1.1 用户管理与账户策略

在 Windows Server 2003 下通过用户账号和用户组的管理策略,可以对用户进行授权和控制,使用户在授权范围内合法使用系统资源。

1. 建立新用户

通过单击“开始”→“管理工具”→“计算机管理”命令,打开“计算机管理”窗口,在左边窗格的“系统工具”目录下,选择“本地用户和组”项,在右边窗格中可以看到包括用户账号、用户全名和对应账号的详细描述信息。在这里可以建立新用户和组,并能对用户和组进行管理(如图 7-1 所示)。

选择“用户”项,在右边窗格中单击鼠标右键,在弹出的快捷菜单中单击“新用户”命令,可以建立一个新用户。

2. 建立账号

下面以建立用户 lancy 为例来说明建立一个账号的过程。

单击“新用户”命令,打开“新用户”对话框(如图 7-2 所示),输入对应的信息。在“用

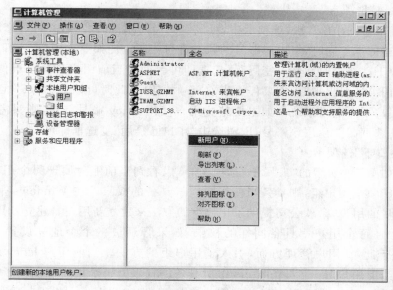

图 7-1　建立新用户(一)

户名"文本框中输入用户登录使用的匿名,"全名"文本框中输入用户的真名,方便管理员识别不同的用户,能确切知道这个用户的真实身份,所以一般输入对应用户的真名。"描述"文本框中可输入更多的账号信息,方便管理。在"密码"文本框中输入自己容易记忆并

具有一定复杂度的用户密码。为防止用户密码输入错误,需要对密码进行确认。在该对话框的最下面有 4 个复选框,这里选中"用户不能更改密码"和"密码永不过期"复选框(如图 7-2 所示)。这样,当前建立的用户 lancy 可以使用系统管理员提供的账号和密码来登录使用系统,但不可以修改密码。在批量建立账号时,管理员建立的新账号将具有统一的初始密码,此时可选中"用户下次登录时须更改密码"复选框。信息输入完毕后,单击"创建"按钮,即可建立一个新用户。建立一个新用户后,该用户默认被加入 users 组,即新建用户具备 users 组的所有权限。

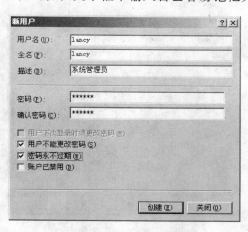

图 7-2　建立新用户(二)

3. 账号管理

采用下面的方法可以修改账号密码。选择对应的账号,单击鼠标右键,在弹出的快捷菜单中,可以通过"设置密码"选项来修改账号密码。在设置用户密码时,密码的选择一定要具备一定的规则,一则自己容易记忆,二则避免账号密码丢失造成损失。

要对用户账号进行更好的管理,可以通过账号的属性对话框来设置。

下面介绍属性对话框中几个比较重要的选项卡的设置和功能。

（1）"常规"选项卡

在如图 7-3 所示的"常规"选项卡中，可以看到当前账号的名称，并可以修改用户账号的全名和描述信息。同时，可以对账号的状态进行控制。比如要求用户登录时修改密码，则选中"用户下次登录时须修改密码"复选框即可。如果当前用户离开了单位，或者该账号已经被盗用等情况出现时，需要停止当前账号的使用，此时可以选中"账户已禁用"复选框，则当前用户不可登录系统。如果要禁止用户使用 lancy 账号登录，则只需要选中"账户已禁用"复选框。要启用该账号，取消选中"账户已禁用"复选框即可。

（2）"隶属于"选项卡

切换到如图 7-4 所示的"隶属于"选项卡，可以看到当前账号属于哪个用户组。一个用户如果属于一个用户组，则具备当前用户组所具备的权限。在 Windows 平台下，为了方便管理大量的用户，微软公司提供了用户组的方法来建立新用户。建立新用户时，由于用户很多，并且每个用户都具备同样的权限，如果管理员一个一个地去设置，会很费时。Windows 基于此，在用户管理方面，引入了用户组的方法。当前用户 lancy 属于默认的users 组，则当前用户 lancy 具备 users 组所具备的权限。一个用户可以属于多个不同的用户组，当前用户具备每个用户组的权限。比如，要把用户 lancy 提升为系统管理员，则需要把该账号加入到 Administrators 组中。

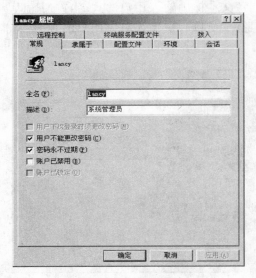

图 7-3　"常规"选项卡

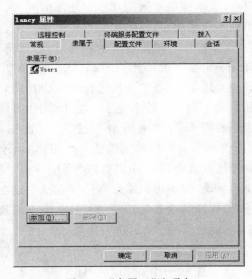

图 7-4　"隶属于"选项卡

在"隶属于"选项卡中，单击"添加"按钮，在弹出的"选择组"对话框中（如图 7-5 所示），选择要加入的组，这里选择 Administrators 组并单击"确定"按钮，则 lancy 用户将具备系统管理员的功能。

（3）"配置文件"选项卡

要删除一个账号，右击对应的账号，在弹出的快捷菜单中选择"删除"命令，即可删除。系统安装完成后，一般会在安装的过程中建立 Administrator 账号、Guest 和 iuser_gzhmt的账号。Administrator 是系统管理员账号，具备最高的权限；Guest 是来宾账号；iuser_

图 7-5　对用户以组模式授权

gzhmt 是 Internet 来宾账号，一般在建立一个 Web 服务器时，授权给对网站数据库有写入权限的来访者。

7.1.2　密码策略

为了增强用户账号密码的安全性，可以制定密码策略，用户在新建用户设定密码或更改用户密码时，受制于密码策略的限制，避免用户设定过于简单的密码，导致账号丢失及密码被破解而给用户带来的损失。但如果用户密码设定符合密码策略，则可大大提高密码破解的难度。

要建立密码策略，可在"本地安全设置"窗口中完成，方法如下：

依次单击"开始"→"管理工具"→"本地安全策略"命令，可打开如图 7-6 所示的"本地安全设置"窗口。在左侧窗格中选择"账户策略"下的"密码策略"项，在右边的窗格中可看到相关的 6 条密码策略。

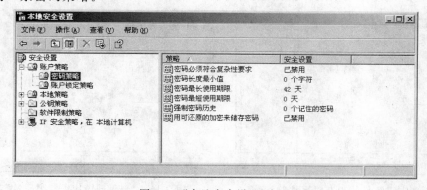

图 7-6　"本地安全设置"窗口

1. 密码必须符合复杂性要求

启用该选项，则要求在为新建立的账号设定密码或修改用户密码时，要符合 Windows 系统要求的密码筛选器的复杂性要求，如果不符合要求，则系统要求重新设定密码。密码筛选器 DLL 是在 NT 4 上的可用选项，现在内建到 Windows 2000 和 Windows Server 2003 中。密码筛选器定义了许多要求，如包含的字符长度，是否允许使用用户名或部分用户名等。

要启用该选项，先双击该选项，在弹出的窗口中"已启用"单选按钮即可（如图 7-7 所示）。

2. 密码长度最小值

该策略要求设定密码时，密码的长度必须大于该数值，避免用户忘记设定密码或设置的密码长度过短。

要启用该选项，双击该选项，在弹出的窗口中指定密码最少的字符个数，比如设定密码的最小长度为 8 个字符（如图 7-8 所示）。

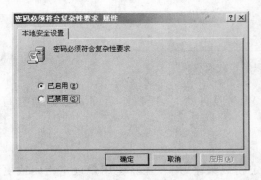

图 7-7　"密码必须符合复杂性要求属性"对话框

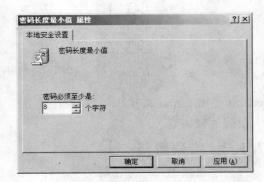

图 7-8　"密码长度最小值属性"对话框

3. 密码最长使用期限

设置密码过期时间，要求用户使用一个密码的时间不能超过该期限，超过后系统将提示修改（如图 7-9 所示）。

4. 密码最短使用期限

设置密码最短使用期限，则在该期限内用户不能修改密码（如图 7-10 所示）。

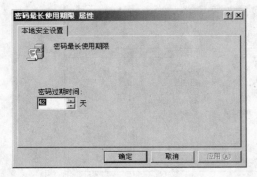

图 7-9　"密码最长使用期限属性"对话框

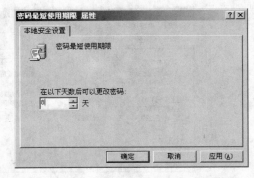

图 7-10　"密码最短使用期限属性"对话框

5. 强制密码历史

通过该选项可以指定某个给定密码在再次使用前试用不同密码的数目（如图 7-11 所示）。例如，假若设定值为 3，如果试用 3 次密码都不对，则不能再次进次密码输入。

6. 用可还原的加密来储存密码

用于告诉域控制器只能以可逆加密方式存储密码，这种方式可能导致安全性下降。密码通常以单向散列加密方式存储。如果只需要为某个账号设置该选项，可以在该用户账户属性中启用该选项。

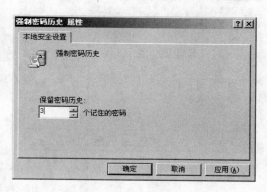

图 7-11　设置保留密码历史

7.1.3　账户锁定策略

通过单击"管理工具"→"本地安全策略"命令，在弹出的窗口中展开"安全设置"目录树，选择"账户策略"下的"账户锁定策略"项，在该窗口中可以设置账号的锁定参数。

1. 复位账户锁定计数器

该设置用于定义在失败尝试登录多长时间后计数重新开始。比如，假设复位计数 3 分钟，登录尝试为 4 次。如果拼错 3 次，可以在第 3 次尝试后等待 3 分钟，就又得到 4 次尝试机会（如图 7-12 所示）。

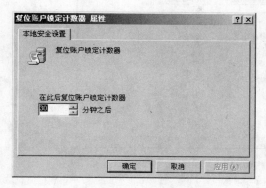

图 7-12　复位账户锁定计数器

2. 账户锁定时间

该设置用于定义账户锁定的时间间隔。当该时间段过去后，用户账户就不再处于锁定状态，用户可以再次登录。如果启用了该选项，并设置保留时间区域为空，那么账户就会保留为锁定状态，直到管理员对它解锁（如图 7-13 所示）。

3. 账户锁定阈值

该数值用于定义用户不成功登录允许的次数，之后账户就会被锁定。如果定义了账户，一定要指定允许尝试的次数，否则该账户永远不会被锁定。设定了账户的锁定阈值后，复位账户锁定计数器和账户锁定时间才有效（如图 7-14 所示）。

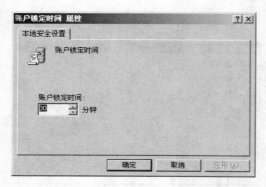
图 7-13　账户锁定时间

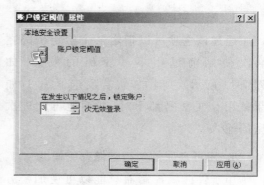
图 7-14　账户锁定阈值

7.2　本地策略

7.2.1　审核策略

在如图 7-15 所示的窗口中选择"本地策略"下的"审核策略"项,其中包含审核策略更改、审核登录事件、审核对象访问等多个审核策略。当对应的事件发生时,系统将根据设置对相应的事件进行记录。

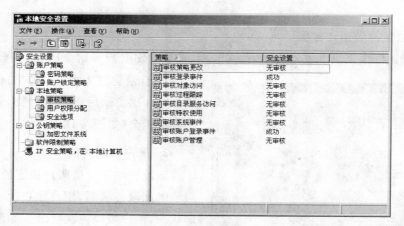
图 7-15　"审核策略"选项

要设置一个策略,在对应的事件上单击鼠标右键,即可对策略进行设置。比如当管理员对策略进行更改时,要让系统记忆这些操作,可以在"审核策略更改属性"对话框中设置审核这些策略,选中"成功"或"失败"复选框即可(如图 7-16 所示)。

要审核登录事件,则需要设置"审核登录事件"策略,如图 7-17 所示。当该设置生效时,无论用户成功登录系统还是登录失败,都将被系统记录。这些事件可以通过事件查看器进行查看,如图 7-18 所示。

其他审核策略的设置方法与前面介绍的设置方法类似,读者可自行设置并查看审核的结果,这里不再介绍。

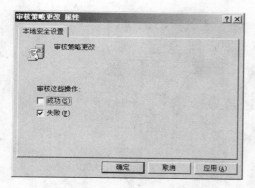

图 7-16 "审核策略更改属性"窗口

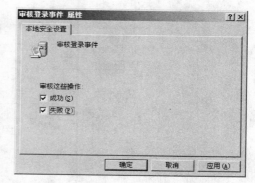

图 7-17 "审核登录事件属性"窗口

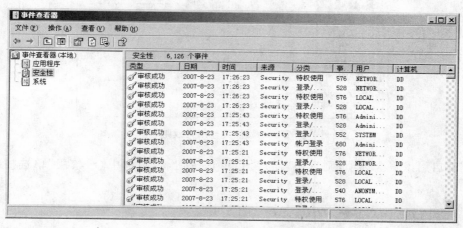

图 7-18 "事件查看器属性"窗口

7.2.2 用户权限分配

1. 用户权限分配内容的设置

在用户权限分配中,可以基于用户或组来设定用户所具备的权限。比如要指定哪些用户可以从远程系统强制关机,可以双击打开"从远程系统强制关机属性"对话框。默认只有属于 Administrators 组的用户才具备该权限(如图 7-19 所示)。如果要添加其他用户或组,可以通过单击"添加用户或组"按钮添加其他用户或组,如图 7-20 所示。

2. 常见权限分配的设定及安全选项

通过设置安全选项,可以提高每个用户的安全性。所有安全选项的设置方法相似,双击每一个安全选项,打开该安全选项属性对话框,

图 7-19 "从远程系统强制关机属性"窗口

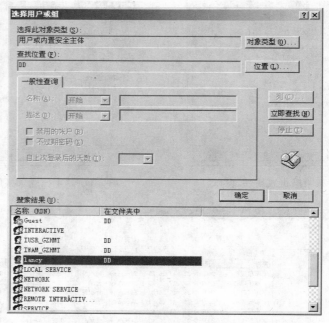

图 7-20　添加其他用户或组

如果需要启用该安全选项,则选中"已启用"单选按钮,否则选中"已禁用"单选按钮,如图 7-21 所示。

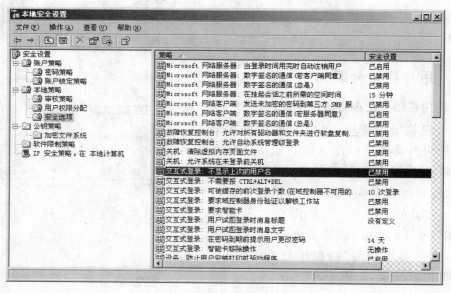

图 7-21　设置安全选项

比如用户登录系统时,通常上次登录的用户名会被记录下来,用户不需要输入用户名,只需要输入正确的密码即可登录,该种模式将为系统安全带来极大风险。如果非法用户启动了机器,则会发现该系统的合法用户名;如果密码被破解,则可以攻击该系统。

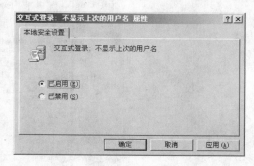

为了提高系统的安全性,可设定不保留上次用户登录的用户名,要求用户每次登录时输入用户名。要实现这种安全控制,可以通过安全选项中的"不显示上次的用户名"安全策略来实现。

双击打开该安全策略的属性对话框,选中"已启用"单选按钮,使该安全策略有效即可。这样,用户下次登录系统时,需要输入登录的用户名,避免了用户名被没有授权的用户获得,降低了系统存在的风险(如图 7-22 所示)。

图 7-22　设置在交互式登录中不显示上次的用户名

7.3　Windows Server 2003 中几个常规网络服务的安全管理

7.3.1　Web 服务器的安全问题

随着网络使用范围的扩大,通过网络获得信息已成为人们的一个主要渠道,包括政府、高校、企事业单位等各行各业都建立了相应的 Web 服务器、FTP 服务器、BBS 服务器、邮件服务器。在把信息提供给用户广泛浏览的同时,同样也存在安全问题和控制问题。比如对于一个企业内部的 Web 服务器,可能只提供给内部用户访问,而外部用户是不可以访问的。所以,在建立一个服务器的同时,还存在如何把服务提供给相应的访问者,并保证访问者合法访问的问题。

下面介绍在建立一个 Web 服务器时涉及的相关安全设置问题。要限制一个网站的访问,通常可以采用以下几种方法。

1. 用户身份验证

通常一个公开的 Web 站点允许所有 Internet 用户访问,而有些 Web 站点则仅允许某些用户访问。此时,可以通过下面的方式来进行授权。

打开要进行用户身份验证设置的 Web 站点的属性对话框,切换到"目录安全性"选项卡(见图 7-23 所示),单击"编辑"按钮,打开"身份验证方法"对话框(如图 7-24 所示)。

在图 7-24 中可以看出,一个 Web 站点默认允许用户匿名访问。当网站设置为"启用匿名访问"时,任何一个用户都可登录到该 Web 站点,并具备 IUSR_GZHMT 这个 Windows 用户的权限。如果当前的 Web 站点仅提供给某些用户访问,则应该取消选中"启用匿名访问"复选框,并在"用户访问需经过身份验证"选项区域中设置身份验证的方法。如图 7-25 所示,对当前站点设置"集成 Windows 身份验证",这样匿名用户将不可以访问该网站,只有持有 Windows 账号的用户才可以访问该站点。

2. IP 地址和域名限制

使用 IP 地址或 Internet 域名授权可控制用户对资源的访问。

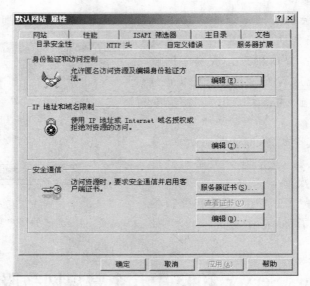

图 7-23 "目录安全性"选项卡

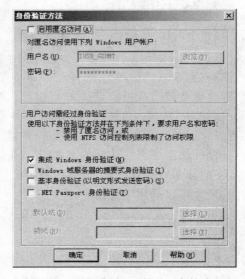

图 7-24 设置身份验证方法　　　　　图 7-25 设置集成 Windows 身份验证

　　在网站属性对话框中,切换到"目录安全性"选项卡,并单击"IP 地址和域名限制"选项区域中的"编辑"按钮,可打开"IP 地址和域名限制"对话框(如图 7-26 所示)。对 IP 地址访问限制有两种方法。如果大部分用户都不可以访问,而仅某些用户可以访问,则可以选中"拒绝访问"单选按钮,然后在下面的列表框中添加允许访问的用户。单击"添加"按钮,打开设置授权访问用户的对话框,可以通过单个 IP、IP 地址段或主机域名 3 种方式来进行定义,非常灵活方便。如图 7-27 所示,设置当前的站点仅允许当前的一段 IP 地址的主机访问。如果大部分用户都可以访问,而仅个别用户不能访问,则可以首先授权访问,然后再设置拒绝访问的主机 IP 地址或域名。

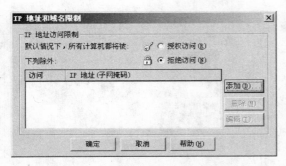

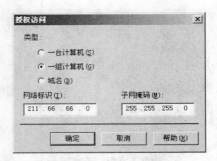

图 7-26　"IP 地址和域名限制"对话框　　　　图 7-27　授权一组计算机

3．访问控制

当一个用户访问 Web 服务器时，可以设置不同的用户对当前目录的读写权限。比如可以设定某些用户具备写入的权限，而某些用户仅具备浏览的权限。要进行访问控制，可以在文件夹的属性对话框中设置。

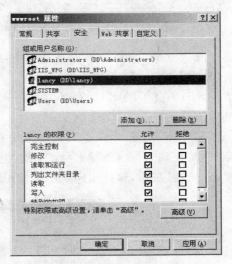

假设当前 Web 站点的主目录为 wwwroot，现在要设定 lancy 对该目录具备所有权限，即当前用户可以读和写当前目录，则切换到 wwwroot 文件夹属性对话框的"安全"选项卡，可以添加 lancy 用户的权限。如图 7-28 所示。

4．审核与加密

用户以 Web 方式访问站点时，存在一定的风险。为了提高该模式的安全性，可设置通过安全通信的方式来进行访问。要启用安全通信的访问方式，在如图 7-29 所示的对话框中，单击"服务器证书"按钮，打开如图 7-30 所示的对话框，启用安全通道。

图 7-28　设置用户 lancy 对当前目录具备的权限

7.3.2　FTP 服务器的安全问题

Windows Server 2003 系统的 IIS 6.0 提供了 FTP 服务功能，由于它简单易用，并与 Windows 系统本身结合紧密，深受广大用户的喜爱。在实际应用中，FTP 的默认设置其实存在很多安全隐患，很容易成为黑客们的攻击目标。通常可以通过以下几个方面来加强 FTP 服务器的安全。

1．取消匿名访问功能

默认情况下，Windows Server 2003 系统的 FTP 服务器允许匿名访问，虽然匿名访问为用户上传、下载文件提供了方便，但却存在极大的安全隐患。用户不需要申请合法的账号，就能访问 FTP 服务器，甚至还可以上传、下载文件，特别对于一些存储重要资料的 FTP 服务器，很容易出现泄密的情况，因此建议用户取消匿名访问功能。

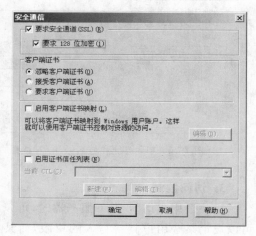

图 7-29 设置站点的安全通信   图 7-30 启用安全通道

在 Windows Server 2003 系统中，单击"开始"→"程序"→"管理工具"→"Internet 服务管理器"命令，打开管理控制台窗口，然后展开左窗格中的"本地计算机"目录项，就能看到 IIS 6.0 自带的 FTP 服务器。下面以默认 FTP 站点为例，介绍如何取消匿名访问功能。

右击"默认 FTP 站点"，在快捷菜单中选择"属性"选项，打开"默认 FTP 站点属性"对话框，切换到"安全账户"选项卡，取消选中"允许匿名连接"复选框（如图 7-31 所示），最后单击"确定"按钮，这样用户就不能使用匿名账号访问 FTP 服务器，必须拥有合法账号。

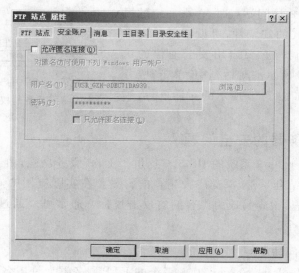

图 7-31 禁止匿名访问

2. 启用日志记录

Windows 日志记录了系统运行的一切信息，但很多管理员对日志记录功能不够重视,为了节省服务器资源,禁用 FTP 服务器日志记录功能,这是万万要不得的。FTP 服务器日志记录着所有用户的访问信息,如访问时间、客户机 IP 地址、使用的登录账号等,这些信息对于 FTP 服务器的稳定运行具有很重要的意义。一旦服务器出现问题,就可以查看 FTP 日志,找到故障所在,及时排除,因此一定要启用 FTP 日志记录。

在"默认 FTP 站点属性"对话框中,切换到"FTP 站点"选项卡,确保选中"启用日志记录"复选框,这样就可以在事件查看器中查看 FTP 日志记录。

3. 正确设置用户访问权限

每个 FTP 用户账号都具有一定的访问权限,但对用户权限的不合理设置,也能导致 FTP 服务器出现安全隐患。如服务器中的 CCE 文件夹,只允许 CCEUSER 账号对它有读、写、修改、列表的权限,禁止其他用户访问,但系统默认设置允许其他用户对 CCE 文件夹有读和列表的权限,因此必须重新设置该文件夹的用户访问权限。

右击 CCE 文件夹,在快捷菜单中选择"属性"选项,然后切换到"安全"选项卡,首先删除 Everyone 用户账号,再单击"添加"按钮,将 CCEUSER 账号添加到"名称"列表中,然后在"权限"列表框中选中"修改"、"读取及运行"、"列出文件夹目录"、"读取和写入"选项,最后单击"确定"按钮。这样,CCE 文件夹只有 CCEUSER 用户才能访问。

4. 启用磁盘配额管理

FTP 服务器的磁盘空间资源很宝贵,无限制地让用户使用,势必造成巨大的浪费,因此要对每位 FTP 用户使用的磁盘空间进行限制。下面以 CCEUSER 用户为例,将其限制为只能使用 100MB 磁盘空间。

在资源管理器窗口中,右击 CCE 文件夹所在的硬盘盘符,在弹出的快捷菜单中选择"属性"选项,然后切换到"配额"选项卡(如图 7-32 所示),选中"启用配额管理"复选框,激活"配额"选项卡中的所有配额设置选项。为了不让某些 FTP 用户占用过多的服务器磁盘空间,必须选中"拒绝将磁盘空间给超过配额限制的用户"复选框。

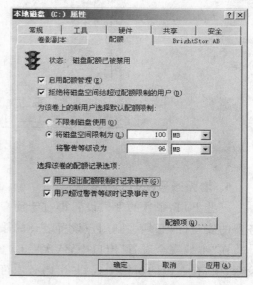

图 7-32 限制 FTP 存储空间

在"为该卷上的新用户选择默认配额限制"下选中"将磁盘空间限制为"单选按钮,接着在右侧的数值框中输入 100,磁盘容量单位选择 MB;然后进行警告等级设置,在"将警告等级设置为"数值框中输入 96,容量单位也选择 MB,这样就完成了默认配额设置。此外,还要选中"用户超出配额限制时记录事件"和"用户超过警告等级时记录事件"复选框,以便将配额警告事件记录到 Windows 日志中。

单击"配额"选项卡下面的"配额项"按钮,打开"磁盘配额项目"对话框;然后单击"配额"下的"新建配额项"按钮,打开选择用户对话框;选中 CCEUSER 用户后,单击"确定"按钮;接着在"添加新配额项"对话框中为 CCEUSER 用户设置配额参数,选中"将磁盘空间限制为"单选按钮,在右侧的数值框中输入 100,接着在"将警告等级设置为"数值框中输入 96,它们的磁盘容量单位为 MB;最后单击"确定"按钮,完成磁盘配额设置。这样 CCEUSER 用户就只能使用 100MB 磁盘空间,超过 96MB 就会发出警告。

5. TCP/IP 访问限制

为了保证 FTP 服务器的安全,还可以拒绝某些 IP 地址的访问。在"默认 FTP 站点属性"对话框中,切换到"目录安全性"选项卡,选中"授权访问"单选按钮(如图 7-33 所示);然后在"下面列出的除外"列表框中单击"添加"按钮,打开"拒绝以下访问"对话框,可以拒绝单个 IP 地址或一组 IP 地址访问。以单个 IP 地址为例,选中"单机"单选按钮,然后在"IP 地址"文本框中输入该机器的 IP 地址,最后单击"确定"按钮。这样添加到列表框中的 IP 地址都不能访问 FTP 服务器。

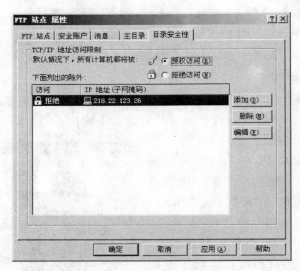

图 7-33　记录用户登录信息

6. 增强账号密码的复杂性

一些 FTP 账号的密码设置得过于简单,有可能被不法之徒破解。为了提高 FTP 服务器的安全性,必须强制用户设置复杂的账号密码。

在"本地安全设置"窗口中,依次展开"安全设置"下的"账户策略"目录项,选择"密码策略"项,在右侧的窗格中找到"密码必须符合复杂性要求"选项,双击打开其属性对话框后,选中"已启用"单选按钮,最后单击"确定"按钮。

然后双击"密码长度最小值"选项,为 FTP 账号密码设置最短字符限制。这样,密码的安全性就大大增强。

7. 账号登录限制

有些非法用户使用黑客工具反复登录 FTP 服务器,以猜测账号密码,这是非常危险的,因此建议用户对账号登录次数进行限制。

依次展开"安全设置"下的"账户策略"目录项,选择"账户锁定策略"项,在右侧的列表框中找到"账户锁定阈值"选项,双击打开其属性对话框后,设置账号登录的最大次数,如果超过此数值,账号会被自动锁定。接着双击"账户锁定时间"选项,设置 FTP 账号被锁定的时间,账号一旦被锁定,超过该时间值,才能重新使用。

通过以上的设置,可大大提高 FTP 服务器的安全,减少非法入侵的发生。

7.3.3　邮件服务器的安全问题

邮件服务器为人们之间的交流提供了一种更为便捷的方式,常见的邮件服务器有 Exchange,Qmail,Postfix,Sendmail,Mdaemon,Domino,Foxmail,CMailServer 等。通过邮件传递文件以交流信息在人们的日常工作和生活中越来越重要,而邮件服务器的安全问题也越来越被重视。

目前互联网上的邮件服务器所受的攻击有两类。一类就是中继利用(Relay),即远程机器通过服务器来发送邮件,这样任何人都可以利用服务器向任何地址发送邮件,久而久之,这台机器不仅成为发送垃圾邮件的帮凶,也会使网络流量激增,同时可能被网上的很多邮件服务器所拒绝。另一类攻击称为垃圾邮件(Spam),即人们常说的邮件炸弹,是指在很短的时间内服务器可能接收大量无用的邮件,从而使邮件服务器不堪负载而出现瘫痪。这两种攻击都可能使邮件服务器无法正常工作。所以保证邮件服务器的安全和性能稳定是网络管理中的一个重要任务。

1. 垃圾邮件的威胁

根据来自国际计算机安全协会(简称 ICSA)的统计,在所有的邮件中,超过 50% 是垃圾邮件,也就是说每天全球有超过 150 亿封垃圾邮件被发送出去,使各类企业每年遭受到 200 亿美元以上由于劳动生产率下降及技术支出带来的损失。根据国际市场调查机构 Radicati Group 统计,到 2007 年垃圾邮件数量将上升到惊人的 2 万亿封/年,垃圾邮件的成本将高达 500 亿美元。

当前中国反垃圾邮件的现状不容乐观。据著名垃圾邮件对比资料库 SBLdatabase 统计,在全球 10 大垃圾邮件最严重的国家和地区中,亚洲占了绝大部分,而中国更是仅次于美国高居第二。

由于垃圾邮件带来的对网络的危害有以下几方面:

① 侵占网络和系统资源。据统计,目前垃圾邮件平均占用了邮件服务器 60% 的存储空间和系统资源,由于垃圾邮件传输而产生的额外网络带宽占网络总带宽的 11% 以上。

② 对网络和系统安全产生了极大的危害。利用电子邮件系统进行的各种网络攻击和计算机病毒传播越来越频繁,所造成的危害和损失也越来越大。

③ 对社会的稳定和个人生活将产生不良影响和危害。国内外反动势力发送的大量具有反动思想的煽动性电子邮件,赌博和贩黄集团通过电子邮件系统所进行的非法交易等,所有这些都将对社会和个人产生极大的影响和破坏作用。

④ 使企业用户直接遭受巨大的经济损失。大量的垃圾邮件使得用户要花费大量的

时间和精力来进行识别和处理,这极大地降低了企业的生产效率。此外,由于企业雇员遭受垃圾邮件的侵害而导致企业保密信息泄露,并且可能进一步破坏企业的生产和管理系统。与此相关,由于企业已有的反垃圾邮件解决方案可能存在的不足和漏洞,而导致企业的电子邮件系统受到影响和企业的正常电子邮件丢失,这些都会使企业蒙受巨大的经济损失。

2. 常见的反垃圾邮件措施

(1) 在客户端软件方面采取控制措施

① 邮件客户端软件 Foxmail,Outlook 等,反垃圾邮件工作在客户端,对邮件服务器不进行保护,检测技术简单,检测效果十分不理想。

② 专业的客户端软件,如 Cloudmark 公司的专业桌面反垃圾邮件系统,具有高效率的反垃圾邮件能力,但不对邮件服务器进行保护。

(2) 邮件系统或杀病毒软件所提供的反垃圾邮件模块

在邮件与杀毒系统上有反垃圾邮件模块,与邮件和杀毒系统运行在同一平台上,占用服务器资源,非专业反垃圾邮件产品,检测效果不理想。

(3) 反垃圾邮件网关

① 硬件产品:这类产品属于专业反垃圾邮件硬件产品。具备如下特点:

• 独立的个体,不占用系统资源。

• 反垃圾邮件技术具有极强的针对性。

• 检测效果理想。

• 安装简单,无适应性问题。

② 软件产品:这类产品属于专业反垃圾邮件软件产品。具备如下特点:

• 安装可能比较复杂。

• 要准备一台符合标准的硬件。

• 检测效果决定于所使用的服务器的性能。

• 性能价格比最好。

(4) 专业反垃圾邮件服务

专业第三方反垃圾邮件服务具备如下特点:

① 不需要管理反垃圾邮件系统,不占用邮件系统资源。

② 反垃圾邮件技术具有极强的针对性。

③ 适用于中小规模的邮件应用环境。

常用的反垃圾邮件硬件设备有青莲、美讯智、梭子鱼(如图 7-34 所示是梭子鱼的一款设备)等。

梭子鱼采用如图 7-35 所示的多达 10 层的过滤机制,辨识率高达 98%,一封邮件经过 10 层过滤,将确保到达邮件服务器的是一封正常的用户所需要的邮件。

图 7-34　梭子鱼反垃圾邮件过滤网关

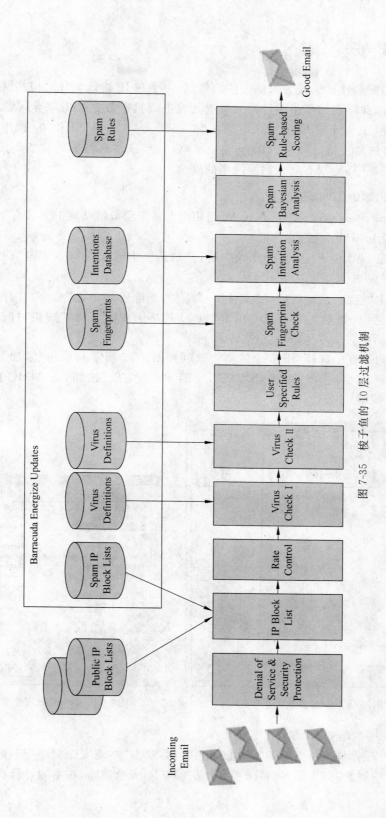

图 7-35 梭子鱼的 10 层过滤机制

7.4 IP 安全策略

网络的安全性已经成为人们关注的焦点,由于在 IP 协议设计之初并没有过多地考虑安全问题,因此早期的网络中经常发生遭受攻击或机密数据被窃取等问题。为了增强网络的安全性,IP 安全(IPSec)协议应运而生。Windows 2000/XP/2003 操作系统也提供了对 IPSec 协议的支持,这就是 IPSec 安全策略功能,虽然它提供的功能不是很完善,但只要合理定制,一样能很有效地增强网络的安全。

1. 启用本地 IPSec 安全策略

在 Windows Server 2003 系统中,启用 IPSec 安全策略功能的方法有下面的两种。

(1) 利用 MMC 控制台

① 单击"开始"→"运行"命令,在"运行"对话框中输入 MMC,单击"确定"按钮后,启动"控制台"窗口。

② 单击"控制台"窗口中的"文件"→"添加/删除管理单元"命令,打开"添加/删除管理单元"对话框(如图 7-36 所示),单击"独立"选项卡中的"添加"按钮,打开"添加独立管理单元"对话框。

③ 在列表框中选择"IP 安全策略管理"(如图 7-37 所示),单击"添加"按钮,在"选择计算机"对话框中,选择"本地计算机",最后单击"完成"按钮,在 MMC 控制台中启用 IPSec 安全策略。

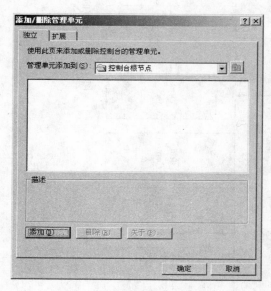

图 7-36 添加独立控制单元

图 7-37 选择"IP 安全策略管理"

(2) 利用本地安全策略

双击"控制面板"窗口中的"管理工具"图标,双击"本地安全策略"选项,在"本地安全设置"窗口中展开"安全设置"目录项,可以找到"IP 安全策略,在本地计算机"。

2. IPSec 安全策略的组成

为了增强网络通信的安全或对客户机的管理，网络管理员可以通过在 Windows 系统中定义 IPSec 安全策略来实现。一个 IPSec 安全策略由 IP 筛选器和筛选器操作两部分构成，其中 IP 筛选器决定哪些报文应引起 IPSec 安全策略的关注，筛选器操作是指允许还是拒绝报文的通过。要新建一个 IPSec 安全策略，一般需要新建 IP 筛选器和筛选器操作。

3. IPSec 安全策略应用实例

此实例的目的是阻止局域网中 IP 为 192.168.0.2 的机器访问 Windows Server 2003 终端服务器。

很多服务器都开通了终端服务，除了使用用户权限控制访问外，还可以创建 IPSec 安全策略进行限制。步骤如下：

① 在 Windows Server 2003 服务器的 IP 安全策略主窗口中，右击"IP 安全策略，在本地计算机"，在快捷菜单中选择"创建 IP 安全策略"选项，打开"IP 安全策略向导"对话框；单击"下一步"按钮，在 IP 安全策略名称对话框中输入该策略的名字（如图 7-38 所示），如"终端服务过滤"；单击"下一步"按钮，在弹出的对话框中均保持默认值，最后单击"完成"按钮。

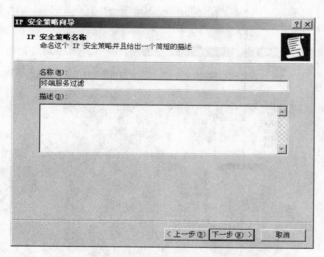

图 7-38 指定策略名称

② 为该策略创建一个筛选器。右击"IP 安全策略，在本地计算机"，在快捷菜单中选择"管理 IP 筛选器表和筛选器操作"选项，在打开的对话框中切换到"管理 IP 筛选器列表"选项卡（如图 7-39 所示）；单击下方的"添加"按钮，弹出"IP 筛选器列表"对话框，在"名称"文本框中输入"终端服务"；单击"添加"按钮，打开"筛选器向导"对话框；单击"下一步"按钮，在"源地址"下拉列表中选择"一个特定 IP 地址"，然后输入该客户机的 IP 地址和子网掩码，如 192.168.0.2。单击"下一步"按钮后，在"目标地址"下拉列表框中选择"我的 IP 地址"；单击"下一步"按钮，接着在"选择协议类型"下拉列表框中选择 TCP 协议（如

图 7-40 所示);单击"下一步"按钮,接着在协议端口对话框中选中"从任意端口"和"到此端口"单选按钮,在文本框中输入 3389;再单击"下一步"按钮后,完成筛选器的创建(如图 7-41 所示)。

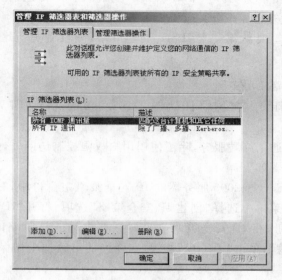

图 7-39   创建筛选器

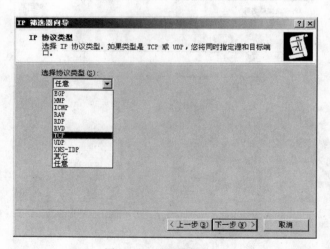

图 7-40   选择协议类型

③ 新建一个阻止操作。切换到"管理筛选器操作"选项卡,单击"添加"按钮,打开 IP 安全"筛选器操作向导"窗口;单击"下一步"按钮,给这个操作起一个名字,如"阻止";单击"下一步"按钮,接着设置筛选器操作的行为,选中"阻止"单选按钮(如图 7-42 所示);单击"下一步"按钮,即可完成 IP 安全筛选器操作的添加操作。

④ 在 IP 安全策略主窗口中,双击建立的"终端服务过滤"安全策略,单击"添加"按钮,创建 IP 安全规则向导;单击"下一步"按钮,选择"此规则不指定隧道"选项;单击"下一步"按钮,在网络类型对话框中选择"局域网"选项;单击"下一步"按钮,在打开的对话框中

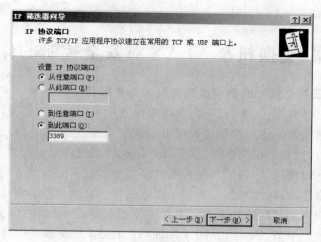

图 7-41 选择端口号

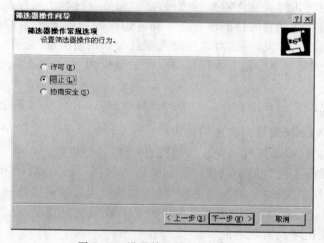

图 7-42 设置筛选器操作的行为

保持默认值,单击"下一步"按钮,在 IP 筛选器列表中选择"终端服务"选项;单击"下一步"按钮,在筛选器操作列表中选择"阻止"选项,最后单击"完成"按钮。

创建完成 IPSec 安全策略后,还需要进行指派。右击"终端服务过滤"项,在弹出的快捷菜单中选择"指派"选项,即可启用该 IPSec 安全策略,局域网中 IP 为 192.168.0.2 的机器就不能访问 Windows Server 2003 终端服务器。

在 Windows 系统的 IPSec 安全策略中,一台机器同时只能有一个策略被指派,这是 Windows 系统一个不足的地方。

4. IPSec 安全策略验证

在命令提示符下使用 gpupdate/force 命令强行刷新 IPSec 安全策略。验证指派的 IPSec 安全策略很简单,在命令提示符下输入 netsh ipsec dynamic show ALL 命令(该命令只能在 Windows Server 2003 系统中使用),然后返回命令结果,这样就能很清楚地看到该 IP 安全策略是否生效。

7.5 路由器、交换机及 VLAN 对安全控制的作用

1. 路由器与三层交换机的访问控制列表的安全机制

在第 5 章中已经介绍了访问控制列表在路由器中实现对路由器及网络安全控制的功能。实际上不仅路由器的访问控制列表可以起到安全控制的作用，凡是支持访问控制列表的任何网络设备，比如三层交换机、服务器和防火墙都可以通过配置访问控制列表实现网络安全管理。一般情况下，访问控制列表大多是设置在路由器或者防火墙上的，因为它们基本上处于网络总出口的位置，对数据包过滤的作用会更大些。在一个局域网内，所有外出的用户和访问内部网络的外来访问者都需要经过路由器；而内部交换机又是内部主机之间互相通信的一个节点。所以，为了保证网络稳定、高效地运行，在路由器和交换机上对不同的数据包进行控制是经常采用的一种方式。

要拒绝不希望的访问而允许需要的访问，可以配置成过滤器来控制数据包，以决定该数据包是继续向前传递到它的目的地还是丢弃。访问控制列表增加了在路由器、交换机接口上过滤数据包出入的灵活性，可以帮助管理员限制网络流量，也可以控制用户和设备对网络的使用，它根据网络中每个数据包所包含的数据内容决定是否允许该信息包通过接口。

由于第 5 章已经比较详细地介绍了访问控制列表，这里不再过多讲述。

2. 交换机的 VLAN 配置对安全的作用

在第 4 章中提到 VLAN 有几个主要的特点：第一，接口通过逻辑划分分别属于不同的广播域；第二，提高了网络的安全性；第三，灵活的管理。可见，除了有助于网络管理之外，提高网络安全性是 VLAN 的一个主要特征，尤其对于局域网更体现出 VLAN 对于安全的重要性。VLAN 是一种实现虚拟工作组的新兴数据交换技术，一般 TCP/IP 协议的第三层以上的交换机才具有此功能。

交换技术的发展，也加快了新的交换技术（VLAN）的应用速度。通过将企业网络划分为虚拟网络 VLAN 网段，可以强化网络管理和网络安全，控制不必要的数据广播。在共享网络中，一个物理的网段就是一个广播域。而在交换网络中，广播域可以是由一组任意选定的第二层网络地址（MAC 地址）组成的虚拟网段，这样网络中工作组的划分可以突破共享网络中的地理位置的限制，而完全根据管理功能来划分。这种基于工作流的分组模式，大大提高了网络规划和重组的管理功能。在同一个 VLAN 中的工作站，不论它们实际与哪个交换机连接，它们之间的通信就好像在独立的交换机上一样。同一个 VLAN 中的广播只有 VLAN 中的成员才能听到，而不会传输到其他的 VLAN 中去，这样可以很好地控制不必要的广播风暴的产生。同时，如果没有路由，不同的 VLAN 之间不能相互通信，这样增加了企业网络中不同部门之间的安全性。网络管理员可以通过配置 VLAN 之间的路由，来全面管理企业内部不同管理单元之间的信息互访。交换机是根据用户工作站的 MAC 地址来划分 VLAN 的，所以，用户可以自由地在企业网络中移动办公，不论在何处接入交换网络，都可以与 VLAN 内其他的用户自如地通信。

　　VLAN 除了能将网络划分为多个广播域,从而有效地控制广播风暴的发生,以及使网络的拓扑结构变得非常灵活外,还可以用于控制网络中不同部门、不同站点之间的互相访问。VLAN 是为解决以太网的广播问题和安全性而提出的一种协议,它在以太网帧的基础上增加了 VLAN 头,用 VLAN ID 把用户划分为更小的工作组,限制不同工作组间的用户互访,每个工作组就是一个虚拟局域网。虚拟局域网的好处是可以限制广播范围,并能够形成虚拟工作组,动态管理网络。

　　VLAN 增加网络的安全性的主要原理是,因为一个 VLAN 就是一个单独的广播域,VLAN 之间相互隔离,这大大提高了网络的利用率,确保了网络的安全保密性。人们在 VLAN 上经常传送一些保密的、关键性的数据,保密的数据应提供访问控制等安全手段。一个有效和容易实现的方法是将网络分成几个不同的广播组,网络管理员限制 VLAN 中用户的数量,禁止未经允许而访问 VLAN 中的应用。交换端口可以基于应用类型和访问特权来进行分组,被限制的应用程序和资源一般置于安全的 VLAN 中。

7.6　防火墙

7.6.1　防火墙概述

　　Internet 的发展给政府机构、企事业单位带来了革命性的改革和开放,它们正努力通过利用 Internet 来提高办事效率和市场反应速度,以便更具竞争力。通过 Internet,企业可以从异地取回重要的数据,同时还要面对 Internet 开放带来的数据安全的新挑战和新危险,即客户、销售商、移动用户、异地员工和内部员工的安全访问;以及保护企业的机密信息不受黑客和工业间谍的入侵。因此企业必须加筑安全的堡垒,而这个堡垒就是防火墙。防火墙技术是建立在现代通信网络技术和信息安全技术基础上的应用性安全技术,越来越多地应用于专用网络与公用网络的互联环境中,尤其以接入 Internet 网络最甚。

1. 什么是防火墙

　　防火墙是指设置在不同网络(如可信任的企业内部网和不可信任的公共网)或网络安全域之间的一系列部件的组合。它是不同网络或网络安全域之间信息的唯一出入口,能根据企业的安全政策控制(允许、拒绝、监测)出入网络的信息流,且本身具有较强的抗攻击能力。它是提供信息安全服务,实现网络和信息安全的基础设施。在逻辑上,防火墙是一个分离器、一个限制器,也是一个分析器,有效地监控内部网和 Internet 之间的任何活动,保证内部网络的安全。

2. 防火墙的基本功能

(1) 防火墙是网络安全的屏障

　　一个防火墙(作为阻塞点、控制点)能极大地提高一个内部网络的安全性,并通过过滤不安全的服务降低风险。由于只有允许的应用协议才能通过防火墙,所以网络环境变得更安全。如防火墙可以禁止诸如众所周知的不安全的 NFS 协议进出受保护网络,这样外部的攻击者就不可能利用这些脆弱的协议来攻击内部网络。防火墙同时可以保护网络免受基于路由的攻击,如 IP 选项中的源路由攻击和 ICMP 重定向中的重定向路径。防火墙可以拒绝所有以上类型攻击的报文,并通知防火墙管理员。

（2）防火墙可以强化网络安全策略

通过以防火墙为中心的安全方案配置,可以将所有安全软件(如口令、加密、身份认证、审计等)配置在防火墙上。与将网络安全问题分散到各主机上相比,防火墙的集中安全管理更经济。例如在网络访问时,一次一密口令系统和其他的身份认证系统完全可以不必分散在各个主机上,而集中在防火墙身上。

（3）对网络存取和访问进行监控审计

如果访问经过防火墙,那么防火墙就能记录下这些访问并进行日志记录,同时也能提供网络使用情况的统计数据。当发生可疑动作时,防火墙能进行适当的报警,并提供网络是否受到监测和攻击的详细信息。另外,收集一个网络的使用和误用情况也是非常重要的,可以清楚防火墙是否能够抵挡攻击者的探测和攻击,并且清楚防火墙的控制是否充足。而网络使用统计对网络需求分析和威胁分析等也是非常重要的。

（4）防止内部信息的外泄

通过利用防火墙对内部网络的划分,可实现内部网络重点网段的隔离,从而限制局部重点或敏感网络安全问题对全局网络造成的影响。另外,隐私是内部网络非常关心的问题,一个内部网络中不引人注意的细节可能包含有关安全的线索而引起外部攻击者的兴趣,甚至因此而暴露内部网络的某些安全漏洞。使用防火墙就可以隐蔽那些透漏内部细节的服务,如 Finger,DNS 等服务。Finger 显示了主机的所有用户的注册名、真名、最后登录时间和使用 shell 类型等,但是 Finger 显示的信息非常容易被攻击者所获悉。攻击者可以知道一个系统使用的频繁程度,这个系统是否有用户正在连线上网,这个系统是否在被攻击时引起注意等。防火墙可以阻塞有关内部网络中的 DNS 信息,这样一台主机的域名和 IP 地址就不会被外界所了解。

除了安全作用,防火墙还支持具有 Internet 服务特性的企业内部网络技术体系VPN。通过 VPN,可将企事业单位在地域上分布在全世界各地的 LAN 或专用子网有机地连成一个整体,不仅省去了专用通信线路,而且为信息共享提供了技术保障。

7.6.2　防火墙的种类

防火墙技术可根据防范的方式和侧重点的不同分为很多种类型,但总体来讲可分为两大类:分组过滤、应用代理。

分组过滤(Packet Filtering)作用在网络层和传输层,它根据分组包头源地址、目的地址和端口号、协议类型等标志确定是否允许数据包通过。只有满足过滤逻辑的数据包才被转发到相应的目的地出口端,其余数据包则从数据流中丢弃。

应用代理(Application Proxy)也叫应用网关(Application Gateway),它作用在应用层,其特点是完全阻隔了网络通信流,通过对每种应用服务编制专门的代理程序,实现监视和控制应用层通信流的作用。实际中的应用网关通常由专用工作站实现。

下面对基于以上两种类型的防火墙的具体特征进行分析。

1. 分组过滤型防火墙

分组过滤或包过滤是一种通用、廉价、有效的安全手段。之所以通用,因为它不针对各具体的网络服务采取特殊的处理方式;之所以廉价,因为大多数路由器都提供分组过滤功能;之所以有效,因为它能很好地满足企业的安全要求。

包过滤在网络层和传输层起作用。它根据分组包的源、宿地址,端口号及协议类型、标志确定是否允许分组包通过,所根据的信息来源于 IP,TCP 或 UDP 包头。包过滤的优点是不用改动客户机和主机上的应用程序,因为它工作在网络层和传输层,与应用层无关;但其弱点也很明显。可以过滤判别的只有网络层和传输层的有限信息,因而各种安全要求不可能充分满足;在许多过滤器中,过滤规则的数目是有限制的,且随着规则数目的增加,性能会受到很大的影响;由于缺少上下文关联信息,不能有效地过滤如 UDP,RPC 这类的协议;另外,大多数过滤器中缺少审计和报警机制,且管理方式和用户界面较差;对安全管理人员素质要求高,建立安全规则时,必须对协议本身及其在不同应用程序中的作用有较深入的理解。因此,过滤器通常和应用网关配合使用,共同组成防火墙系统。

2. 应用代理型防火墙

应用代理型防火墙是内部网与外部网的隔离点,起着监视和隔绝应用层通信流的作用,同时也常结合过滤器的功能。它工作在 OSI 模型的最高层,掌握应用系统中可用作安全决策的全部信息。

3. 复合型防火墙

由于对更高安全性的要求,常把基于包过滤的方法与基于应用代理的方法结合起来,形成复合型防火墙产品。这种结合通常采用以下两种方案。

① 屏蔽主机防火墙体系结构:在该结构中,分组过滤路由器或防火墙与 Internet 相连,同时一个堡垒机安装在内部网络,通过在分组过滤路由器或防火墙上设置过滤规则,使堡垒机成为 Internet 上的其他节点所能到达的唯一节点,确保内部网络不受未授权外部用户的攻击。

② 屏蔽子网防火墙体系结构:堡垒机放在一个子网内,形成非军事化区,两个分组过滤路由器放在这一子网的两端,使该子网与 Internet 及内部网络分离。在屏蔽子网防火墙体系结构中,堡垒主机和分组过滤路由器共同构成了整个防火墙的安全基础。

7.6.3　防火墙部署模式

1. 路由模式

传统防火墙一般工作于路由模式,防火墙可以让处于不同网段的计算机通过路由转发的方式互相通信。如图 7-43 所示就是一个最简单的工作于路由模式的防火墙的应用,网络 192.168.1.0(掩码为 255.255.255.0)和 10.1.1.0(掩码为 255.255.255.0)通过防火墙的路由转发包功能相互通信。

但是,路由模式下的防火墙有两个局限。防火墙的不同网口所接的局域网都位于同一网段时,传统的工作于网络层的防火墙无法完成这种方式的包转发;被防火墙保护的网络内的主机要将原来指向路由器的网关设置修改成指向防火墙,同时,被保护网络原来的路由器应该修改路由表以便转发防火墙的 IP 报文。如果用户的网络非常复杂,这就给防火墙用户带来了设置上的麻烦。

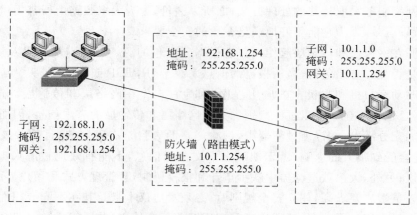

图 7-43   按路由模式部署防火墙

2. 透明模式

针对上述的情况就产生了工作在透明模式下的防火墙。工作在透明模式下的防火墙可以克服上述路由模式下防火墙的缺点,它不但可以完成同一网段的包转发,而且不需要修改周边网络设备的设置,就可以提供很好的透明性。

由图 7-44 可以知道,工作于透明模式的防火墙可以实现透明接入,工作于路由模式的防火墙可以实现不同网段的连接。但路由模式的优点和透明模式的优点是不能同时并存的。所以,大多数的防火墙一般同时保留了透明模式和路由模式,根据用户的网络情况及用户需求,在使用时由用户进行选择,让防火墙在透明模式和路由模式下进行切换,或提供一种所谓的混合模式——同时有透明模式和路由模式,但与物理接口是相关的,各物理网卡只能工作在路由模式或透明模式,而不能同时使用这两种模式。

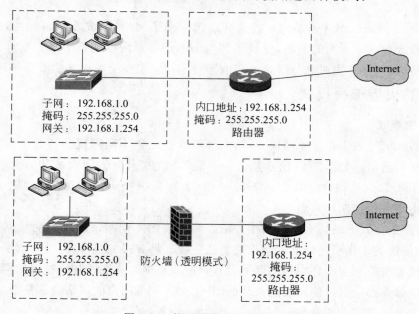

图 7-44   按透明模式部署防火墙

3. 混合模式

如图 7-45 所示是一个混合使用了防火墙的路由与透明模式的网络拓扑结构,防火墙实现了多工作模式的自适应,用户在设置防火墙时的工作量大大降低了。用户实际工作中的使用环境是多种多样的,具备了多工作模式自适应技术的防火墙一定会使用户在不同的网络环境下应用得更加得心应手。

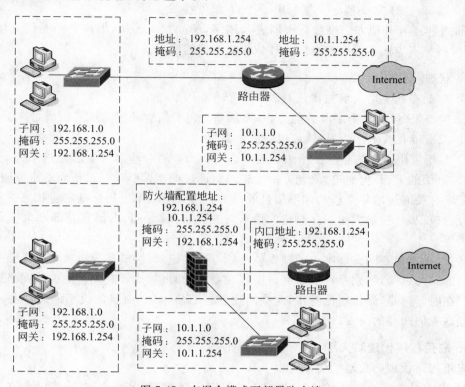

图 7-45　在混合模式下部署防火墙

7.6.4　各类防火墙的优缺点

1. 包过滤防火墙

使用包过滤防火墙的优点包括以下几方面:

① 防火墙对每个传入和传出网络的包实行低水平控制。

② 每个 IP 包的字段都被检查,例如源地址、目的地址、协议、端口等,防火墙将基于这些信息应用过滤规则。

③ 防火墙可以识别和丢弃带欺骗性源 IP 地址的包。

④ 包过滤防火墙是两个网络之间访问的唯一来源。因为所有的通信必须通过防火墙,绕过是很困难的。

⑤ 包过滤通常被包含在路由器数据包中,所以不需要额外的系统来处理这个特征。

使用包过滤防火墙的缺点包括以下几个方面:

① 配置困难。因为包过滤防火墙很复杂,人们经常会忽略建立一些必要的规则,或

者错误配置已有的规则,在防火墙上留下漏洞。然而,在市场上许多新版本的防火墙对这个缺点正在进行改进,如开发者实现了基于图形化用户界面(GUI)的配置和更直接的规则定义。

② 为特定服务开放的端口存在着危险,可能会被用于其他传输。例如,Web 服务器的默认端口为 80,而计算机上又安装了 RealPlayer,那么它会搜寻可以允许连接到 RealAudio 服务器的端口,而不管这个端口是否被其他协议所使用。RealPlayer 正好是使用 80 端口,这样 RealPlayer 就利用了 Web 服务器的端口。

③ 可能还有其他方法绕过防火墙进入网络,例如拨入连接,但这并不是防火墙自身的缺点,而是不应该在网络安全上单纯依赖防火墙的原因。

2. 状态/动态检测防火墙

状态/动态检测防火墙的优点有以下几个方面:

① 检查 IP 包的每个字段的能力,并遵从基于包中信息的过滤规则。

② 识别带有欺骗性源 IP 地址包的能力。

③ 基于应用程序信息验证一个包的状态的能力,例如基于一个已经建立的 FTP 连接,允许返回的 FTP 包通过,或允许一个先前认证过的连接继续与被授予的服务通信。

记录有关通过的每个包的详细信息的能力。防火墙基本上用来确定包状态的所有信息都可以被记录,包括应用程序对包的请求、连接的持续时间、内部和外部系统所做的连接请求等。

状态/动态检测防火墙唯一的缺点就是所有这些记录、测试和分析工作可能会造成网络连接的某种迟滞,特别是在同时有许多连接激活的时候,或者有大量的过滤网络通信的规则存在时。但是,硬件速度越快,这个问题就越不易察觉,而且防火墙的制造商一直致力于提高它们产品的速度。

3. 应用程序代理防火墙

应用程序代理防火墙的优点有以下几个方面:

① 指定对连接的控制,例如允许或拒绝基于服务器 IP 地址的访问,或者允许或拒绝基于用户所请求连接的 IP 地址的访问。

② 通过限制某些协议的传出请求,来减少网络中不必要的服务。

③ 大多数代理防火墙能够记录所有的连接,包括地址和持续时间。这些信息对追踪攻击和发生的未授权访问的事件是很有用的。

应用程序代理防火墙的缺点有以下两个方面:

① 必须在一定范围内定制用户的系统,这取决于所用的应用程序。

② 一些应用程序可能根本不支持代理连接。

4. 使用防火墙中的 NAT

使用 NAT 的优点有以下几个方面:

① 所有内部的 IP 地址对外面的用户来说是隐蔽的,因此,网络之外没有人可以通过指定 IP 地址的方式直接对网络内的任何一台特定的计算机发起攻击。

② 如果因为某种原因而使公共 IP 地址资源比较短缺,NAT 可以使整个内部网络共享一个 IP 地址。

③ 可以启用基本的包过滤防火墙安全机制,因为所有传入的包如果没有专门指定配置到 NAT,那么就会被丢弃,内部网络的计算机就不可能直接访问外部网络。

NAT 的缺点和包过滤防火墙的缺点是一样的。虽然可以保障内部网络的安全,但它也有一些类似的局限。而且内网可以利用流传比较广泛的木马程序通过 NAT 做外部连接,就像它可以穿过包过滤防火墙一样容易。

注意：现在有很多厂商开发的防火墙,特别是状态/动态检测防火墙,除了它们应该具有的功能之外,也提供了 NAT 的功能。

7.7　计算机病毒与黑客攻击

7.7.1　计算机病毒概述

1. 计算机病毒的定义

计算机病毒(Computer Virus)是指编制的程序或者在计算机程序中插入的代码具有破坏计算机功能的数据,影响计算机使用并且能够自我复制的一组计算机指令或者程序代码。

病毒不是来源于突发或偶然的原因,一次突发的停电或偶然的错误,会在计算机的磁盘和内存中产生一些乱码和随机指令,但这些代码是无序和混乱的。病毒则是一种比较完美的、精巧严谨的代码,按照严格的秩序组织起来,与所在的系统网络环境相适应并配合起来。病毒不会通过偶然形成,而且需要有一定的长度,这个基本的长度从概率上来讲是不可能通过随机代码产生的。

病毒是人为的特制程序,现在流行的病毒是由人为故意编写的,多数病毒可以找到作者信息和产地信息。通过大量的资料分析统计来看,病毒制作者的主要情况和目的是一些天才的程序员为了表现自己和证明自己的能力、出于对上司的不满、为了好奇、为了报复、为了祝贺和求爱、为了得到控制口令或为了软件拿不到报酬而预留的陷阱等原因编写。当然也有因政治、军事、宗教、民族、专利等方面的需求而专门编写的,其中也包括一些病毒研究机构和黑客的测试病毒。

2. 计算机病毒的特点

计算机病毒的特点是未经授权而执行。一般正常的程序是由用户调用,再由系统分配资源,从而完成用户交给的任务,其目的对用户是可见的、透明的。而病毒具有正常程序的一切特性,它隐藏在正常程序中,当用户调用正常程序时窃取到系统的控制权,先于正常程序执行。病毒的动作、目的对用户是未知的,是未经用户允许的。

计算机病毒之所以被称为"病毒",主要是由于它有类似于自然界病毒的某些特征。其主要特征有以下几种：

① 隐蔽性是指病毒的存在、传染和对数据的破坏过程不易被计算机操作人员发现。病毒一般是具有很高编程技巧、短小精悍的程序,通常附在正常程序中或磁盘较隐蔽的地方,也有个别的以隐含文件形式出现,其目的是不让用户发现它的存在。如果不经过代码分析,病毒程序与正常程序是不容易区别开来的。一般在没有防护措施的情况下,计算机

病毒程序取得系统控制权后,可以在很短的时间内传染大量程序。而且受到传染后,计算机系统通常仍能正常运行,使用户不会感到任何异常。如果病毒在传染到计算机上之后,机器马上无法正常运行,那么它本身也就无法继续进行传染。正是由于隐蔽性,计算机病毒得以在用户没有察觉的情况下扩散到上百万台计算机中。大部分病毒的代码之所以设计得非常短小,也是为了隐藏。病毒一般只有几百或 1KB,而 PC 对 DOS 文件的存取速度可达每秒几百字节以上,所以病毒转瞬之间便可将这短短的几百字节附着到正常程序之中,非常不易被察觉。

② 寄生性是指计算机病毒通常是依附于其他文件而存在的。

③ 传染性是指计算机病毒在一定条件下可以自我复制,能对其他文件或系统进行一系列非法操作,并使之成为一个新的传染源。传染性是病毒的基本特征。在生物界,通过传染,病毒从一个生物体扩散到另一个生物体,在适当的条件下,它可进行大量繁殖,并使被感染的生物体表现出病症甚至死亡。同样,计算机病毒也会通过各种渠道从已被感染的计算机扩散到未被感染的计算机,在某些情况下造成被感染的计算机工作失常甚至瘫痪。与生物病毒不同的是,计算机病毒是一段人为编制的计算机程序代码,这段程序代码一旦进入计算机并得以执行,就会搜寻其他符合其传染条件的程序或存储介质,确定目标后再将自身代码插入其中,达到自我繁殖的目的。若一台计算机染毒,如果不及时处理,那么病毒会在这台机器上迅速扩散,其中的大量文件(一般是可执行文件)会被感染。而被感染的文件又变成新的传染源,在与其他机器进行数据交换或通过网络接触时,病毒会继续进行传染。正常的计算机程序一般不会将自身的代码强行连接到其他程序上,而病毒却能使自身的代码强行传染到一切符合其传染条件的未受到传染的程序上。计算机病毒可通过各种可能的渠道,如软盘、计算机网络去传染其他的计算机。在一台机器上发现病毒时,往往曾在这台计算机上用过的软盘也已感染了病毒,而与这台机器相连的其他计算机也许已被该病毒侵染。是否具有传染性是判别一个程序是否为计算机病毒的最重要的条件。

④ 触发性是指病毒的发作一般都需要一个激发条件,可以是日期、时间、特定程序的运行或程序的运行次数等,如臭名昭著的 CIH 病毒就发作于每个月的 26 日。大部分的病毒在感染系统之后一般不会马上发作,它会长期隐藏在系统中,只有在满足其特定条件时才启动其表现(破坏)模块,只有这样它才可以进行广泛地传播。如 PETER-2 在每年的 2 月 27 日会提三个问题,答错后会将硬盘加密。著名的"黑色星期五"在逢 13 日的星期五发作。国内的"上海一号"会在每年 3、6、9 月的 13 日发作。当然,最令人难忘的便是 26 日发作的 CIH。这些病毒在平时会隐藏得很好,只有在发作日才会露出本来面目。

⑤ 破坏性是指病毒在触发条件满足时,立即对计算机系统的文件、资源等的运行进行干扰破坏。

⑥ 不可预见性是指病毒相对于防毒软件永远是超前的,理论上讲,没有任何杀毒软件能将所有的病毒杀除。

任何病毒只要侵入系统,都会对系统及应用程序产生不同程度的影响。轻者会降低计算机工作效率,占用系统资源,重者可导致系统崩溃。由此特性可将病毒分为良性病毒与恶性病毒。良性病毒可能只显示一些画面或放出点音乐、无聊的语句,或者根本没有任何破坏动作,但会占用系统资源。这类病毒较多,如 GENP、小球、W-BOOT 等。恶性病毒则有明确的目的,或破坏数据、删除文件,或加密磁盘、格式化磁盘,有的会对数据造成不可挽回的破坏,这也反映出病毒编制者的险恶用心。从对病毒的检测方面来看,病毒还有不可预见性。不同种类的病毒,它们的代码千差万别,但有些操作是共有的(如驻内存、改中断)。有些人利用病毒的这种共性,制作声称可查所有病毒的程序。这种程序的确可查出一些新病毒,但由于目前的软件种类极其丰富,并且某些正常程序也使用了类似病毒的操作,甚至借鉴了某些病毒的技术,使用这种方法对病毒进行检测势必会造成较多的误报情况。而且病毒的制作技术也在不断地提高,病毒相对于反病毒软件永远是超前的。

3. 计算机病毒的分类

计算机病毒可以根据下面的属性进行分类。

(1) 病毒存在的媒体

根据病毒存在的媒体,病毒可以分为网络病毒、文件病毒、引导型病毒。

网络病毒通过计算机网络传播感染网络中的可执行文件,文件病毒感染计算机中的文件(如 COM,EXE,DOC 等)。

文件型病毒寄生在其他文件中,常常通过对它们的编码加密或使用其他技术来隐藏自己。文件型病毒抢夺用来启动主程序的可执行命令,用作它自身的运行命令,同时还经常将控制权还给主程序,伪装计算机系统正常运行。一旦运行感染了病毒的程序文件,病毒便被激发,执行大量的操作,并进行自我复制,同时附着在系统的其他可执行文件上伪装自身,并留下标记,以后不再重复感染。

引导型病毒感染启动扇区(Boot)和硬盘的系统引导扇区(MBR),这类病毒隐藏在硬盘或软盘的引导区中,当计算机从感染了引导型病毒的硬盘或软盘启动,或当计算机从受感染的软盘中读取数据时,引导型病毒就开始发作。一旦它们将自己复制到机器的内存中,马上就会感染其他磁盘的引导区,或通过网络传播到其他计算机上。

还有这 3 种情况的混合型,例如,多型病毒(文件和引导型)可感染文件和引导扇区两个目标,这样的病毒通常都具有复杂的算法,它们使用非常规的方法侵入系统,同时使用了加密和变形算法。

(2) 病毒传染的方法

根据病毒传染的方法可分为驻留型病毒和非驻留型病毒。驻留型病毒感染计算机后,把自身的内存驻留部分放在内存(RAM)中,这一部分程序挂接系统调用并合并到操作系统中,它处于激活状态,一直到关机或重新启动。非驻留型病毒在得到机会激活时并不感染计算机内存;一些病毒在内存中留有一小部分,但是并不通过这一部分进行传染,这类病毒也被划分为非驻留型病毒。

(3) 病毒破坏的能力

根据病毒破坏的能力可划分为以下几种。

① 无害型:除了传染时减少磁盘的可用空间外,对系统没有其他影响。

② 无危险型:这类病毒仅仅减少内存、显示图像、发出声音及同类音响。

③ 危险型:这类病毒在计算机系统操作中会造成严重的错误。

④ 非常危险型:这类病毒会删除程序、破坏数据、清除系统内存区和操作系统中重要的信息。

这些病毒对系统造成的危害并不是本身的算法中存在危险的调用,而是当它们传染时会引起无法预料的、灾难性的破坏。由病毒引起其他的程序产生的错误也会破坏文件和扇区,这些病毒也可按照它们引起破坏的能力划分。一些现在的无害型病毒也可能会对新版的 DOS,Windows 和其他操作系统造成破坏。例如在早期的病毒中,有一个 Denzuk 病毒在 360KB 磁盘上可很好地工作,不会造成任何破坏,但是在后来的高密度软盘上却能引起大量的数据丢失。

(4) 病毒特有的算法

根据病毒特有的算法,病毒可以分为 3 种。

① 伴随型病毒:这类病毒并不改变文件本身,它们根据算法产生 EXE 文件的伴随体,具有同样的名字和不同的扩展名(COM),例如 XCOPY. EXE 的伴随体是 XCOPY. COM。病毒把自身写入 COM 文件而不改变 EXE 文件,当 DOS 加载文件时,伴随体优先被执行,再由伴随体加载执行原来的 EXE 文件。

② 蠕虫型病毒:通过计算机网络传播,不改变文件和资料信息,利用网络从一台机器的内存传播到其他机器的内存,计算网络地址,将自身的病毒通过网络发送。有时它们在系统中存在,一般除了内存不占用其他资源。

③ 寄生型病毒:除了伴随型和蠕虫型,其他病毒均可称为寄生型病毒。它们依附在系统的引导扇区或文件中,通过系统的功能进行传播,按算法可分为以下 3 种。

- 练习型病毒:病毒自身包含错误,不能进行很好地传播,例如一些病毒在调试阶段。
- 诡秘型病毒:它们一般不直接修改 DOS 中断和扇区数据,而是通过设备技术和文件缓冲区等对 DOS 内部进行修改,不易看到资源,使用比较高级的技术,利用 DOS 空闲的数据区进行工作。
- 变型病毒(又称为幽灵病毒):这类病毒使用一个复杂的算法,使自己每传播一份都具有不同的内容和长度。它们一般由一段混有无关指令的解码算法和被变化过的病毒体组成。

4. 病毒和黑客的关系

黑客(Hacker)源于英语动词 hack,意为“劈,砍”,引申为干了一件非常漂亮的工作。一般认为,黑客起源于 20 世纪 50 年代麻省理工学院的实验室中,他们精力充沛,热衷于解决难题。20 世纪六七十年代,黑客一词极富褒义,用于指代那些独立思考、奉公守法的计算机迷。他们智力超群,对计算机全身心投入,从事黑客活动意味着对计算机的最大潜力进行智力上的自由探索,为计算机技术的发展作出了巨大贡献。黑客喜欢探索软件程序奥秘,并从中增长其个人才能。他们不像绝大多数计算机使用者那样,只规规矩矩地了解别人指定了解的狭小部分知识。他们通常具有硬件和软件的高级知识,并有能力通过创新的方法剖析系统。黑客能使更多的网络趋于完善和安全,他们以保护网络为目的,而以不正当侵入为手段找出网络漏洞。

另一种入侵者是那些利用网络漏洞破坏网络的人。他们往往做一些重复的工作(如用暴力法破解口令),他们也具备广泛的计算机知识,但与黑客不同的是他们以破坏为目的。这些群体称为“骇客”。当然还有一种人兼于黑客与入侵者之间。本书中的黑客指的是骇客。

黑客通常利用病毒将恶意代码写入公司内部网。从这一点看来,病毒编写人员和黑客之间的关系似乎越来越密切,而这种关系在几年以前是根本不可能的事情。

5. 计算机网络病毒的防治方法

计算机网络中最主要的软硬件实体就是服务器和工作站,所以防治计算机网络病毒应该首先考虑这两个部分,另外加强综合治理也很重要。

(1) 基于工作站的防治技术

工作站就像计算机网络的大门,只有把好这道大门,才能有效防止病毒的侵入。工作站防治病毒的方法有三种。一是软件防治,即定期不定期地用反病毒软件检测工作站的病毒感染情况。软件防治可以不断提高防治能力,但需人为地经常去启动软盘防病毒软件,因而不仅给工作人员增加了负担,而且很有可能在病毒发作后才能检测到。二是在工作站上插防病毒卡。防病毒卡可以达到实时检测的目的,但防病毒卡的升级不方便,从实际应用的效果来看,对工作站的运行速度有一定的影响。三是在网络接口卡上安装防病毒芯片。它将工作站存取控制与病毒防护合二为一,可以更加实时有效地保护工作站及通向服务器的桥梁。但这种方法同样也存在芯片上的软件版本升级不方便的问题,而且对网络的传输速度也会产生一定的影响。这三种方法都是防病毒的有效手段,应根据网络的规模、数据传输负荷等具体情况确定使用哪一种方法。

(2) 基于服务器的防治技术

网络服务器是计算机网络的中心,是网络的支柱。网络瘫痪的一个重要标志就是网络服务器瘫痪。网络服务器一旦被击垮,造成的损失将是灾难性的、难以挽回和无法估量的。目前基于服务器的防治病毒的方法大都采用防病毒可装载模块(NLM),以提供实时扫描病毒的能力。有时也结合在服务器上插防毒卡等技术,目的在于保护服务器不受病毒的攻击,从而切断病毒进一步传播的途径。

(3) 加强计算机网络的管理

计算机网络病毒的防治单纯依靠技术手段是不可能十分有效地杜绝和防止其蔓延的,只有把技术手段和管理机制紧密结合起来,提高人们的防范意识,才有可能从根本上保护网络系统的安全运行。目前在网络病毒防治技术方面,基本处于被动防御的地位,但管理上应该积极主动。首先应在硬件设备及软件系统的使用、维护、管理、服务等各个环节制定出严格的规章制度,对网络系统的管理员及用户加强法制教育和职业道德教育,规范工作程序和操作规程,严惩从事非法活动的集体和个人。其次,应有专人负责具体事务,及时检查系统中出现病毒的症状,汇报出现的新问题、新情况,在网络工作站上经常做好病毒检测的工作,把好网络的第一道大门。

除了在服务器主机上采用防病毒手段外,还要定期用查毒软件检查服务器的病毒情况。最重要的是,应制定严格的管理制度和网络使用制度,提高自身的防毒意识;应跟踪网络病毒防治技术的发展,尽可能采用行之有效的新技术、新手段,建立"防杀结合、以防为主、以杀为辅、软硬互补、标本兼治"的最佳网络病毒安全模式。

6. 常见杀毒软件介绍

由国外开发的常见的杀毒软件有下面的几种。

（1）BitDefender

BitDefender 杀毒软件是来自罗马尼亚的老牌杀毒软件，其 24 万超大病毒库将为计算机提供最大的保护，具有功能强大的反病毒引擎以及互联网过滤技术，提供即时信息保护功能。通过回答几个简单的问题，就可以方便地进行安装，并且支持在线升级。

BitDefender 包括：永久的防病毒保护；后台扫描与网络防火墙；保密控制；自动快速升级模块；创建计划任务；病毒隔离区。

（2）Kaspersky

Kaspersky（卡巴斯基）杀毒软件来源于俄罗斯，是世界上优秀、顶级的网络杀毒软件，查杀病毒的性能远高于同类产品。卡巴斯基杀毒软件具有超强的中心管理和杀毒能力，能真正实现带毒杀毒，提供了一个广泛的抗病毒解决方案。它提供了所有类型的抗病毒防护，如抗病毒扫描仪、监控器、行为阻断、完全检验、E-mail 通路和防火墙。

Kaspersky 支持几乎所有的普通操作系统。卡巴斯基控制所有可能的病毒进入端口，它强大的功能和局部灵活性以及网络管理工具为自动信息搜索、中央安装和病毒防护控制提供最大的便利和最少的时间来构建抗病毒隔离墙。卡巴斯基防病毒软件有许多国际研究机构、中立测试实验室和 IT 出版机构的证书，确认了卡巴斯基具有汇集行业最高水准的突出品质。

（3）PC-cillin

趋势科技网络安全个人版集成了包括个人防火墙、防病毒、防垃圾邮件等功能于一体，最大限度地提供对台式机的保护，并不需要用户进行过多的操作。在用户日常使用及上网浏览时，进行实时的安全防御监控；

内置的防火墙不仅更方便用户使用因地制宜的设定，专业主控式个人防火墙及木马程序损害清除还原技术的双重保障还可以拒绝各类黑客程序对计算机的访问请求；趋势科技全新研发的病毒阻隔技术，包含主动式防毒应变系统以及病毒扫描逻辑分析技术，不仅能够精准侦测病毒藏匿与化身并予以彻底清除，还能针对特定变种病毒进行封锁与阻隔，让病毒再无可乘之机；强有力的垃圾邮件过滤功能可全面封锁不请自来的垃圾邮件。

趋势科技网络安全个人版的诸多功能可确保计算机系统运行正常，从此摆脱病毒感染的恶梦。

（4）ESET NOD32

ESET 于 1992 年建立，是一个全球性的安全防范软件公司，主要为企业和个人消费者提供服务。其得奖之旗舰产品 NOD32 能针对已知及未知的病毒、间谍软件（Spyware）及其他对用户的系统带来威胁的程式进行实时的保护。NOD32 以其占用最少的系统资源及最快的侦测速度，向用户提供最好的保护，并且较其他防病毒软件获得更多的 Virus Bulletin（www.virusbulletin.com）。这个软件的各方面都有其独到之处，目前在国内有一定影响，各大论坛都在讨论。NOD32 的病毒防范能力确实很强，而且占用的系统资源很少，查杀速度很快。其缺点是对于流氓软件及国内木马病毒的防范效果一般，所以要配合一款防火墙一起使用（推荐用国产的防火墙）。另外 2.5 版的 IMON 兼容性较差，如果使用时发现问题，可以关闭这个功能。

（5）Norton AntiVirus

Norton AntiVirus 是一套强而有力的防毒软件，它可侦测上万种已知和未知的病毒，并且每次开机时，自动防护便会常驻在 System Tray，在磁盘、网络、E-mail 文件夹中开启档案时会自动侦测档案的安全性，若档案内含病毒，便会立即警告，并做适当的处理。另外它还附有 LiveUpdate 的功能，可自动连接 Symantec 的 FTP Server 下载最新的病毒码，下载完后自动完成安装更新的操作。

（6）McAfee

McAfee 防毒软件是全球最畅销的杀毒软件之一，除了操作界面的更新外，也将该公司的 WebScanX 功能结合在一起，增加了许多新功能。除了侦测和清除病毒，它还具有 VShield 自动监视系统，会常驻在 System Tray，在磁盘、网络、E-mail 文件夹中开启文件时会自动侦测文件的安全性，若文件内含病毒，便会立即警告，并做适当的处理，而且支持鼠标右键的快捷菜单功能，并可使用密码将个人的设定锁住，让别人无法乱改设定。

McAfee 的杀毒能力较 Kaspersky 稍差，但资源占用小，启动速度快，系统监控能力强，对于恶意代码的防护能力非常好。

注意：McAfee 缓冲区溢出保护与金山词霸的屏幕取词功能有冲突。解决方法：①关闭 McAfee 缓冲区溢出保护功能。②在 VirusScan 控制台的缓冲区溢出保护属性中设置缓冲区溢出排除金山词霸。

由国内开发的常见的杀毒软件有以下几种：

- 金山毒霸
- 江民杀毒软件
- 瑞星杀毒软件
- 东方卫士 V3
- 北信源 VRV
- 冠群金辰 KILL
- 河南豫能 AV95
- 上海创源安全之星

7.7.2 计算机病毒与黑客攻击

黑客攻击是最令广大用户头痛的事情，它是计算机网络安全的主要威胁。下面着重分析黑客进行网络攻击的几种常见手法及其防范措施。

1. 拒绝服务攻击

拒绝服务（Denial of Service，DoS）攻击的目的是使计算机或网络无法提供正常的服务，DoS 的攻击行为被称为 DoS 攻击。

最常见的 DoS 攻击有计算机网络带宽攻击和连通性攻击。带宽攻击指以极大的通信量冲击网络，使得所有可用的网络资源都被消耗掉，最后导致合法的用户请求无法通过。连通性攻击指用大量的连接请求冲击计算机，使得所有可用的操作系统资源都被消耗掉，最终计算机无法再处理合法用户的请求。

分布式拒绝服务（Distributed Denial of Service，DDoS）攻击指借助于客户/服务器技术,将多个计算机联合起来作为攻击平台,对一个或多个目标发动 DoS 攻击,从而成倍地提高拒绝服务攻击的威力。通常,攻击者使用一个偷窃账号将 DDoS 主控程序安装在一个计算机上,在设定的时间主控程序将与大量代理程序通信,代理程序已经被安装在 Internet 上的许多计算机上,代理程序收到指令时就发动攻击。利用客户/服务器技术,主控程序能在几秒钟内激活成百上千次代理程序的运行。

到目前为止,进行 DDoS 攻击的防御还是比较困难的。首先,这种攻击的特点是它利用 TCP/IP 协议的漏洞,除非不用 TCP/IP,才有可能完全抵御住 DDoS 攻击。一位资深的安全专家做了一个形象的比喻,DDoS 就好像有 1000 个人同时给你家里打电话,这时候你的朋友还打得进来吗?

即使它难以防范,现在还是有一些应对的措施足以降低这种攻击。通常可以在服务主机和通信设备上来防范。几乎所有的主机平台都有抵御 DoS 的设置,在主机上可以进行下面的设置:

① 关闭不必要的服务。

② 限制同时打开的 Syn 半连接数目,缩短 Syn 半连接的 time out 时间。

③ 及时更新系统补丁。

同时在企业出口的防火墙上进行以下设置:

① 禁止对主机的非开放服务访问。

② 限制同时打开的 Syn 最大连接数。

③ 限制特定 IP 地址的访问。

④ 启用防火墙的防 DDoS 的功能。

⑤ 严格限制对外开放的服务器的向外访问,主要用于防止自己的服务器被当作工具去害人。

在路由器上做如下设置来提高安全:

① CISCO Express Forwarding(CEF)。

② 使用 Unicast reverse-path。

③ 访问控制列表(ACL)过滤。

④ 设置 Syn 数据包流量速率。

⑤ 升级版本过低的 ISO。

其中使用 CEF 和 Unicast 设置时要特别注意,使用不当会造成路由器的工作效率严重下降,升级 IOS 时也应谨慎。路由器是网络的核心设备,在对路由器进行修改后,一般不要保存,等路由器运行四五天后,如果没出现问题,再保存配置。修改时直接影响的是 running config,而保存后将影响 startup config,如果觉得不满意,执行 copy start run 命令恢复原来的配置即可。

2. 利用网络系统漏洞进行攻击

许多网络系统都存在着这样那样的漏洞,这些漏洞有可能是系统本身所有的,如 Windows NT、UNIX 等都有数量不等的漏洞,也有可能是由于网管的疏忽而造成的。黑客利用这些漏洞就能完成密码探测、系统入侵等攻击。

对于系统本身的漏洞,可以安装软件补丁。另外网管人员也需要认真部署有关安全的工作,尽量避免因疏忽而使他人有机可乘。

3. 通过电子邮件进行攻击

电子邮件是互联网上运用得十分广泛的一种通信方式。黑客可以使用一些邮件炸弹软件或 CGI 程序向目的邮箱发送大量内容重复、无用的垃圾邮件,从而使目的邮箱被撑爆而无法使用。当垃圾邮件的发送流量特别大时,还有可能造成邮件系统对于正常的工作反应缓慢,甚至瘫痪。这一点和前面提及的拒绝服务攻击比较相似。

对于遭受此类攻击的邮箱,可以使用一些垃圾邮件清除软件来解决,其中常见的有 SpamEater,Spamkiller 等,Outlook 等接收邮件软件同样也能达到此目的。如果邮件用户非常多,或者收到的垃圾邮件过多,则可以考虑安装硬件的反垃圾邮件过滤网关。

4. 解密攻击

在互联网上,使用密码是最常见并且最重要的安全保护方法,用户时时刻刻都需要输入密码进行身份校验。现在的密码保护手段大都只认密码不认人,只要有密码,系统就会认为你是经过授权的正常用户,因此,取得密码也是黑客进行攻击的一种重要手段。取得密码有好几种方法,一种是对网络上的数据进行监听。因为系统在进行密码校验时,用户输入的密码需要从用户端传送到服务器端,而黑客能在两端之间进行数据监听。但一般系统在传送密码时都进行了加密处理,即黑客所得到的数据中不会存在明文的密码,这给黑客进行破解又提出了一道难题。这种手法一般应用于局域网,一旦成功,攻击者将会得到很大的操作权限。另一种解密方法就是使用穷举法对已知用户名的密码进行暴力解密。这种解密软件会尝试所有可能字符所组成的密码,但这项工作十分费时,不过如果用户的密码设置得比较简单,如 12345、ABC 等则有可能只需一眨眼的工夫即可搞定。

为了防止受到这种攻击的危害,用户在进行密码设置时一定要将其设置得很复杂,也可使用多层密码或者变换思路使用中文密码,并且不要以自己的生日和电话甚至用户名作为密码。因为一些密码破解软件可以让破解者输入与被破解用户相关的信息如生日等,然后对这些数据构成的密码进行优先尝试。另外应该经常更换密码,这样可使其被破解的可能性下降不少。

5. 后门软件攻击

后门软件攻击是互联网上比较常见的一种攻击手法。Back Orifice 2000、冰河等都是比较著名的特洛伊木马,它们可以非法地取得用户计算机的超级用户级权限,可以对其进行完全的控制,除了可以进行文件操作外,也可以进行对方桌面抓图、取得密码等操作。这些后门软件分为服务器端和用户端。当黑客进行攻击时,会使用用户端程序登录已安装好服务器端程序的计算机,这些服务器端程序都比较小,一般会附带在某些软件上。有可能在用户下载了一个小游戏并运行时,后门软件的服务器端就安装完成,而且大部分后门软件的重生能力比较强,会给用户进行清除造成一定的麻烦。

在网上下载数据时,一定要在其运行之前进行病毒扫描,并使用一定的反编译软件,查看来源数据是否有其他可疑的应用程序,从而杜绝这些后门软件。

7.8　思考和练习

1. 谈谈从用户账号、安全策略等方面如何加强 Windows Server 2003 的安全？
2. 如何加强 Web 服务器、FTP 服务器和 E-mail 服务器的安全？
3. 如何采用路由器与三层交换机的访问控制技术来加强网络安全？
4. 防火墙的基本功能是什么？防火墙是如何分类的？它有哪些部署模式？有什么特点？
5. 什么是计算机病毒？它有什么特点？如何防范计算机病毒？
6. 常见的攻击有哪些？如何防范？

7.9　实训练习

实训练习 1：Windows Server 2003 中用户安全管理练习

1. 账号的建立

在 Windows Server 2003 中建立账号时，需考虑相关的安全因素，比如账号密码、本地策略等。下面以建立一个用户账号 yt_huang 的过程来说明其中需要注意的细节。

通过"计算机管理"窗口中的"本地用户和组"工具建立新账号。在设置账号密码时，注意尽量设置具有一定复杂度的密码，比如密码中同时包含数字、字母和特殊字符等。

2. 账号的安全管理

为了增强账号的安全性，可以通过以下手段来提高账号的安全性，防止账号丢失之后带来的损失。

通过启用"密码策略"来提高账号的安全，比如限定密码的长度、适当加长密码的长度，可增大破解的难度；设定密码的最长使用期限，使用户定期修改密码，防止密码丢失带来的损失等。

（1）制定本地策略。设置账户锁定阈值，防止非法用户破解，当用户输入账号错误达到一定次数时，将把账号锁定，超过账号锁定时间后，才可以重新尝试登录。

（2）制定审核策略。通过制定审核策略，对用户登录进行审核。

（3）在 Windows Server 2003 中，Guest 账号默认是禁用的，Guest 账号经常被利用，为攻击者带来方便，所以，一般要禁止该账号的使用。

（4）修改 Administrator。很多攻击者会使用一些专用工具来扫描用户名称为 Administrator 的账号，该账号不可以被删除，但可以通过修改该账号的名称来提高该账号的安全性。

（5）采用组管理模式。当用户数量非常庞大时，账号管理是一件非常重要的工作。采用用户组的方式来管理账号将更方便，同时在授权和管理方面将更全面和完善，防止在制定某些规则时出现遗漏。

同时，从系统平台考虑加强安全，可采用以下的方法。

（1）启用审计功能。启用日志审计功能是非常必要的，可以记录攻击者的入侵企图，便于管理员跟踪追查。在 Windows Server 2003 下，通过单击"管理工具"→"本地安全策略"→"本地策略"→"审核策略"命令，可对登录事件进行审核。

（2）安装防病毒软件。

（3）安装最新的 Service Pack。

实训练习 2：IIS 中对 Web 服务器的安全防范管理练习

为了提高 IIS 的安全，通常可以从以下几个方面来对站点加强管理。

（1）修改网站的默认服务端口 80 为其他端口。默认情况下，一个 Web 站点在 80 端口提供服务，但如果该 Web 站点不是公开访问，则可以修改该站点的服务端口，比如把 80 修改为 8056。当用户访问该站点时需要在 URL 地址后面添加对应的端口号，这样可避免没有授权的用户访问。

（2）安全访问。为防止用户访问网站时传递的信息被篡改，可以建立加密的访问方式。

（3）禁止匿名访问。当用户访问时，必须输入用户账号，这样只有持有账号的用户才可以访问。

（4）IP 地址限制。指定访问该 Web 站点的 IP 地址范围，限制访问者来源。

（5）权限限制。很多 Web 站点提供了发布信息的功能，可以设定只有某些用户具备该权限，限制用户提交信息的权限。

（6）IIS 日志。记录用户访问 Web 的日志，通过日志来分析用户访问的来源和访问的页面，对用户访问链接页面进行分析。

（7）修改 Web 站点的默认目录，防止非法用户尝试破解，并尽量采用虚拟目录的方式来加强网站安全。

（8）Web 程序方面的开发。在 Web 程序开发方面，避免出现代码漏洞，防止攻击者利用代码漏洞对网站进行攻击。

（9）启用 Windows 自带的防火墙，只保留有用的端口，比如远程和 Web，FTP（3389，80，21）等，有邮件服务器的还要打开 25 和 130 端口。

实训练习 3：卡巴斯基反病毒软件（网络版）应用练习

1. 卡巴斯基反病毒软件的安装

在 Windows XP 或 Windows Server 2003 系统下安装卡巴斯基反病毒软件的过程基本相同，但在 Windows XP 下需要安装工作站版本，而在 Windows Server 2003 下应该安装服务器版本，如图 7-46 所示。

2. 卡巴斯基反病毒软件的基本操作

（1）软件升级

由于每天都会产生新的病毒和危险程序，所以对计算机上的病毒库需要经常更新，以杀除新的病毒。要更新病毒库，可单击"服务"选项区域中的"更新"选项中的"立即更新"按钮，对卡巴斯基病毒库进行更新（如图 7-47 和图 7-48 所示）。

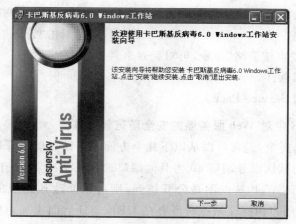

图 7-46　卡巴斯基反病毒软件的安装

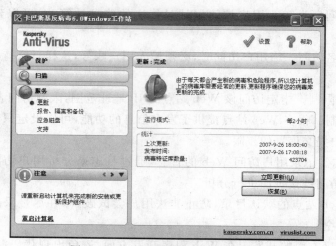

图 7-47　卡巴斯基反病毒软件的升级

图 7-48　更新完成

在"更新"选项区域中,单击"运行模式"命令可以设置病毒库更新的模式。这里设置的是每隔两个小时更新一次,根据需要,可修改为自动或手动模式(如图 7-49 所示)。在"更新设置"中,可设置更新源,即设置卡巴斯基反病毒软件连接到哪里进行更新(如图 7-50 所示)。如果在局域网环境中或者不可直接连接至外网的环境下,可连接至卡巴斯基管理控制台更新,否则可直接连接至卡巴斯基实验室更新服务器进行更新。

图 7-49　更新模式的设置

图 7-50　更新源的设置

(2) 报告、隔离和备份

卡巴斯基在处理被感染的文件之前会将它添加到备份文件夹中,可疑文件则添加到隔离文件夹中,报告中记录了所有的事件(如图 7-51 所示)。

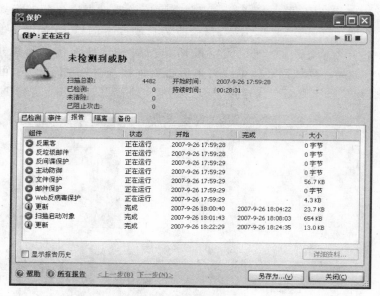

图 7-51　卡巴斯基反病毒软件提供的报告功能

（3）扫描区域

通过对扫描进行设置，可对不同的区域进行病毒扫描。卡巴斯基反病毒软件主要把扫描区域分成 3 类：关键区域、我的电脑和启动对象。在对某个区域进行扫描时，还可对该扫描区域进行调整。通过单击"扫描"按钮，可以对扫描的具体动作进行设置。比如可以设置扫描的文件类型、是否执行增量扫描以及是否进行复合文件扫描等，并可以对不同的扫描区域制定相应的扫描计划（如图 7-52 所示）。

图 7-52　对扫描区域制订计划

（4）保护功能

在保护功能模块中，提供了文件保护、邮件保护、Web 反病毒保护和主动防御、反黑客和反垃圾邮件等功能。保护功能是保护用户计算机远离病毒、间谍软件、黑客攻击等安全威胁的一整套保护措施。

3．管理工具

网络版的卡巴斯基反病毒软件提供了统一管理的思想。部署时，在一台服务器上需要安装一个管理端，在位于不同子网的服务器上需要安装服务器版本的反病毒软件和网络代理，在工作站上需要安装工作站版本的反病毒软件和网络代理，其中网络代理主要用于在管理端和客户端之间进行通信。在管理端，管理员可以对整个局域网内的主机进行统一控制，比如统一导入 key 文件、统一为客户端升级和制定其他的策略和任务。在一台控制端服务器上即可对整个网络进行监控，非常方便快捷。

管理端界面如图 7-53 所示。

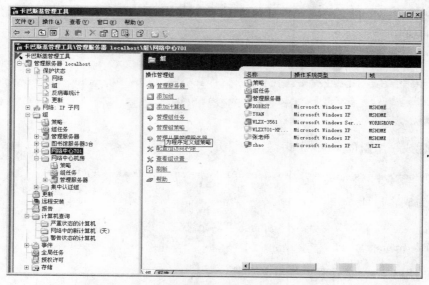

图 7-53 卡巴斯基反病毒软件的管理工具

实训练习 4(选做):利用 SSL 加密 HTTP 通道从而加强 IIS 安全的方法

默认情况下所使用的 HTTP 协议是没有任何加密措施的,所有的消息全部都是以明文形式在网络上传送,恶意的攻击者可以通过安装监听程序来获得计算机和服务器之间的通信内容。

IIS 的身份认证除了匿名访问、基本验证和 Windows NT 请求/响应方式外,还有一种安全性更高的认证,就是通过 SSL(Security Socket Layer,加密套接字协议层)安全机制使用数字证书。SSL 位于 HTTP 层和 TCP 层之间,用于建立用户与服务器之间的加密通信,确保所传递信息的安全性。SSL 工作在公共密钥和私人密钥的基础上,任何用户都可以获得公共密钥来加密数据,但解密数据必须要通过相应的私人密钥。使用 SSL 安全机制时,首先客户端与服务器建立连接,服务器把它的数字证书与公共密钥一并发送给客户端,客户端随机生成会话密钥,使用从服务器得到的公共密钥对会话密钥进行加密,并把会话密钥在网络上传递给服务器,而会话密钥只有在服务器端用私人密钥才能解密,这样客户端和服务器端就建立了一个唯一的安全通道。

建立了 SSL 安全机制后,只有 SSL 允许的用户才能与 SSL 允许的 Web 站点进行通信,并且在使用 URL 资源定位器时,输入 https://,而不是 http://。

1. 建立 CA 中心

使用 Open SSL,让其承担 CA 中心的职责即生成数字证书。这样,CA 的根证书生成,以后所有的证书都要经过根证书的签名才有效。然后需要为网站申请一个服务器证书,为用户申请客户证书。

2. 生成服务器证书

(1) 用 IIS WEB SERVER 生成一个证书申请 certreq.txt

打开 IIS WEB SERVER,在站点属性对话框的"目录安全性"选项卡中单击"服务器证书"按钮创建一个新证书。现在准备请求，但稍候发送。将生成的证书申请文件存放到 CARoot 目录中。

（2）生成经过 CA 根证书签名的服务器证书

```
C:\CARoot>ca -in certreq.txt -key private\ca.key -out newcerts\ServerCert.cer
-policy policy_anything -config openssl.cnf
```

3. 生成客户证书

（1）生成一个新的 RSA 密钥对

```
C:\CARoot>genrsa -out ClientCert001.key -rand private\.rnd 2048
```

（2）生成客户证书

```
C:\CARoot> req -new -x509 -days 3650 -key ClientCert001.key -out ClientCert001.crt
-config openssl.cnf
```

（3）使用 CA 根证书来签名客户证书

```
C:\CARoot> ca -ss_cert ClientCert001.crt -key private\ca.key -config openssl.
cnf -policy policy_anything -out signed ClientCert001.cer。
```

生成的客户证书为 ClientCert001.crt，通过这种方式，可以给多个用户颁发个人证书。

4. 导入证书

（1）安装信任的根证书

根证书为 ca.cer，在客户端的 IE 中单击"工具"→"Internet 选项"命令，在"内容"选项卡中单击"证书"按钮，在打开的对话框中单击"导入"按钮，把生成的 CA 根证书导入，使其成为用户信任的 CA。

（2）导入服务器证书

打开 IIS WEB SERVER，在站点属性对话框的"目录安全性"选项卡中单击"服务器证书"按钮，在打开的对话框中处理挂起并安装证书，选择生成的服务器证书 ServerCert.cer。

（3）安装客户证书

将客户证书转换为 pkcs12 格式的证书，以便导入到 IE 中。

```
C:\CARoot>pkcs12 -export -clcerts -in ClientCert001.crt -inkey ClientCert001.key
-out client001.p12
```

把 client001.p12 导入到客户端的 IE 中作为个人证书。

这样，所有试图访问网站的用户都必须拥有签发的客户证书，从而杜绝了非法用户的使用。基于 SSL，可以开展各种各样的安全应用，比如信息发布系统、企业内部网、电子政务等。

参考文献

[1] （美）Richard Deal. CCNA 学习指南[M].邢京武,何涛译.北京：人民邮电出版社,2004.

[2] 魏大新,李育龙.Cisco 网络技术教程[M].北京：电子工业出版社,2005.

[3] 闫志刚.Cisco 企业网快速构建与排错手册[M].北京：人民邮电出版社,2005.

[4] 刘晓辉.网络管理标准教程[M].北京：人民邮电出版社,2002.

[5] 柳青,成秋华,陈立德.操作系统原理与应用——Windows 2000 篇[M].北京：人民邮电出版社,2005.

[6] 赵松涛,萧卫.Windows Server 2003 网络服务配置案例[M].北京：人民邮电出版社,2004.

[7] 徐晓峰.Windows 2000 Server 网络管理[M].北京：人民邮电出版社,2001.

[8] 徐晓峰.Windows 2000 Server 网络高级应用[M].北京：人民邮电出版社,2002.

[9] （美）Mark Minasi. Windows Server 2003 从入门到精通[M].马树奇等译.北京：电子工业出版社,2004.

[10] 刘晓辉.Windows Server 2003 组网教程（搭建篇）[M].北京：清华大学出版社,2004.

[11] 施威铭研究室.Windows NT 架站实务[M].北京：人民邮电出版社,2000.

[12] （美）Andres S. Tanenbaum.计算机网络[M].熊桂喜,王小虎等译.北京：清华大学出版社,2002.

[13] 闵军.WINS 服务器的应用和管理[J].微型计算机,2000.

[14] （美）Kackie Charles 著.Windows 2000 路由和远程访问服务[M].袁勤勇等译.北京：机械工业出版社,2002.

参 考 网 址

[1] http://www.softonline.com.cn/Pages/SoftMarket/SoftDetail.asp?SoftID=2107

[2] http://www.adultedu.tj.cn/~net/learn/11.2.2.htm

[3] http://www.haiyun.net/computer/list.asp?id=39

[4] http://it.sohu.com/20040719/n221079598.shtml

[5] http://www.microsoft.com/china/isaserver/beta/overview.asp

[6] http://publish.it168.com

[7] http://www.edu.cn

[8] http://tech.sina.com.cn

[9] http://www.bitscn.com

[10] http://wiki.ccw.com.cn

[11] http://cisco.chinaitlab.com

[12] http://www.net130.com/CMS/

[13] http://www.qqread.com/

[14] http://www.pcpr.cn

[15] http://www.pconline.com.cn

[16] http://searchnetworking.techtarget.com.cn

[17] http://shuxiao.blog.51cto.com/

[18] http://media.ccidnet.com/media/ciw/1169/c2003.htm